广视角 · 全方位 · 多品种

权威 · 前沿 · 原创

皮书系列为
“十二五”国家重点图书出版规划项目

产业安全蓝皮书

BLUE BOOK OF
INDUSTRIAL SECURITY

中国能源产业安全报告
(2011~2012)

ANNUAL REPORT ON CHINA'S ENERGY INDUSTRIAL SECURITY
(2011-2012)

主　编／李孟刚

社会科学文献出版社
SOCIAL SCIENCES ACADEMIC PRESS (CHINA)

图书在版编目（CIP）数据

中国能源产业安全报告．2011～2012/李孟刚主编．—北京：社会科学文献出版社，2012.12
（产业安全蓝皮书）
ISBN 978-7-5097-3882-5

Ⅰ.①中…　Ⅱ.①李…　Ⅲ.①能源工业-安全-研究报告-中国-2011～2012　Ⅳ.①TK01

中国版本图书馆CIP数据核字（2012）第253051号

产业安全蓝皮书
中国能源产业安全报告（2011～2012）

主　　编／李孟刚

出 版 人／谢寿光
出 版 者／社会科学文献出版社
地　　址／北京市西城区北三环中路甲29号院3号楼华龙大厦
邮政编码／100029

责任部门／财经与管理图书事业部（010）59367226　　责任编辑／张　扬
电子信箱／caijingbu@ssap.cn　　责任校对／李　腊
项目统筹／恽　薇　蔡莎莎　　责任印制／岳　阳
经　　销／社会科学文献出版社市场营销中心（010）59367081　59367089
读者服务／读者服务中心（010）59367028

印　　装／北京季蜂印刷有限公司
开　　本／787mm×1092mm　1/16　　印　　张／20.25
版　　次／2012年12月第1版　　字　　数／348千字
印　　次／2012年12月第1次印刷
书　　号／ISBN 978-7-5097-3882-5
定　　价／59.00元

产业安全蓝皮书学术委员会

课题实施单位 北京交通大学中国产业安全研究中心（CCISR）

课 题 组 组 长 李孟刚

课题组副组长 吕晓岚

课 题 组 成 员 （按姓氏音序排列）

丁　然　郭艳红　韩红柳　连　莲
李　娟　李琳凤　李天舒　李政全
刘庆贤　邱　茹　唐　石　王启增
王秋彬　闫建文　赵金洁　叶旭廷
魏景芬　王海波　刘　容　冯建秀

执　　　　笔 郭艳红　韩红柳　李琳凤　李天舒
刘庆贤　吕晓岚　邱　茹　王启增
王秋彬　闫建文

总　　　　撰 李孟刚

审　　　　稿 吕晓岚

本书受教育部专项任务“中国产业安全指数研究”（项目编号：B09C1100020）资助

主编简介

李孟刚 男，1967年4月出生，山东省博兴县人，中共党员；经济学博士、交通运输工程和理论经济学双博士后；北京交通大学教授、博士生导师、国家社科基金重大招标项目首席专家、新华社特约经济分析师、国家社科基金评审专家、中国博士后科学基金评审专家。

现任北京交通大学中国产业安全研究中心（CCISR）主任，北京市哲学社会科学北京产业安全与发展研究基地（省部级科研平台）负责人、首席专家；兼任中国产业安全论坛秘书长、《管理世界》常务编委、《管理现代化》编委会副主任、《中国国情国力》编委会副主任、《中国流通经济》专家指导委员会委员、《北京交通大学学报》（社科版）编委委员。2009年12月入选教育部新世纪优秀人才支持计划。

博士学位论文《产业安全理论的研究》入选“2009年全国优秀博士学位论文提名论文”；专著《产业安全理论研究》（经济科学出版社，2006. 6）先后获得2008年度第十届北京市哲学社会科学优秀成果奖（省部级）二等奖、2009年度高等学校科学研究优秀成果奖（人文社会科学）二等奖；主编《产业经济学》并由高等教育出版社作为研究生教材出版，2011年被评为“北京高等教育精品教材”。

在《光明日报》（理论版）等权威学术报刊发表论文80余篇，多篇被《新华文摘》、人大报刊资料复印中心全文转载；主持或参与撰写的高水平内参报告获得党和国家领导人的专门批示，相关政策建议多次被有关部委采纳。

作为首席专家主持国家发改委“十二五”规划前期重大研究课题：“我国‘十二五’粮食安全保障体系构建研究”；2008年作为首席专家中标国家社科基金重大招标项目：“应对重大自然灾害与构建我国粮食安全保障体系对策研究”；主持的国家级、省部级科研课题还有：国家社科基金重点课题、中国博士后科学基金特别资助项目、国家商务部部级课题、教育部重大研究专项课题、国家保险监督管理委员会部级课题等。

摘　要

产业安全是经济安全和经济发展的基础，是政府制定产业政策、实行经济干预最基本的出发点，研究产业安全问题有利于进一步优化产业结构，实现产业合理布局，增加产业竞争力，提高产业安全度，从而有效保障国家经济安全。

能源是社会经济和社会活动的动力基础，它涉及战略资源、领土主权、国家安全、环境变化以及经济可持续发展等问题，成为带有全球性的经济、政治、外交乃至军事问题；它关系各国的经济命脉和民生大计，对维护世界和平稳定，促进各国共同发展和共同繁荣至关重要。能源安全可以理解成为解决国家能源问题，对能源安全战略、能源开发安全、能源消费安全、能源结构优化、能源法规等方面进行引导和调整的宏观管理工作。在这一管理体系中，由大到小可以分为四个层次：国际能源安全、国家能源安全、能源产业安全、能源企业安全。在能源安全保障过程中，本国能源产业被认为是根本和基础，而本国能源安全的最主要、最关键的环节之一就是能源产业安全。

在过去的20多年中，全球能源产业的市场结构、企业组织形式和所有制形式等发生了重大变化，不同国家对能源产业的各个领域都进行了多项改革。国内外专家从产业政策、外部环境、环境约束、区域合作、国家政策、产业结构、企业所有制和监管体系等多个角度对能源产业安全进行了详细的分析。能源产业安全可以从产业国际竞争力、产业对外依存度、产业控制力和产业生存环境四个方面进行评价。

本报告共分为五部分。

第一部分：能源产业发展概述。

世界能源形势比较复杂，能源问题已经成为世界政治、经济、军事及其他方面热点的“策源地”。“十一五”期间，我国迅速发展为世界能源大国，在国际能源事务中的影响力和话语权明显提升，开工建设了一大批重大能源工程，建成了一批重要的能源基地，安全供应能力显著增强，新能源和可再生能源异军突起，能源结构和生产布局明显优化。2011 年是“十二五”的开局之年，国务院陆续发布 17 项能源规划，鼓励发展清洁能源，能源消费总量控制出新招。

第二部分：常规能源之一次能源产业。

我国煤炭产业安全。煤炭是我国的主要能源，在一次能源结构中占到 70% 左右，在未来相当长时期内，煤炭作为主体能源的地位不会改变。本部分选取产业环境、国际竞争力、对外依存度、产业控制力四个维度，产业政策环境等 14 项指标对 2010 年我国煤炭产业安全进行评价，得出“与 2009 年相比，2010 年我国煤炭行业处于安全状态”的结论。

我国石油产业安全。本部分分析石油资源量及开采状况、供需、对外依存度、价格、产业规模以及技术创新能力等影响石油产业安全的关键因素，细致地介绍了我国石油产业政策、金融和技术环境，产业控制力和国际竞争力，产业集中度和资产并购等情况，提出我国石油产业安全对策建议。

我国天然气产业安全。天然气能有效缓解能源供需矛盾，改善大气环境、控制温室气体排放，缓解石油供应压力、保障国家能源安全。本部分分析我国天然气产业发展形势、价格定价机制、产业政策等环境，主要企业的竞争情况，介绍了我国煤层气、页岩气等非常规天然气产业发展，最后展望我国天然气产业前景，从常规天然气和非常规天然气两方面指出提升我国天然气产业安全对策建议。

第三部分：常规能源之二次能源产业。

我国电力产业安全。电力产业是由发电、输电、变电、配电和用电等环节组成的电力生产与消费系统。本部分从宏观经济、产业结构、产业政策、煤炭开发、金融环境、技术进步以及自然环境七个方面分析了我国电力产业发展环境。根据 2006 ~ 2010 年的电力数据，运用数据包络模型（DEA）分析电力企业竞争能力。从产业控制度和产业控制力等方面分析了我国电力产业安全问题及对策建议。

第四部分：新能源产业。

我国风能产业安全。我国风能资源丰富，风能新增装机产量及装备制造能力居世界首位，风电成为能源投资热点。本部分从产业政策、投融资环境、技术水平以及成本构成来分析我国风能产业发展环境。从产业竞争力、产业依存度及控制力及产业发展力分析我国风能产业安全。

我国太阳能光伏产业安全。近年来，我国光伏电池制造产业快速发展，已经形成了从硅材料、器件、生产设备到应用系统等较为完整的产业链。本部分从产业发展环境、产业竞争力及依存度分析了我国光伏产业安全，指出光伏产业存在的问题以及发展对策。

我国生物质能产业安全。本部分研究产业化程度比较高的生物质能发电、生物柴油、燃料乙醇、燃烧垃圾发电产业。

第五部分：能源科技。

能源科技发展。我国能源科技装备水平显著提高，在勘探与开采、加工与转化、发电和输配电等方面形成了较为完整的产业体系，装备制造和工程建设能力进一步增强，同时在技术创新、装备国产化和科研成果产业化方面都取得了较大进步。本部分介绍了我国煤炭产业、油气产业、电力产业以及新能源技术领域科技进展，2015 年能源科技发展目标，能源科技发展各领域的重点任务，以及我国能源科技发展保障措施。

关键词： 产业安全　能源安全战略　能源发展安全　能源结构优化

Abstract

The industrial safety is the foundation of economic security and economic development and the starting point for the government to formulate the industrial policy and implement the basic economic intervention, The research on the industrial safety issues is conducive to further optimize the industrial structure, realize the rational distribution of industry, increase the industrial competitiveness and improve the industrial safety so as to effectively safeguard the national economic security.

Energy is the power base of the socio-economic and social activities and it relates to strategic resources, territorial sovereignty, national security, environmental change and economic issues such as sustainable development, having become the economic, political, diplomatic and even military issues globally; it is very important for the economic lifeline and people's livelihood of various nations essential for safeguarding the world peace and stability and promoting the common development and common prosperity. Energy security can be interpreted as to solve the problem of national energy strategy and the macro management of guiding and adjusting the energy security strategy, energy development security, energy consumption safety, energy structure optimization and energy regulations and so on. In this system, it can be divided into four levels in the descending order: international energy security, national energy security, energy industry security and energy enterprise security. In the process of energy security, the national energy industry of one's country is considered to be fundamental and basic. One of the most important and critical parts of the national energy security of one's country is the energy industry safety.

In the past 20 years and more, the global energy industry market structure, the business organization form and the ownership form have undergone a major change. Different countries have carried out a number of reforms in various areas of the energy industry. Domestic and foreign experts have made a detailed analysis of the energy industry security from various angles of the industrial policy, external environment and environmental constraints, regional cooperation, national policy, industrial structure, enterprise ownership and regulatory system. The security of the energy industry can be evaluated from the four aspects of the industry's international competitiveness, the industry's external dependence, the industrial control force and the industrial living environment.

The report is divided into five parts.

Part Ⅰ: Overview of the Development of the Energy Industry.

World energy situation is relatively complex and the energy issue has become a "hotbed" of the world's political, economic, military and other hot spots. In the "Eleventh Five-Year Plan" period, China rapidly developed into the world's big power in energy, with the influence and voice in the international energy affairs improved significantly. It has started the construction of a large number of major energy projects and has built a number of important energy bases, with security of supply capacity significantly enhanced. The new energy and renewable energy rise everywhere as an important force and the energy structure and production layout has been significantly optimized. The year 2011 marked the first year of the "Twelfth Five-Year Plan" period and the State Council released in stages 17 energy plans and encouraged the development of clean energy, indicating that new tactics were put forward for the total energy consumption control.

Part Ⅱ: Primary Energy Industry in the Conventional Energy.

The safety of China's coal industry. Coal is China's main energy, accounting for about 70% of the primary energy mix and its status as the main energy will remain unchanged for a long period of time in the future. This Chapter selects the 14 indicators of the four dimensions of industrial environment, international competitiveness, external dependence, industrial control force and industrial policy environment and so on for the 2010 China's coal industry safety evaluation, draw the conclusion that "China's coal industry is in a safe state in 2010, compared with that in 2009".

The safety of China's oil industry. This Chapter analyzes the key factors to affect the safety of the oil industry such as the amount of oil resources and mining conditions, supply and demand, external dependence, prices, industrial scale and technological innovation ability, makes a detailed introduction to China's oil industry policy, financial and technical environment, industrial control force and international competitiveness, industry concentration and asset acquisitions and puts forward safety suggestions on China's petroleum industry.

The safety of China's natural gas industry. The gas can effectively alleviate the conflicts between the energy supply and demand, improve the atmospheric environment, control greenhouse gas emissions, ease the pressure on oil supplies and protect national energy security. This Chapter analyzes the development situation of

China's natural gas industry, the pricing mechanism, industrial policy and other environment, the competitiveness of main enterprises and introduces China's coalbed methane, shale gas and other unconventional gas industry development. Finally, it provides the future prospects for China's natural gas industry and puts forward the suggestions that will increase the safety of China's natural gas industry from conventional natural gas and unconventional gas.

Part Ⅲ: Secondary Energy Industry in the Conventional Energy.

The safety of China's power industry. The power industry is the power production and consumption composed of systems of other sectors such as power generation, power transmission, power transformation, power distribution and electricity utilization. This Part analyzes the environment for the development of China's electric power industry from seven aspects such as the macroeconomy, industrial structure and industrial policy, the development of the coal resources, the financial environment, technological progress and the natural environment. According to the 2006 – 2010 power data, the Data Envelopment Analysis (DEA) is employed to analyze the power enterprise's competitiveness. From industrial control degree and industrial control force and other aspects, the part analyzes China's power industry security issues and puts forwards countermeasures.

Part Ⅳ: New Energy Industry.

The safety of China's wind power industry. China is rich in wind energy resources, with new installed wind energy production and equipment manufacturing capacity ranking first in the world and the wind power becomes a hot spot for energy investment. This Part analyzes the environment for the development of China's wind power industry from the industrial policy, investment and financing environment, the technology level and cost structure analysis. It also analyzes the safety of China's wind power industry from the industrial competitiveness, the industrial dependence, the control force and the industrial development force.

The safety of China's solar PV industry. In recent years, China's photovoltaic cell manufacturing industry has seen rapid development and formed a relatively complete industrial chain ranging from silicon materials, components, production equipment and application systems. This Part analyzes the safety of China's photovoltaic industry from the environment for industrial development, industrial competitiveness and dependence, points out the problems of the photovoltaic industry and provides the countermeasures for the development.

The safety of China's biomass energy industry. This Part provides the research on biomass power generation with relatively high degree of industrialization, biodiesel, fuel ethanol and the power generation industry by burning the waste.

Part Ⅴ: Energy Technology.

The development of energy technology. China's energy technology and equipment level has significantly increased, having formed a relatively complete industrial system in exploration and mining, processing and conversion, power generation and transmission and distribution. The equipment manufacturing and engineering construction capacity has been further enhanced. Great progress has made in technology innovation, equipment localization and the industrialization of scientific research findings. This Part describes the technology advancement in China's coal industry, the oil and gas industry, the power industry, as well as the field of new energy, the energy technology development goals in 2015, the key tasks in all areas of the energy technology development, as well as the safeguard measures for the development of energy technology.

Key Words: The industrial safety The energy security strategy The energy development security The energy structure optimization

目 录

B I 能源产业发展概述

B II 常规能源之一次能源产业

B III 常规能源之二次能源产业

B IV 新能源产业

BV 能源科技

皮书数据库阅读使用指南

CONTENTS

Ⓑ I Energy Industrial Developemnt

Ⓑ II Conventional Energy–Primary Energy Industry

Ⓑ III Conventional Energy–Secondary Energy Industry

Ⓑ IV New Energy Industrial Security

Ⓑ V Energy Technology and Science

能源产业发展概述

Energy Industrial Development

B.1
2011年世界能源形势

一 2011年“全球能源展望”报告

2011年11月9日，国际能源署（IEA）在伦敦发布了最新的“全球能源展望（WEO）”报告，指出如果没有明确的政策目标，全球将向着不安全的、低效的和高碳排放的能源系统发展。报告指出中国仍是全球最大的能源消费国，预测到2035年，中国能源消费总量将超过美国70%，但其人均需求不到美国的一半。

报告对2035年能源消费趋势作出了一系列的预测：

（1）作为一次能源消费的石油的比例将从目前的81%下降到75%，可再生能源将从目前的13%上升到18%，其增长主要基于补贴。石油需求将从2010年的每天8700万桶增长到2035年的9900万桶，增长主要来自交通运输。汽车保有量将成倍增长，2035年预计达17亿辆。可替代技术如混合动力和电动车，仍需要时间被市场接纳。

（2）煤炭的使用占比将在2035年达到65%。高效发电厂的建设和碳捕捉、碳储存技术的应用都将推动煤炭的使用，但由于后者目前仍面临着严峻的法规、政策和技术壁垒，使得其发展前景仍具有不确定性。

（3）核电的产量占比将在2035年增长到70%，很多国家对他们的核电项目进行重新审核。但由于增长的不确定性，这个数据也可能会变化。随着对可再生能源的推动，对核电的放缓将增加能源进口的开支，推高对能源安全的关注，并使得应对气候变化的工作更艰难、更昂贵。

（4）天然气的未来发展很明确：其在能源增长中所占比例和天然气使用量都可以和煤炭消费量相比较，全球正在进入“天然气黄金时代”。俄罗斯受益于天然气需求的增长，是其传统市场——欧洲的主要供应商，同时，也向中国和亚太地区出口。如果俄罗斯可以提高其能效水平达到经合组织的要求，则可以降低1/3的一次能源使用，相当于英国的能源消费量。

（5）未来25年的CO_2排放总量将达到过去110年排放总量的3/4，会导致长期的平均气温提升3.5℃。2035年，中国的人均排放量将达到经合组织的平均值。如果没有新的政策出台，全球将踏上危险的道路，气温将增长6℃。

IEA执行干事Mariavande Hoenven指出：“在未来的10年里，经济的发展、繁荣和人口的增加将势必增加对能源的需求，但我们不能继续依赖以不安全的、破坏环境的方式来使用能源。政府必须采取更强有力的措施推动对高效和低碳技术的投资。福岛核事故、中东和北非部分地区的骚乱以及2010年的能源需求急剧提高都促使CO_2排放达到新高，这都告诉我们能源问题的紧迫性和面临的极大挑战。”

二　2011年世界主要国家能源政策

（一）美　国

1. 美国能源部2011～2016年战略规划

2011年5月10日，美国能源部公布了未来五年该部门战略规划。规划指出，美国能源部的使命是利用变革性科学技术应对美国所面临的能源、环境和核电挑战，明确提出美国能源部未来五年发展四大战略目标。

（1）变革能源技术，保障美国在清洁能源技术领域处于领导地位。奥巴马已明确提出：到2020年较2005年减少17%能源相关温室气体排放量，到2050年减少83%；到2035年清洁能源供应全美80%电力；2015年上路100万辆电动汽车。为此，美国能源部需要做到如下几个方面工作：①部署已有技术，包括提高能源效率以减少需求增长、示范和部署清洁能源技术以及电网现代化；②探索新的解决方案，包括加速能源创新、推动技术产业化、建立技术试验台和示范、协调合作以扩大美国能源部影响力；③领导全国能源对话，包括提供完整可靠的能源系统及其演变信息、通过提供教育机会等措施促进国内能源知识普及、通过制定到 2020 年温室气体排放量计划，使美国能源部全部门的温室气体排放量在 2008 年的基础上减少 28%，使得联邦政府在可持续发展方面率先垂范。

（2）着力发展科学和工程事业，保障美国科学与工程研究工作，为经济繁荣提供基石。美国能源部是美国最大自然科学联邦资助机构，所资助的新技术能够支持美国能源部的能源、环境和安全目标。为此，美国能源部需要做到如下几个方面工作：①扩大研究资助领域，包括亚原子物理学研究、化学和材料研究、气候科学领域研究；②支持新技术，包括能源安全相关系统应用材料领域、生物能领域、核聚变领域、计算机科学和高性能计算领域以及保持一支世界领先的专业人才队伍。

（3）通过国防、防扩散和环保工作加强核安全，确保国家安全。为此，美国能源部需要做到如下几个方面工作：①支撑美国核武器储备和未来军事需要，包括到 2022 年前对钚和高浓缩铀生产进行资产重组并实现现代化等；②降低全球核风险，包括到 2013 年底之前完成监测特殊核材料迁移的新一代技术和方法的示范等；③实现国家安全使命，包括开展战略合作、设计和开发一体化海军核动力推进系统等；④加强民用核电发展的可靠性和核燃料循环管理；⑤进行核电厂遗留场址和相关活跃地区的环境补救。

（4）建立合理体制机制，实现卓越管理。①实现卓越的管理和运营，包括机构职责明晰、研发工作管理、合同和项目管理、基础设施管理、监管程序等方面；②贯彻绩效导向型文化，包括增强透明度、信息技术和网络安全、战略规划定时更新等方面。

2. 设立国务院能源资源局

美国国务院在 2011 年 10 月 14 日发表的《四年度外交与发展评估报告》中首次提出将成立一个能源资源局。11 月 16 日，美国国务院宣布，新成立的美国能源资源局（Bureau of Energy Resources）正式投入运行，体现了美国对通过外交手段确保自身能源安全这一问题的高度重视。希拉里·克林顿国务卿表示，在谈论美国经济或外交政策时，不能不谈论能源。随着全球人口的增长和有限的化石燃料供应，美国急需使其能源供应多样化。美国既需要与传统的能源出口国保持接触，也需与新兴经济体建立联系，以巩固国际能源安全，确保这些国家自然财富带来广泛经济增长。

3. 碳捕获与封存研发路线图

2011 年 1 月 11 日，美国能源部发布碳捕获与封存（CCS）研发示范路线图，由美国能源部化石能源局国家能源技术实验室（NETL）负责编制，聚焦于为燃煤发电系统提供具有成本效益的先进 CCS 技术，所需要开展的研究、开发和示范工作。NETL 负责执行化石能源局的洁净煤研究项目，旨在发展 CCS 技术以廉价高效地截存燃煤电站排放的 CO_2。路线图确定了新的发展路径，重点关注高效、经济的解决方案快速实现商业化。CCS 技术要克服经济、社会和技术层面等多种挑战，需要在以下方面开展研究及相关工作：通过成功将 CCS 与发电系统相结合实现具有成本效益的 CO_2 捕获、压缩、运输和封存；有效监测与核实 CO_2 封存情况；CO_2 地下永久封存；公众接受程度。

4. 电网现代化计划

2011 年 6 月 13 日，美国白宫宣布实施一系列新的计划，以加速国家电力基础设施的现代化，支撑电网创新，并推进清洁能源经济转型。这些工作建立在经济复苏法案对电网现代化投资 45 亿美元的基础之上，私营部门自筹匹配超过 55 亿美元。这些计划旨在建立必要的输电基础设施、开发并部署智能电网技术，将推动可再生能源并入电网，适应更多的电动汽车上路，有助于避免停电及迅速恢复供电，降低对新电厂的需求。

白宫同时还发布了由内阁级别的国家科学技术委员会（NSTC）撰写的《21 世纪电网政策框架》报告，确立了美国电网升级改造政策制定的四大要点及实施路径：确保经济有效的智能电网投资；充分发挥电力部门的创新潜力；消费者方便获取信息并保护隐私；保障电网安全可靠及免受攻击。

5. 支持可再生能源发展

（1）奥巴马国情咨文突出发展清洁能源计划。2011 年 1 月 25 日，美国总统奥巴马发表了其就任以来的第二次国情咨文演讲。突出了发展清洁能源技术的重要性，并提出了三项主要计划：加大对清洁能源技术的资助力度，终结对化石能源的税收补贴；到 2015 年上路 100 万辆先进技术车辆，使得美国到 2030 年减少石油消费量 7.85 亿桶。到 2035 年使清洁能源发电所占份额翻番。

（2）美国加州签署可再生能源法案。2011 年 4 月 12 日，美国加利福尼亚州签署名为《加州扩大可再生能源组合标准（RPS）》的 SB2X 法案。法案要求在 2020 年前确保全州的电力供应来自可再生能源。美国能源部为配合这项法案的实施推广，将提供 12 亿美元贷款担保来支持 Sun Power 和 NRG Solar 公司建造 250 兆瓦的加州谷太阳能牧场发电厂。

（3）美国开展可再生能源模型和气象预报部际合作。为更加有效利用美国可再生能源资源，2011 年 1 月 24 日，美国能源部和商务部宣布共同合作，开发和传播可再生能源技术所需的气候信息。精确的天气预报信息以及可再生能源资源变化模型的改进将提高美国可再生能源并网的可靠性。

（4）建立核能模拟仿真中心。2011 年 5 月 3 日，美国能源部宣布成立“先进轻水反应堆模拟仿真联盟（CASL）”，总部设在橡树岭国家实验室（ORNL）。CASL 研究人员正在利用超级计算机来研究轻水反应堆的性能，并开发高度复杂的计算机模型来进行模拟仿真，这将有助于加快美国现有核电厂的升级。这些升级工作只利用相当于新建反应堆的一小部分费用，就可以提高现有反应堆的能量输出，同时可以持续改进可靠性和安全性。目前，CASL 已完成首个“虚拟反应堆”。

6. 能源投资计划

2011 年，美国政府密集出台了一系列能源资助计划，重点资助太阳能、地热能、生物质能等可再生能源和核能的先进技术研究与示范项目。

（1）太阳能 SunShot 计划。2011 年 2 月 4 日，美国能源部发起 SunShot 计划，拟在 2020 年前将太阳能光伏系统总成本降低 75%，达到每千瓦时 6 美分。随后，对该计划进行了一系列投资。① 4 月，美国能源部宣布在 SunShot 计划框架下分别投资 1.7 亿美元和 1.125 亿美元用于太阳能光伏技术研发。② 8 月 2 日，美国能源部宣布向太阳能制造市场投资 5000 万美元，在未来两年投入美国光伏制造计划的第二个基金项目（SUNPATH）。③ 9 月 1 日，美国能源部宣布，投资超过 1.45 亿美元用于 SunShot 计划下的六个领域共 69 个项目。④ 10 月 25 日，美国能源部宣布，作为 SunShot 计划的一部分，将在未来三年投资 6000 万美元开展应用科学研究以推动太阳能热发电（CSP）技术发展。⑤美国能源部指出，非硬件成本几乎占到了住宅光伏系统成本的一半，对此宣布先后投入 2700 万美元、700

万美元、1200 万美元。

（2）太阳能贷款担保。美国能源部宣布了一系列有条件贷款担保太阳能项目，总金额近 85 亿美元，这些项目总计将创造约 6670 个工作岗位，以扩大美国的清洁能源经济。① 2011 年 6 月 14 日，美国能源部长朱棣文宣布，将为 2 个聚光太阳能热发电（CSP）项目提供约 18 亿美元的贷款担保。② 2011 年 6 月 15 日，Sempra Generation 公司在亚利桑那州 150 兆瓦的 Mesquite 太阳能光伏发电项目获得 3.591 亿美元的有条件贷款担保。③ 2011 年 6 月 16 日，Calisolar 公司为商业化其创新的太阳能级硅制造工艺将获得 2.75 亿美元的有条件贷款担保。④ 2011年 6 月 17 日，1366 Technologies 公司获得 1.5 亿美元有条件贷款担保，以支持该公司发展多晶硅硅片制造技术。这项技术所采用的革命性制程“Direct Wafer”可能有助降低太阳能晶圆成本约 50%。⑤ 2011 年 6 月 22 日，朱棣文宣布将为 Amp 专项提供 14 亿美元贷款担保，据规划，Amp 专项将在全美工业建筑上安装屋顶太阳能面板，装机总量约 733 兆瓦，所产电力将直接回馈给电网，而不是为所在建筑物供电。⑥ 2011 年 6 月 30 日，美国第一太阳能公司（First Solar Inc）发起的三个位于加利福尼亚州的太阳能光伏发电项目将获得约 45 亿美元的贷款担保，以支持碲化镉（CdTe）薄膜太阳能光伏发电设施。

（3）地热能。2011 年 2 月 24 日，美国能源部为美国地热公司的俄勒冈地热发电站项目提供 9680 万美元贷款担保，用于帮助建设马卢尔县 23 兆瓦温泉地热发电站。项目所产生的电力将根据一项 25 年电力供应协议出售给爱荷华州电力公司。2011 年 6 月 8 日，美国能源部宣布投资 7000 万美元发展地热能技术并降低其使用成本，主要聚焦在几个重点领域，包括先进钻井技术、先进完井技术、单井隔离压裂区工具、储层模拟观测工具和数据收集系统、地球物理勘探技术、地球化学与岩石流体相互作用研究等。2011 年 9 月 8 日，美国能源部宣布，在未来三年拨款 3800 万美元，加快发展地热能源技术，帮助美国的清洁、可再生能源来源多样化。14 个州的 34 个创新项目将开发和测试新的方法来寻找地热资源，改进资源的界定、钻井和储层工程技术，以帮助减少国家对化石燃料的依赖。美国能源部能源效率和可再生能源局对上述项目进行资助。

（4）生物质能。2011 年 5 月 5 日，美国能源部宣布，美国农业部和能源部将向八个研发项目提供 4700 万美元资金来促生物质能的研究和发展。资助项目涵盖范围包括生物燃料的生产、生物能源以及来自各种生物资源的高价值生物基产品的生产。2011 年 6 月 10 日，美国能源部宣布投资 3600 万美元用于资助生物燃料以及生物产品的研发项目。生物燃料项目旨在提高将非粮生物质转换为化学品和先进生物燃料的经济性和转化效率，推动先进生物燃料和其他高附加值生物化学品的技术进步和工艺升级。2011 年 8 月 16 日，美国总统奥巴马宣布，美国农业部、能源部和海军部门将在未来三年投资 5.1 亿美元，与私营公司建立伙伴关系，生产先进的航空和航海用生物燃料，用于军事和商业交通。

（5）建筑节能。2011 年 12 月 2 日，美国总统奥巴马宣布将投资 40 亿美元开展建筑节能计划，旨在提高政府和私营部门的建筑能效，在不动用纳税人利益的情况下减少燃料使用并增加就业。这项投资也是对奥巴马 2011 年 2 月宣布的“更好的建筑”倡议（Better Buildings Initiative）的回应。该倡议制定了商业建筑到 2020 年节能 20% 的国家目标。

（6）储能。2011 年 8 月 9 日，美国能源部宣布未来五年投资近 700 万美元开展独立成本分析，支持燃料电池和储氢系统的研究和开发工作。12 月 12 日，美国能源部宣布斥资超过 700 万美元支持加州、华盛顿州、俄勒冈州的四个项目，促进用于燃料电池电动车储氢技术。这些投资是美国能源部致力于实现美国在先进燃料电池技术研究领域领导力，帮助国内汽车制造商将更多燃料电池电动车引入主流市场努力的一部分。

（7）核电。2011 年 9 月 21 日，美国能源部宣布在“核能大学研究计划（NEUP）”框架下投资超过 1700 万美元，为 23 个由大学领导的研究团队开展下一代核能技术和现有核能反应堆升级研发提供资助。

（8）提高能效。2011 年 9 月 9 日，美国能源部宣布，选择六个技术开发项目，来降低采用碳捕集的整体煤气化联合循环（IGCC）电厂的发电成本，同时保持最高的环保标准。加上项目承担机构的匹配经费，所选的项目将获得总计 1400 万美元的经费支持，用来提高 IGCC 电厂的经济性和促进丰富的煤炭资源的利用，来产出清洁、安全和可供应得起的能源。

（9）风电。2011 年 6 月 28 日，美国能源部宣布，将在未来两年内为四个风电项目提供近 750 万美元资金，发展下一代风力发电机动力传动系统设计，包括风轮机、齿轮箱和发电机等。这些资助项目也将有助于加速美国海上风能的部署。2011 年 9 月 8 日，美国能源部宣布，在未来五年拨款 4300 万美元，以资助海上风力发电系统。

（10）先进汽车。2011年4月19日，美国能源部公开了两项推动电动汽车普及的计划。其一是将拨款500万美元用于电动汽车基础设施和充电站的建设；其二是美国国家可再生能源实验室将和谷歌合作，推出一个涵盖全美电动汽车充电站和充电桩的数据库，消费者可以通过谷歌地图获得其位置，并获得驾驶路线。2011年8月10日，美国能源部宣布，未来3～5年拨款1.75亿美元以上，加速先进汽车技术的开发和部署。

（11）非常规油气资源。2011年8月1日，美国能源部选择了11个研究项目，投资总额为1240万美元，旨在增加国内非常规油气生产，同时加强环境保护，重点关注页岩气和提高石油采收率。

（12）燃气轮机。2011年7月20日，美国能源部宣布将投资近500万美元，为化石能源局大学轮机系统研究计划（UTSR）框架下遴选的十个项目提供支持，项目承担大学匹配经费120余万美元。这些项目将开发先进技术用于新一代燃气轮机，能够使用煤基燃料和氢燃料清洁高效运行。

（13）洁净煤。2011年6月，美国怀俄明州洁净煤工作组的2011年投资计划通过了联合矿产、商务及经济发展临时委员会的审查，共有九个项目中标，项目范围涉及碳捕集与封存、气化技术、燃烧后方法、气体净化以及煤制油等领域，项目总经费将超过1700万美元。7月5日，美国能源部投资约30万美元，在大学煤炭研究计划下遴选了八个新项目，将在未来36个月内各进一步推进先进煤炭研究。

（二）欧盟

1. 新能效指令

2011年6月22日，欧盟委员会提出了新的能效指令提案，旨在采取多种措施推动欧盟成员国加大努力，在能源链条各个环节更高效地利用能源。欧盟委员会根据各成员国在“欧洲2020”战略框架下制定的自身节能目标作出的最新估算显示，如果不采取任何新的措施，欧盟到2020年将只能实现节能9%，而2007年制定的目标是届时须实现节能20%。

提案提出的措施包括：所有成员国立法建立节能方案；公共机构通过强制立法手段采购节能建筑、产品和服务，推动市场接受节能产品与服务；利用量测设备便捷免费地获取实时和历史能耗数据，使得消费者能够更好地管理自身能源消耗情况；对中小企业实施激励措施，以进行能源审计，并普及最佳实践做法；对大企业就其能耗情况进行审计，以帮助其确定减少能耗的潜力；监控新增能源生产装机的效率水平，建立全国性供热制冷计划；确保国家能源监管机构将能效标准纳入到决策过程中，特别是在核准上网电价时，以实现节能。

2. 能源效率新计划

欧盟委员会于2011 年3 月8 日发布了“欧盟能源效率新计划”。节约能源是提高能源供应安全，以及减少温室气体和其他污染物排放量的最经济、有效的方式之一。这也正是欧盟在 2007 年制定到 2020 年能源消费量节约 20% 目标的原因。20% 的目标意味着到 2020 年可节约 368 百万吨石油当量（Mtoe）；相比而言，预计到 2020 年能源消费量为 1842 百万吨石油当量。根据成员国和欧盟层面截至 2009 年 12 月的具体实施情况来看，据欧委会的最新预测，2020 年的消费量预计到 1678 百万吨石油当量，相当于只达到了以前预期的 9%。该计划的重点是启动公共和私人建筑整修程序，以改善所使用的电器性能和提高家庭和工业能源效率。这份战略书中不包括交通，交通白皮书将另外发布。

对于公共部门，欧盟委员会提出了以下相应措施：每年翻新至少 3% 以上建筑物（按面积），使其达到 10% 节能水平；高能效标准应系统地应用于公共部门购买商品（如办公用品）、服务（如能源）和工程（如建筑物的翻新）。

对于私人楼宇，建议成员国采取措施以解决租赁楼宇和公寓装修费用如何在租客与房东之间分配问题。与此同时，支持能源服务公司推动进行翻新工程。

（三）英　国

英国一直是全球低碳经济的积极倡导者和先行者，其减排目标是以 1990 年为基期，到 2020 年减排 26% ~32%，到 2050 年减排 60%。从 2008 年金融危机爆发以来，英国更是加快了向低碳经济转型的步伐。2011 年，英国能源政策也主要是围绕低碳产业发展进行，包括相关计划草案及路线图的制定，以及一系列投资方案等。

1. 碳行动计划草案

2011 年3 月8 日，英国能源与气候变化部（以下简称 DECC）发布了“碳行动计划草案”，重点是低碳经济的就业和经济发展机遇，以及帮助英国免受未来能源价格冲击的政策，强调了英国经济需要做出的三个重大变化：发电方式将从化石燃料向低碳替代能源转变；在家庭和企业供热方式方面，对于远离集中供热的燃气锅炉的家庭，可以使用低碳替代品如热泵；在公路运输方面，减少汽油和柴油发动机的排放和转向电动汽车等替代技术。

2. 世界首个低碳热能激励计划

2011 年 3 月 10 日，英国公布世界首个低碳热能激励计划“可再生热能激励计划”，对生物质燃烧器、太阳能热水器及地源热泵等项目提供支持。政府计划投资 8.6 亿英镑，预计到 2020 年增加至 45 亿英镑，以激励新的热能市场；到 2020 年，工业、商业和公共部门的安装量增加 7 倍；2012 年 12 月起，RHI 的支付系统将全面提供给家庭用户；15 万个现有的制造、供应链和安装者将得到支持。

3. 智能电表安装计划

2011 年 3 月 30 日，DECC 公布了一份最新智能电表安装计划，将为该国的 3000 万户住宅及写字楼共计安装 5300 万台智能电表，预计未来 20 年国家净收益为 73 亿英镑。该计划分为两个阶段：第一阶段在 2011 年 4 月之后的约两年半内以特定用户及企业为对象，进行智能电表等设备及网络的试运行，成立负责数据管理及通信的公司。第二阶段从 2014 年初开始安装到 2019 年全部安装完毕。DECC 表示，为用户家庭安装智能电表后，每年可为用电者节约 23 英镑的电费。

4. 可再生能源路线图

2011 年 7 月 12 日，英国能源与气候变化部发布了“英国可再生能源发展路线图”，阐述了英国可再生能源行动计划，确定了到 2020 年的发展目标：可再生能源满足 15% 的能源需求，同时逐步降低可再生能源成本，提高其市场份额。路线图主要内容如下：①2020 年英国可再生能源装机容量将达到 29 吉瓦；②确定了实现 2020 年目标的八大技术：陆上风能、海上风能、海洋能、生物质发电、生物质供热、地源热泵、空气源热泵和可再生能源运输；③到 2020 年将能够安装 12.4 万个可再生能源供热装置；④生物燃料到 2014 年将增加到 5%；⑤可再生能源技术的成本会随着时间的推移而下降。

5. 支持页岩气开采

英国国会下议院能源和气候变化委员会发布一份最新报告称，着眼于对英国供水、能源安全和温室气体排放可能的影响，英国下院议员已经通过对页岩气钻探的许可。在环保方面，该调查没有发现证据表明，在钻井构建正确的前提下，页岩气开采过程中所使用的水力压裂会对地下蓄水层构成直接危害；在能源安全方面，开采页岩气可减少对进口天然气的依赖，但不会对国内天然气价格产生巨大作用；在温室气体排放方面，天然气温室气体排放比煤炭低，但仍远高于许多低碳技术，像核能、太阳能或风能。有关人士提出，页岩气是由甲烷组成，而甲烷是比二氧化碳更严重的温室气体。然而甲烷只会通过井或管道的漏洞泄漏，下院议员有信心可以通过监管和执法实现泄露的最小化。

6. 能源投资计划

2011年2月21日，在英国研究理事会（RCUK）“从工程到应用的纳米科学”计划框架下，工程和自然科学研究理事会（EPSRC）与技术战略委员会（Technology Strategy Board）投资500万英镑用于4个工业界主导的联合研究开发项目，主要研究纳米技术在下一代太阳能利用技术中的应用，解决建立供应链和规模化技术的挑战。

2011年6月17日，英国技术战略委员会在伦敦举行的一次氢能和燃料电池技术会展上宣布，投资成立750万英镑的“氢能与燃料电池：完整系统的集成与示范”竞争性资助基金，以开展示范项目来帮助加快氢能和燃料电池技术在低碳能源和交通系统中的应用。

2011年7月7日，英国能源技术研究所（ETI）宣布，投资2500万英镑开发世界一流的开放式利用风力发电机动力传动系统测试平台，促进英国海上风电产业的进一步发展和扩张。平台将位于Northumberland的英国国家新能源与再生能源中心（NAREC），这个平台有能力测试最高为15兆瓦的完整动力传动系统和机舱，同时可以创建风轮机在海上环境的动态条件，预计到2013年6月可以进行商业测试。

2011年7月19日，英国能源技术研究所（ETI）宣布，投资2350万英镑支持Costain集团建设一个碳捕集中试厂，预计到2015年中期投入试运营，捕集95%的CO_2排放。

10月11日，英国商业大臣宣布，政府计划投资至少1500万英镑的项目，以加速低碳汽车的商业化。资助的研究和开发项目将集中在降低供应基础设施成本和推进下列领域取得进展，包括：能源储存和管理、整车轻量化和动力总成结构等。该项投资来自英国技术战略委员会管理的竞争资金，将与英国低排放车辆办公室协同工作，向由工业界主导的高度创新的联合开发项目提供支持。

2011年12月15日，英国技术战略委员会宣布再投资900万英镑以支持低碳汽车技术的创新，并对新的合作研究和发展项目及可行性研究进行招标。

（四）日　本

1. 调整本国能源政策

2011年5月25日，日本首相菅直人称受福岛第一核电站事故影响，日本将调整能源政策，计划在21世纪20年代前期将太阳能、风能等可再生能源占总电力的比例升至20%以上；并表示除能源领域现有两大支柱核能与化石能源外，还将新增可再生能源和能效这两大支柱。但目前面临四大挑战：首要挑战是核能安全性方面，日本将建立最高标准的核能安全，不仅从技术角度检验，还将从人力资源、组织结构、体制机制以及安全文化等方面进行综合评估；其次是化石燃料的环境挑战，开发最先进的技术，促进化石燃料的高效利用，并最大程度减少二氧化碳的排放量；第三个挑战是可再生能源的实际应用，将可再生能源提升至全社会的核心能源之一的地位；第四个挑战是关于能效潜力，通过社会变革、创建能源消费的新文化来实现家庭和商业能效的改造。

2. 制定新的能源环境战略

2011年6月7日，日本内阁官房国家战略室召开会议，决定将在2012年推出《新的能源和环境战略》。以下几个方面将作为重点领域予以推进：节能（潜力挑战），在不影响生活品质的情况下实现节能，全面提高民生、交通运输和工业部门的能效；可再生能源（实用性挑战），消除技术、经济等障碍，实现可再生能源的商业化，人与自然和谐共生；化石燃料资源（环境性挑战），利用最先进技术最高效利用化石燃料，制定资源可靠供应战略，保证石油天然气的稳定供应；核电（安全性挑战），彻查核事故和核反应堆安全性，实现最高水平的核能安全；电力系统（克服电力短缺、高成本结构、平衡分布式发电以及核风险管理挑战），响应电力短缺、削减成本，协调分布式电源，管理核项目，实现恰当的发、输电分离的电力业务形态；能源环境产业（构建强大的能源环境产业的挑战），培育新体系的领导者，创造就业，培育具有国际竞争力的产业。

3. 公布核电站安全评估方案

2011年7月11日，日本政府公布了对其境内所有的核电站进行安全评估的方案。第一阶段将针对目前已停堆进行例行检查的35座核电站实施安全评估，将对核电站的设施和设备进行评估，以判断其是否能够承受超过设计基准事件的灾难，比如大地震和海啸，政府将在此基础上决定这些核电站能否重启运行；第二阶段将参考欧盟“压力测试”案例，对日本境内全部的 54 座核反应堆进行全面的安全评估，测试结果将决定核电站是否可以继续运行。

4. 发布能源环境创新战略中期报告

2011 年 7 月底，日本能源环境会议发布了重建能源环境创新战略的中期报告，作为讨论最佳能源构成和新型能源体系具体实施方案的起点。报告总结了日本大地震后面临的挑战、未来战略愿景、基本宗旨、战略议程以及重点推进领域，强调新的能源环境创新战略要建立在充分汲取福岛核电站事故的经验教训基础之上。报告指出，日本将在高安全水准的基础上继续利用核能，但会逐步降低对核能的依赖程度，未来拟建立分布式新型能源体系。

报告最后指出，为确定最佳能源构成的新结构，日本政府将在六大重点推进领域确定明确的目标（使命）和近中长期优先事项。

5. 大力推广燃料电池汽车

2011 年 1 月 13 日，本田、丰田和日产联手 10 家日本能源供应商发表声明，计划于 2015 年开始大量生产燃料电池汽车（FCVs）。为此，还将为该类新能源车型增设基础设施，以东京、爱知、大阪和福冈这 4 大城市为中心，上述企业将从 2013 年前后开始建设氢气站，2015 年之前建设约 100 个氢气站。13 家公司将在这些地区分别设置小组商讨氢气站的具体建设地点，还将通过政府放宽限制及技术研发来降低建设成本。日本政府表示届时将协助这一工作，必要时采取相应措施。

6. 国际合作

日美合作开展偏远岛地区的智能电网示范项目。日本新能源产业技术综合开发机构（NEDO）于 2011 年 2 月 8 日宣布将和美国合作，在美国夏威夷州开展一项智能电网的示范合作项目，主要是进行可行性研究和示范。项目的目标是通过在 NEDO、夏威夷州政府、夏威夷电力公司、夏威夷大学以及西北太平洋国家实验室之间达成合作，建立一套利用毛伊岛清洁能源的社会模型。项目的可行性研究将在 2011 年 4 月至 2011 年 6 月之间开展，示范项目将在 2011 年 7 月至 2014 财年之间开展。

日美合作研究核能材料和核辐射问题。2011 年 8 月 16 日，美国电力研究院

(EPRI) 宣布与日本中央电力研究所 (CRIEPI) 签署了3年期合作协议，共同研究核电厂相关的材料科学、组件性能和辐射安全问题。

日欧联合研发高效聚光型太阳能电池。日本新能源产业技术综合开发机构 (NEDO) 2011年5月31日宣布，在日欧能源技术协定框架下，将与欧盟开展第一个合作项目，着手研发世界最高水准（预计单元转换率超过45%）的聚光型太阳能电池。具体研发项目包括：太阳能电池单元和模块的开发及评测、太阳能电池新材料和新结构的开发、聚光型太阳能电池测量技术相关的标准化活动等。

三　2011年全球十大能源新闻

美国国家地理新闻网站对2011年世界能源领域的新闻事件进行了评比，最终评选出十大能源新闻事件。由这个十大能源新闻排行榜可见2011年全球的能源发展大事、热点，还可以看出，在这个新旧交替的时代，能源已经成为世界政治、经济、军事及其他方面热点的“策源地”。

（一）日本福岛第一核电站事故

2011年3月11日，日本东北部海域发生大地震并引发海啸，同时导致日本福岛第一核电站发生核泄漏事故。这是自1986年切尔诺贝利核事故以来世界上最严重的核灾难。失去电力供应之后，海水破坏了至关重要的备用发电机，导致冷却系统失灵，无法控制核燃料的衰变热。几小时内，氢气不断聚集并发生爆炸，外部安全壳被炸毁，6个反应堆中有3个发生部分熔毁。事故发生后，工人们开始了长达数周的救援行动，试图控制福岛核电站。

福岛核事故不仅改变了日本的能源面貌，同时也对世界上其他国家的长期能源计划产生重要影响。2011年初，核能还被认为处在复兴的开端，随着福岛核事故的发生，核能复兴之路被踩了急刹车。海啸发生后几天，德国关闭了17座核电站中的8座，不久后又决定在2022年之前关闭所有核电站。欧洲工程公司西门子9月表示，将退出核电站市场。在福岛核事故之后，印度出现的反对建造世界上最大核电站计划的抗议之声越发高涨，但印度政府坚称建造核电站是满足日益增长的用电需求和减少温室气体排放必须要采取的方式。

2011年末，福岛核电站的形势趋于稳定，但日本官员仍面临着一系列挑战，例如反应堆内的放射性物质衰变以及如何应对隔离区以外的危险区域。2011 年 10 月，国际原子能机构向日本派遣辐射专家，检查 3 号反应堆。

（二）页岩气出现全球开采热

2011 年，全球范围内出现页岩气开采热。根据美国政府的初步估计，32 个国家的页岩层天然气储量是美国总供应量的 6 倍。英国已开始水力压裂开采。此外，波兰似乎也要大力开采页岩气。

在对能源饥渴的美国东岸，宾夕法尼亚州和附近的州均蕴藏着的丰富天然气，位于阿巴拉契亚山脉下方的马塞勒斯页岩层。2010 年，钻探公司共在宾夕法尼亚州钻了 1386 口天然气井。2011 年前 9 个月，他们已经钻了 1600 口天然气井。目前，页岩气能够满足美国三分之一的天然气需求。与石油相比，天然气的价格处于历史低位，对消费者充满诱惑。在得克萨斯州、路易斯安那州和怀俄明州等长期以来一直开采天然气和石油的州，水力压裂开采页岩气仍在继续。几十年来一直没有进行这种开采的州也参与进来，其中最显著的当属宾夕法尼亚州。

但是页岩气的开采热，也引发了人们的担忧。随着一份报告称水力压裂与兰开夏郡的小地震之间存在联系，人们对这种开采的担忧情绪不断加剧。7 月，法国成为第一个全面禁止水力压裂开采的国家。在南非，能源公司获得克瓦桑语族家园地下一个巨大气田的开采权。这一地区拥有独特的生物多样性，但水资源短缺，有关环境和财产权的讨论正在激烈进行。令美国俄克拉荷马州居民担忧的是，水力压裂开采页岩气可能引发一系列地震，深井灌注废水处理也可能与水力压裂有关。俄克拉荷马州地质勘探部门公布的一份报告称两者之间可能存在一定联系，但并没有给出明确的结论。

页岩气开采带来的隐患，还包括饮用水污染。2011 年公布的一项研究首次证实，钻探能够在某些情况下导致甲烷进入饮用水。尽管担心水力压裂开采页岩气对水和空气产生不利影响，甚至有可能引发地震，但这种开采能够改变能源领域的面貌，尤其是对于美国来说。

（三）原油市场挑战经济低迷

2011 年加油站的汽油价格呈增长趋势，但还没有达到 2008 年夏季破纪录的水平。根据伦敦交易的基准布伦特原油价格，尽管欧洲和美国经济低迷，但全球石油价格却呈增长趋势，2011 年大部分时间的价格超过每桶 100 美元。石油仍旧是世界上最重要的能源，驱动价格上涨的力量非常复杂。在包括中国、印度在内的很多发展中国家以及沙特阿拉伯等主要石油出口国，石油消费快速增长，但从欧佩克国家进口的石油数量与去年基本持平。

“阿拉伯之春”暴动——尤其是在利比亚，导致一些国家停止石油生产，推高了油价。与此同时，过去几年的常规石油生产一直较为平稳，一些人表示，这说明原油价格将长期保持增长态势。为了保持供应量的继续增长，很多国家尤其是美国和加拿大加大了页岩油和油砂的开采力度，但这两种油源的开采成本都很高，也就是说，2012 年的石油价格将进一步提高。

（四）索林卓太阳能公司破产

2011 年 9 月初，美国光伏组件供应商索林卓公司宣布关闭生产工厂，并申请破产。这是 1 个月之内第 3 家宣布破产的光伏组件供应商。这看起来似乎是一夜之间做出的决定，但事实上，这些企业的失败并不令人惊讶，同时也是对那些想要进入光伏组件领域企业的一个警告。

所有人都认为这绝非一次普通的企业倒闭事件，美国联邦调查局甚至搜查了这家公司的办公室。据了解，索林卓公司一直受到严格监管，因为他们获得了美国政府近 6 亿美元的贷款担保。然而，虽然贷款担保计划取得成效，包括索林卓在内的一些太阳能电池板生产商均在 2011 年陷入困境。在太阳能电池板主要元件硅晶片价格走低的情况下，索林卓生产的新型太阳能电池板的需求并没有像预料中那样呈增长趋势。造成这种现象的主要原因，在于全球经济衰退。

索林卓公司的利润直线下降，其他很多太阳能公司也陷入困境。很多人将谴责的矛头指向不公平的贸易做法。一些美国太阳能电池生产商指责中国以损失利润为代价倾销太阳能电池板，中国则用美国的可再生能源补贴进行反击。随着销量的下滑，2012 年太阳能电池板总安装量可能呈下降趋势。这是太阳能业遭遇的第一次重大挫折。

（五）美国煤电厂走向没落

2011 年，美国能源公司宣布将关闭已经运行了几十年的煤电厂——波多马克河发电厂。这家煤电厂预计于 2012 年 10 月前关闭，随着它的关闭，当地居民可以呼吸到更清新的空气。

为了满足联邦政府更为严格的空气质量标准，老煤电厂需要投入巨资进行改造，与此同时，他们也面临着转向清洁天然气的机会。

就这样，美国的电力行业开始朝着环保人士多年来一直希望的方向前进。虽然这种趋势刚刚开始，但效果已经显现出来。根据美国能源信息管理局提供的数据，2011 年第一季度，煤电在美国所占的比重低于 30 年来的任何一个第一季度。

但在中国以及其他亚洲国家，对煤炭的需求仍旧呈快速增长趋势，导致美国煤炭业加大煤炭以及其他相关设备的出口力度。在他们获取大量利润的同时，这也将改变美国能源出口领域的贸易平衡。环保人士认为，美国加大煤炭出口将提高全球的煤炭消耗量，对已经饱受碳摧毁的地球产生可怕影响。

（六）可再生能源补贴减少

2011 年，虽然全球太阳能电池板安装数量继续提高，但可再生能源补贴却因为经济不振而趋于减少。很多此前投入巨大资金发展风能和太阳能的国家在 2011 年的投入呈 U 形变化，纷纷减少了补贴额度，其中比较有代表性的国家当属英国和西班牙。英国大幅减少了安装大型太阳能电池板的补贴额度，西班牙减少补贴的做法则导致很多投资者提出控诉，要求获得赔偿。

美国可能并不是最后一个补贴燃料乙醇的国家，很多国家仍继续对化石燃料进行补贴。在全球范围内，对化石燃料的补贴力度已超过可再生能源。国际能源署和美国总统奥巴马呼吁减少石油、天然气和煤炭补贴，减少这些高污染燃料的使用量，帮助发展可再生能源。但迄今为止，全球对化石燃料的补贴变化不大。

（七）中国能源需求不断提高

2011 年进行的研究发现，中国未来几十年的能源需求将继续保持高增长。根据 2011 年 9 月美国能源信息署公布的预测数据，2008～2035 年，全球能源需求量增长幅度中有一半来自中国和印度。根据美国能源信息署的预测，中国 2035 年的能源消耗量将比排在第二的美国高出近 70%，但美国的人均能源消耗量仍要高于中国。

（八）大拱心石输油管道遭抗议

加拿大西北部省份阿尔伯塔省拥有丰富的焦油砂，是一个重要的汽油产地。由于过去10年石油价格居高不下，投入更多人力财力从焦油砂中提炼原油在经济上具有可行性。在2011年的加拿大石油业，将石油从源头运往国际市场成为最大关注焦点。目前，加拿大所有通往美国的石油管道终点都在俄克拉荷马州库欣地区的一个主终端。不少人于是提议，修建一条名为大拱心石（Key Stone XL）的输油管道，让从焦油砂提炼的石油能够穿过美国中西部地区，进入得州的精炼厂。在这里，焦油砂石油进入美国各地的市场，或者运送到石油需求量较大的中国以及其他海外市场。

但是，由于焦油砂提炼石油的过程中会产生大量碳，修建大拱心石输油管道遭到美国和加拿大环保人士的抗议。面对这种压力，奥巴马政府推迟了是否允许在2013年动工修建管道的决定，同时研究改道绕行内布拉斯加州沙丘的可行性，这里是美国濒危物种埋葬虫的栖息地。

目前，加拿大也在积极寻找大拱心石输油管道的替代品。环保人士和当地人开始将目光转向加拿大公司Enbridge提议修建的一条管道，将阿尔伯塔省的焦油砂运往不列颠哥伦比亚省的港口城市基蒂马特，而后装船运往亚洲市场。但这条管道也将威胁附近原住民的生活方式。

（九）向北极要石油

在北冰洋钻探石油的做法一直饱受争议，2011年，这种做法因现有油田产量减少，不容乐观的经济环境以及全球气候变暖的担忧获得了“动力”。据美国地质调查局估计，北极的可获取石油储量达到900亿桶，相当于全球未发现储量的13%。

壳牌公司获得美国内政部批准，在阿拉斯加北岸的波弗特海进行石油钻探。奥巴马政府面临着创造更多就业岗位和降低汽油价格的压力，批准壳牌的请求自然在情理之中。最近，奥巴马政府还提出了两项钻探区租赁计划，分别在波弗特海和楚克奇海。但是，停止在北极钻探石油的法庭大战仍在继续，如何在偏远的北极地区管理石油钻探也引发很多人的担忧。此外，环保人士还担心石油钻探对北极熊和海象敏感的栖息地造成不利影响。

目前，埃克森美孚公司签署了一项协议，在俄罗斯北极海域进行石油钻探。随着北极冰帽的融化，石油钻探和通航成为一种可能。挪威国家石油公司最近也宣布，在挪威巴伦支海域发现一个巨大油田。挪威希望用新油田取代产量不断减少的老油田，开发这一油田受到很多人的欢迎。

（十）遏制全球变暖时日不多

2011 年，CO_2 排放量出现短暂下降，一度让人看到希望，但很快人们发现，这种下降主要源自于经济低迷，刚刚燃起的希望之火被扑灭。虽然全球经济尚未实现反弹，但化石燃料排放却继续呈增长趋势。世界气象组织 2011 年末指出，大气中的温室气体数量在 2010 年创下后工业时代新高，增长速度不断提高。

关注气候变化的行动主义者指出，人们应该将目光投向大气中的二氧化碳浓度。据了解，2009 ~ 2010 年，全球的二氧化碳浓度提高了 2.3ppm，现在的浓度为 389ppm，较煤炭和石油驱动下的工业化前提高了 40%。大气中二氧化碳浓度的提高主要由煤炭所致。

国际能源署指出，由于化石燃料需求快速增长，将全球升温幅度控制在 2℃以下只有大约 5 年时间了，而控制在 2℃以下是很多国家承诺的极限。

在很多富有国家，经济低迷促使政府收紧了化石燃料使用量。虽然西班牙、英国以及其他国家减少了针对可再生能源的补贴，全球风能和太阳能投入并没有金融危机之前那样呈快速增长趋势。但是 2011 年全球在可再生能源领域的投入还是超过了化石燃料，这在历史上还是第一次。

四　2011 年世界各国新能源发展情况

美国。提出新的清洁能源计划：到 2015 年使美国成为全球第一个电动车数量过百万的国家，2035 年使清洁能源发电占全国发电总量的比例提高到 80%。

德国。2011 年 6 月 30 日，德国联邦议会批准了放弃核能的议案，决定在 2022 年前关闭所有 17 座核电站。这是德国能源政策的重大转变，为此，德国将投入数十亿欧元发展可再生能源、建设天然气发电厂等。2011 年 7 月 1 日，德国政府提前开始实施原计划在 2012 年 1 月实施的减少太阳能光伏发电补贴 15% 的措施。同时，德国政府还对现行《可再生能源法》进行调整修改，着重对生物质能源发展进行合理引导和规范。2011 年 8 月 3 日，德国联邦政府通过了第六能源研究计划《面向环保、可靠和廉价的能源供应研究》。该计划规定了德国政府未来几年在创新能源技术领域资助政策的基本原则和优先事项，是德国政府能源和气候政策的补充。可再生能源和提高能效是该研究计划两个明确的重点。2011 年 8 月 19 日，德国联邦农业部决定在 2011 ~2014 年投入 1.8 亿欧元用于支持生物质能源技术研究，研究经费将来自《可再生原料研究计划》和联邦政府能源气候基金。

法国。2011 年1 月25 日，法国总统萨科齐在法西部港口城市圣纳泽尔宣布，法国将投入 100 亿欧元在近海建设风力发电设施。新建风力发电设施的装机总容量将达到 3000 兆瓦，政府希望通过此举将风力发电发展成国家的一项支柱产业，并在未来向国外出口电力。他表示，首批招标活动将于今年第二季度展开，预计工程将为法国创造 1 万个就业岗位。

加拿大。加政府结合其自身优势和保持世界领先优势的目标，将发展主要集中在四大领域。环境领域主要包括水资源保护、水处理技术、污水治理技术等；资源能源领域主要包括焦油砂开发、北极研究、生物燃料、燃料电池、重水核能技术等；生命科学领域主要包括再生医学、神经科学、老龄健康、生物工程和医药技术等；信息通信领域主要包括新媒体、无线网络与服务、宽带网络、电信设备等。

日本。2011 年 3 月 11 日，日本东部近海发生超大地震，地震引起的海啸使位于福岛县的隶属于东京电力公司的福岛第一核电站发生核泄漏。由于日本政府和东京电力公司处理迟缓，措施失当，核泄漏演变成了严重的核灾难，其恶劣影响目前也难以估量。此次事故也影响到了日本的科技政策，由于日本一直以来坚持大力发展核能的政策，而核泄漏使日本民众对政府的核能政策产生了强烈的质疑，这种质疑很快也向其他科技领域扩散。日本政府一方面呼吁日本的科技人员提高社会责任感，与政府保持一致；另一方面，继续强调科技的重要性，积极利用科技为防灾减灾服务。而在未来核能发展方面，借鉴了此次核灾难的教训，日本开始重新布置包括核能在内的能源基本计划。在新能源计划中，未来核能开发的比例将从以往设定的占全部的 50% 大幅度削减。而鉴于目前核能的不可替代作用，核能依然会同化石燃料开发利用、太阳能风能和生物质燃料等可再生自然能源以及节能作为未来日本能源政策的四大支柱。

南非。2011 年 10 月 18 日，南非政府正式公布了《南非应对气候变化政策》白皮书（以下简称“白皮书”）。白皮书强调，根据南非政府确定的“先高峰、再平顶、后下降”的排放控制战略，到 2020 ~ 2025 年，南非的温室气体排放将达到峰值，其下限为 3. 98 亿吨（二氧化碳当量，下同），其上限为 2020 年 5. 83 亿吨，2025 年 6. 14 亿吨。然后经过 10 年的平顶期，从 2036 年起，温室气体排放量开始绝对下降，到 2050 年，其排放量下限为 2. 12 亿吨，上限为 4. 28 亿吨。白皮书引入了“碳预算”措施，要求那些排放大户在两年内完成各自的碳排放预算，制定出各自的减排和低碳发展战略，详细列出减排项目，政府将对这些项目进行测评。白皮书提出要在全国范围内建立一套检测和评估体系，来测定气候变化应对行动的成本、效果和冲击等。环境部将在 2 年内完成对“气候变化响应检测与评估系统”的设计并公布草案。2011 年 11 月 17 日，南非政府签署了“绿色经济协议”，到 2020 年，在居民、商业和工业建筑的屋顶安装至少 30 万台太阳能光伏发电装置。南非工业发展公司将在未来 5 年投资 250 亿兰特（约 31 亿美元），支持发展绿色经济。通过对采用高效照明系统的家庭和商业用户给予奖励和提高白炽灯的关税等措施，来逐步淘汰白炽灯。根据“国家能源效率战略”的要求，各部门要在 2015 年之前，实现能源强度减少目标，即：居民用户减少 15%，商业与公共建筑减少 10%，交通部门减少 10%，工业和矿业部门减少 15%。支持发展可用于发电的清洁燃煤技术，包括碳捕获和封存技术；支持开发电动汽车技术，支持生产面向非洲市场的清洁厨灶和加热器。

乌克兰。在乌克兰科研人员最为优先的计划中，还有乌国家《2009 ~ 2012 年开始纯硅化学冶金生产》目标研发计划。该计划的目的，是在国内矿物和原料基础上，为制造高科技产品创建一个生产纯硅的综合科技基础设施。在 2011 年，在开发石英原料精选的工业技术以及开发纯硅生产、多晶锭熔炼、单晶生长和太阳能电池生产技术上，投入了主要力量。

B.2 中国能源产业发展状况

“十一五”是我国能源发展史上非常重要的时期。随着国民经济持续快速增长，我国迅速发展为世界能源大国，在国际能源事务中的影响力和话语权明显提升。开工建设了一大批重大能源工程，建成了一批重要的能源基地，安全供应能力显著增强。新能源和可再生能源异军突起，能源结构和生产布局明显优化。科技创新能力进一步提高，能源装备水平取得长足进步。沉着应对国际金融危机，危中寻机，能源“走出去”取得历史性突破。抗击特大自然灾害，保障能源应急供应，显示了能源行业急国家之所急的社会责任感和众志成城的战斗力，给世人留下了深刻印象。能源行业管理得到加强，科学发展的理念日益深入。我国能源发展无论是在量上，还是在质上，都取得了举世瞩目的成就，全面完成了“十一五”规划确定的各项目标和任务。

我国能源资源主要分布在西部，能源消费主要集中在东部，“十一五”时期，已经逐渐形成长距离、大规模的北煤南运、西电东送、北油南运、西气东输的能源运输基本格局。

2011 年是“十二五”的开局之年，在“十二五”期间，要进一步优化能源发展区域布局，统筹东中西部能源开发，构筑区域能源优势互补、资源高效配置、能源开发与环境相和谐的能源发展布局，原则是“加快西部、稳定中部、优化东部”。

第一节 中国能源产业发展政策

一 国务院将发布 17 项能源规划，鼓励发展清洁能源

国家能源局发布消息，作为母规划的《能源“十二五”规划》在反复修订后已上报国务院，待审议通过后对社会发布。涉及电力、天然气、煤炭等能源行业的 17 个国家能源“十二五”规划子规划已经编制完成，待发改委及国务院审

议后将陆续公开发布。17 个规划是细化指导我国能源开发利用、引导社会资源配置、决策重大项目、安排政府投资的重要依据，其带来的财政资金投放力度乃至由此拉动的相关产业发展，不容小觑。这一系列专项规划中，除确定未来五年煤炭、石油、天然气等传统能源以及太阳能、风能、核能、生物质能等可再生能源总体目标和任务外，对民间资本参与部分能源开发的方式，也进行了强调。相对于煤炭等化石能源，天然气、水电、风电等清洁能源将在新规划中得到集中鼓励与支持。

在节能减排、能源结构调整背景下，可再生能源也将在“十二五”期间迎来大发展。国家能源局公布“十二五”可再生能源规划目标。到 2015 年，风电将达到 1 亿千瓦，年发电量 1900 亿千瓦时，其中海上风电 500 万千瓦；太阳能发电将达到 1500 万千瓦，年发电量 200 亿千瓦时。在此基础上，加上生物质能、太阳能热利用以及核电等，2015 年非化石能源开发总量将达到 4.8 亿吨标准煤。

“十二五”期间，国家可再生能源发展的主要思路是：加快西南地区水电开发，推动大型水电基地建设；在保障安全的前提下，稳步推进核电建设；积极推进东北、华北、西北及东部沿海地区大型风电基地建设。同时，逐步扩大太阳能发电规模，积极培育太阳能热利用市场；对于生物质能源，主要是按照不与民争粮，不与粮争地的原则，统筹规划、合理开发。风电和太阳能发展思路将作出调整，风电将采取“集中利用与分散式利用相结合、陆上和海上风电相结合”；太阳能则强调启动国内需求，减少对外依赖。

核电“十二五”规划也已基本定稿，将由国务院和发改委审议后通过。此规划将影响未来核电发展态势，核电装机目标、核电基地布局等将在规划中呈现。按照初步计划，到 2015 年，核电站装机容量达到 4000 万千瓦。

二　能源规划陆续发布，能源消费总量控制出新招

17 个能源子规划，无论传统能源还是非传统能源规划，全都紧盯“能源消费总量控制”的总目标。

在我国现行能源消费结构中，煤炭消费占 70% 以上，比全球平均水平高 40 个百分点，我国煤炭年消费超过 32 亿标煤，约占世界水平的 48%。根据规划，在“十二五”期间中国煤炭消费占比将控制在 65% 左右。

“十二五”期间，国家有意将天然气作为能源结构调整、减少煤炭能源消费的重要手段。能源“十二五”规划将提出天然气占比从 2010 年的 4% 上升到

2015 年的 8% 左右。预计 2015 年我国天然气需求量将达 2300 亿立方米，2020 年进一步升至 3500 亿立方米。除天然气等常规资源外，煤层气、页岩气等非常规油气将在“十二五”期间有新作为。

第二节　中国能源发展形势

一　2011 年我国宏观经济环境

（一）国民经济稳定回升

2011 年，面对复杂严峻的国内外环境，我国以加快转变经济发展方式为主线，全面贯彻落实加强和改善宏观调控的各项政策措施，国民经济保持平稳较快发展，各项社会事业取得新的进步，实现了“十二五”时期良好开局。

国家统计局发布的《2011 年国民经济和社会发展统计公报》显示，全年国内生产总值 471564 亿元，比上年增长 9.2%，见图 2－1。其中，第一产业增加值 47712 亿元，增长 4.5%；第二产业增加值 220592 亿元，增长 10.6%；第三产业增加值 203260 亿元，增长 8.9%。第一产业增加值占国内生产总值的比重为 10.1%，第二产业增加值比重为 46.8%，第三产业增加值比重为 43.1%。

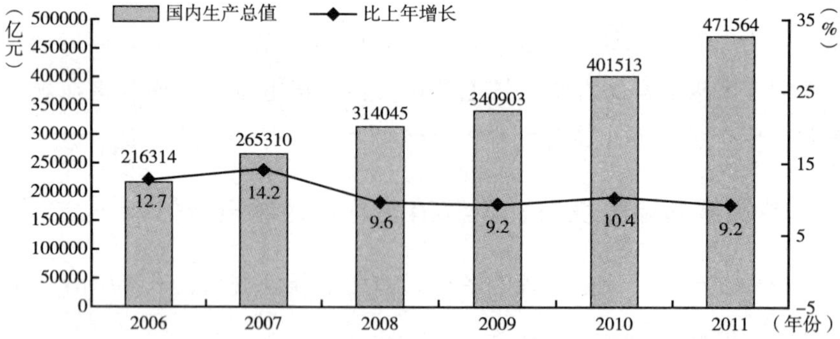

图 2－1　2006～2011 年国内生产总值及其增长速度

资料来源：《2011 年国民经济和社会发展统计公报》。

（二）消费持续增长

2011 年居民消费价格比上年上涨 5.4%，其中食品价格上涨 11.8%。固定资产投资价格上涨6.6%。工业生产者出厂价格上涨6.0%。工业生产者购进价格上涨9.1%。农产品生产价格上涨16.5%，见图2-2。

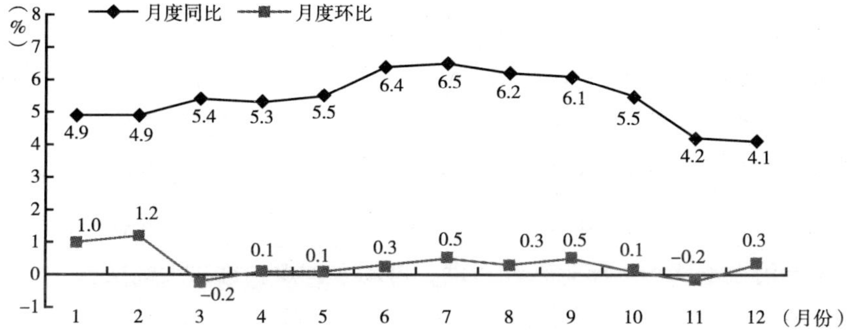

图2-2　2011年居民消费价格月度涨跌幅度

资料来源：《2011年国民经济和社会发展统计公报》。

（三）工业生产大幅增长

全年全部工业增加值188572亿元，比上年增长10.7%。规模以上工业增加值增长13.9%，见图2-3。

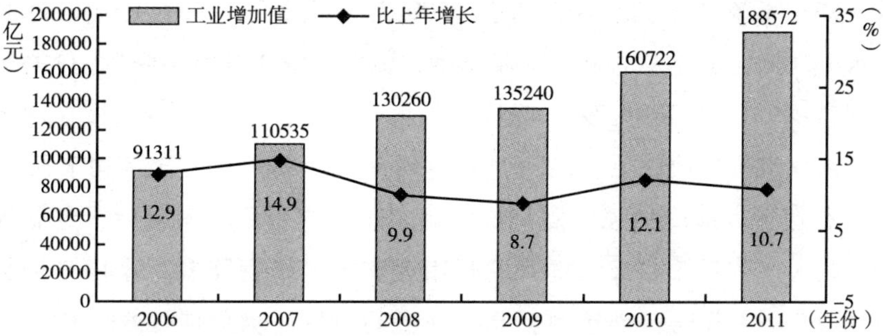

图2-3　2006~2011年全部工业增加值及其增长速度

资料来源：《2011年国民经济和社会发展统计公报》。

二　我国能源消费现状

（一）2010年能源供需形势及特点

2010年全国GDP实现了10.3%的增长，增幅比上年加快1.1个百分点，接近1978～2009年平均9.9%的长期增长趋势线，延续了平稳较快增长的发展态势。受宏观经济拉动，能源经济回升向好态势不断巩固，供应保障能力进一步增强，能源消费持续回升，全年能源运行总体保持平稳。

1. 煤炭产销快速增长，价格波动中调整

2010年全国煤炭产销两旺。铁路运煤干线加快扩能改造，煤炭调运能力显著增强，全年煤炭运量累计完成20亿吨，比上年增长14.2%；主要中转港口煤炭发运量5.6亿吨，增长21.5%。年末全国重点发电企业煤炭库存5607万吨，可用天数15天，基本处于正常水平。2010年国际煤炭市场需求相对疲软、价格走低，东南沿海电厂加大海外采购力度，带动全国煤炭进口大幅增长，全年累计净进口煤炭1.46亿吨，增长40.9%。

（1）煤炭价格阶段性波动特征明显。2010年全国煤炭价格呈“W形”走势。年初极端低温天气带动取暖负荷大幅上升、火电量快速增长，加之枯水期水电减发，煤炭需求旺盛，价格处于较高水平，秦皇岛港5500大卡煤炭价格805元/吨左右。春节过后气温回升，煤炭需求和价格逐渐回落，3月下旬降至年内最低675元/吨左右。二季度，工矿企业生产持续复苏、高载能行业用能快速增加，西南地区干旱、火电满负荷运行，加之发电企业提前储煤迎峰度夏，拉动煤炭需求“淡季不淡”，5月份秦皇岛港5500大卡煤价升至760元/吨。迎峰度夏期间，水电满发，重点发电企业库存充裕，煤炭消费“旺季不旺”，价格回落至720元/吨左右。10月下旬以来，受国际能源价格上涨和我国冬储煤在即等因素影响，国内煤炭价格快速上涨，11月底达到807元/吨，恢复至年初水平。

（2）行业管理部门加强宏观调控，稳定市场煤价。入冬以后，冬储煤需求增加，全国大范围强低温天气推升取暖用煤需求，12月下旬，全国日均火电发电量达到107亿千瓦时，创年内新高，旺盛的市场需求促使煤炭价格在高位运行，电力企业存煤积极性下降。为保持国民经济平稳运行，国家能源局召开座谈会要求煤炭企业在保证安全的前提下，确保迎峰度冬期间的煤炭供应；各地煤炭行业管理部门要会同价格管理部门联手打击囤煤惜售、恶意炒作行为，不得干预煤炭外运，保持良好的市场流通秩序；督促电力、煤炭企业做好2011年度电煤衔接，订立长期供货协议。在有关各方积极配合下，煤价趋于稳定，电煤价格适当下降。12月底，秦皇岛港5500大卡煤炭价格为775元/吨，比11月底下降30元/吨。

2. 电力供应能力不断增强，需求增速逐步回落

（1）电力供应持续增长。2010 年全国新增发电装机 9127 万千瓦，其中，水电 1661 万千瓦，火电 5872 万千瓦，核电 174 万千瓦，风电 1399 万千瓦。截至 2010 年底，全国发电装机累计达到 9.6 亿千瓦，其中，水电 2.1 亿千瓦，火电 7 亿千瓦，核电 1080 万千瓦，风电 3107 万千瓦。全年累计发电量 4.14 万亿千瓦时，比上年增长 13.3%。全国发电设备累计平均利用小时达到 4660 小时，比上年增加 114 小时，是 2005 年以来发电设备利用小时持续下降后的首次回升。其中，水电 3429 小时，比上年提高 101 小时；火电 5031 小时，提高 166 小时；核电 7924 小时，提高 208 小时；风电 2097 小时，提高 20 小时。

（2）电力需求增速前高后低。2010 年全社会用电量累计达 4.19 万亿千瓦时，比上年增长 14.6%。受上年基数和节能减排力度加大影响，增速前高后低，逐季回落。一季度受宏观经济回升向好拉动，用电量延续了 2009 年四季度以来快速增长势头，工业特别是重工业仍然是全社会用电量快速增长的主要拉动力量。二季度国家加大宏观调控力度，用电量增速开始回稳。三季度，随着宏观调控措施效果的进一步显现，钢铁、化工、建材、有色四大行业用电量开始回落，拉动第二产业用电量占全社会用电量比重下降。迎峰度夏期间，全国降温负荷迅速攀升，第三产业和居民生活用电增长较快，成为全社会用电量增长的主要拉动力量。进入四季度，各地节能减排力度加大，重工业用电增速快速回落。11 月份四大主要用电行业累计用电量 1086 亿千瓦时，同比下降 1.8%，一年来增速首次转负，比全社会用电增速低 5.7 个百分点，处于多年较低水平。

（3）迎峰度冬期间，华中、西南部分省市电力供应偏紧。进入 12 月份，各地“十一五”节能减排任务基本完成，前期受到抑制的煤炭和电力需求一定程度上得到释放；强低温天气覆盖全国大部分地区，取暖负荷大幅上升，电煤库存持续下降；与此同时，煤炭价格相对高企，中、西部地区的火电企业亏损加剧，电厂存煤积极性下降。12 月 31 日，重点发电企业煤炭库存可用天数降至 15 天，远低于 10 月底 21 天的水平。由于电厂存煤下降较快，河南、湖北、湖南、江西、重庆和陕西等省先后采取有序用电或拉闸限电措施。

3. 成品油消费增长较快，四季度柴油出现时段性短缺

2010 年原油产量稳步增长，首次突破 2 亿吨，比上年增长 6.9%，为近年来最高增速。原油进口 2.39 亿吨，增长 17.5%。原油加工量达 4.23 亿吨，增长

13.4%，创十年来最高增速。全年汽油产量7675万吨，增长5.1%；煤油1715万吨，增长15.3%；柴油1.59亿吨，增长12%。全年石油表观消费量4.49亿吨，增长12.3%。

2010年国际油价震荡上扬，前三个季度基本在70~85美元/桶间波动，11月以来，在发达国家“二次政策刺激”，特别是美国第二轮量化宽松政策影响下，国际油价强势上扬，年末达到92美元/桶，创26个月以来新高。国内成品油价格三次调升、一次调降，成品油消费持续回暖，从三季度开始，已恢复至金融危机前水平。受宏观经济拉动，柴油消费大幅增长。全年汽车销量突破1800万辆，比上年增长32.4%，是汽油消费平稳增长的主要拉动力量。世博会、亚运会带动旅游消费持续升温，加之商务出行活跃，航空煤油消费保持旺盛需求。进入四季度，三秋农忙用油增多，部分地方为完成“十一五”节能减排任务，用电量一定程度受到抑制，一些地方启用柴油发电，放大了社会正常用油需求，10~11月，江苏、湖北、湖南等地柴油供应偏紧，在国家发改委和国家能源局积极协调下，石油企业采取了增加进口、调整加工量、加强运输调度等措施，有效增加了国内市场供应。进入12月份，柴油市场供求秩序恢复平稳，库存逐渐回升。

4. 天然气消费快速增长，冬季用气高峰平稳度过

2010年全国天然气产量达到944.8亿立方米，比上年增长12.1%。进口液化天然气934万吨，增长75%；首次进口管道气44亿立方米。非常规天然气开发取得积极进展，煤层气利用量36亿立方米，增长42.3%。天然气市场规模快速扩张，主要消费地向中东部经济发达地区集中。全年天然气表观消费量预计将达1100亿立方米，比上年增长20.4%。

为防止2009年冬季的“气荒”重演，国家发改委、能源局提前制定应对预案，从三季度开始主动协调油气企业，一方面加大天然气增储上产，鼓励开展天然气储备；另一方面加大液化天然气现货采购，补充国内缺口；同时，调整检修计划，加快天然气主干管网的投运进度，市场资源供应量得到有效保障。在有关各方的共同努力下，2010年冬季全国没有出现“气荒”现象。

（二）2010年能源行业的新进展

2010年，在努力构建安全稳定经济清洁现代能源产业体系目标的指引下，能源行业加快转变发展方式，着力优化能源结构，注重保障民生，不断增强保障能力。

1. 能源发展方式加快转变，结构调整力度加大

（1）稳步推进大型煤炭基地建设。鼓励开发、建设大型现代化煤矿，严格限制新建小煤矿。国家规划的 14 个大型煤炭基地有 12 个产量超过亿吨，总产量 28 亿吨。

（2）煤矿企业兼并重组取得成效。2010 年国务院印发了《关于加快推进煤矿企业兼并重组的若干意见》（国办发〔2010〕46 号），明确要求打破地域、行业和所有制限制，鼓励各类所有制煤矿企业以产权为纽带、以股份制为主要形式进行兼并重组。山西省矿井个数由 2598 处减少到 1053 处，内蒙古和宁夏联手打造宁东—上海庙国家级能源化工基地，河南、贵州、山东等省推进煤矿企业强强联合。形成了神华、中煤、同煤、山西焦煤和陕西煤化 5 家亿吨级特大型煤炭生产企业，淮南矿业等 9 家年产量在 5000 万吨以上的企业，千万吨以上煤炭企业集团超过 50 家，产量达到 17.3 亿吨。

（3）加大力度关闭小煤矿。国家发改委、国家能源局等 4 部门联合发布《关于进一步淘汰煤矿落后产能推进煤矿整顿关闭工作的通知》，2010 年，全国关闭小煤矿 1693 处，淘汰落后产能 1.55 亿吨。目前全国年产 30 万吨以下小煤矿已减少到 1 万处以内。

（4）推进电力工业“上大压小”。2010 年关停小火电 1100 万千瓦，“十一五”期间累计关停小火电 7210 万千瓦。全国在役火电机组中，30 万千瓦及以上机组比重提高到 70% 以上，其中 60 万千瓦及以上清洁机组占 33%，年底全国在运百万千瓦超临界火电机组达到 33 台，在建 11 台。2010 年全国平均供电煤耗 335 克/千瓦时，比上年下降 5 克/千瓦时。

2. 清洁能源加快发展，能源结构不断优化

2010 年全国电源工程建设完成投资 3641 亿元，其中，水电 791 亿元，火电 1311 亿元，核电 629 亿元，风电 891 亿元。非化石能源建设投资占电源建设总投资的比重达到 63.5%，比上年提高 4.8 个百分点。云南小湾、四川瀑布沟、青海拉西瓦、贵州构皮滩等一批水电项目陆续投产。截至 2010 年底，全国水电总装机超过 2.1 亿千瓦，占电力总装机的 22%，水电在能源结构调整中的作用更加突出。2010 年秦山二期三号机组和岭澳核电站三号机组投产，结束了核电 3 年没有新增装机的局面，总装机达到 1080 万千瓦，核电在建机组 28 台 3097 万千瓦，在建规模世界第一。2010 年风电新增并网装机 1399 万千瓦，累计并网装机

3107 万千瓦，装机规模仅次于美国，居全球第二，全年发电量 501 亿千瓦时，比上年增长 81.4%。2010 年太阳能发电新增装机 40 万千瓦，累计装机达到 70 万千瓦。至 2010 年底，非化石能源装机比重合计占 26.5%，比上年提高 1.1 个百分点，累计发电量 7862 亿千瓦时，按发电煤耗折算约合 2.63 亿吨标准煤。

3. 扎实开展保障民生工程，城乡用能结构加快升级

（1）改善城镇居民用能条件。至 2010 年底，全国除西藏外，其余 30 个省区市全部用上了天然气。初步实现长三角、京津唐等重点用气地区多气源灵活调度，弥补了华北和华东地区大中型城市用气缺口。在北方高寒地区大中城市因地制宜建设热电联产机组，解决城市人口供暖问题。

（2）加快农村能源建设。2010 年启动了新一轮农村电网改造工程，共安排中央投资计划 651 亿元，其中中央预算内资金 120 亿元；安排无电地区电力建设工程中央投资计划 29 亿元，其中中央预算内资金 12 亿元。计划用 3 年时间对未改造农网进行全面改造，对已改造过的进行升级改造，基本解决农业生产用电突出问题；逐步理顺农村电力管理体制，实现城乡各类用电同价目标。

（3）积极支持边疆地区能源建设。加快项目核准，扩大中央资金政策惠及范围，解决新疆偏远农牧区基本用电问题。实现了新疆电网与西北 750 千伏主网互联，打通了新疆电力外送通道。北疆三条天然气管线陆续建成，启动了南疆天然气利民工程，南疆三地州 25 个市县人口集中地区居民生活用气问题两三年内将得到解决。组织建设西藏拉萨和阿里应急燃油机组，缓解西藏电力供应紧张；开工建设青藏联网工程，西藏电网不再孤网运行；西藏农村“户户通电”工程全面竣工，解决了西藏主电网覆盖的全部 32 个县、17 万户、76 万人的用电问题。

4. 能源储备和输送通道建设加快，应急保障能力进一步增强

国家石油储备一期工程顺利完成收储，二期项目启动实施，一批商业石油储备基地陆续建成投运，2010 年底库容达到 2650 万立方米。建成大港等 3 个储气库群，总工作气量 13.9 亿立方米；启动华北油田、辽河油田等 10 个储气库建设，总库容 244 亿立方米。江苏等 5 个液化天然气接收站加快建设，一期规模 1550 万吨/年。涩宁兰复线、川气东送、陕京三线、榆济线、西气东输二线东段工程中卫—黄陂段等一批天然气骨干管道工程相继投运，有效弥补了冬季用气缺口。区域电网互联互通进程加快，大范围资源优化配置能力明显增强。至 2010 年底，西电东送北、中、南三个通道的输送能力超过 6900 万千瓦。投产了一大批跨区跨省的输变电工程，如西北宝鸡—四川德阳直流联网工程、山西晋东南—湖北荆门1000千伏交流试验示范工程，云南—广东、向家坝—上海、呼伦贝尔—辽宁直流输电工程等。

2010年，我国自然灾害多发，能源战线靠前指挥，加强供需衔接和调度，积极投身受灾地区灾后重建工作。青海玉树地震后第4天即全面实现了应急供电保障；甘肃舟曲泥石流灾害发生后第13天，舟曲县城用电恢复正常。上海世博会和广州亚运会期间，加大跨区电网送电力度，全面实施供电保障方案，能源应急保障能力经受住了考验。

（三）以煤为主的能源消费格局短期内难以改变

长期以来，我国一次能源消费以煤炭为主，超过70%，天然气消费不足4%，与世界能源格局相去甚远，1990～2010年我国能源消费结构如图2－4所示。

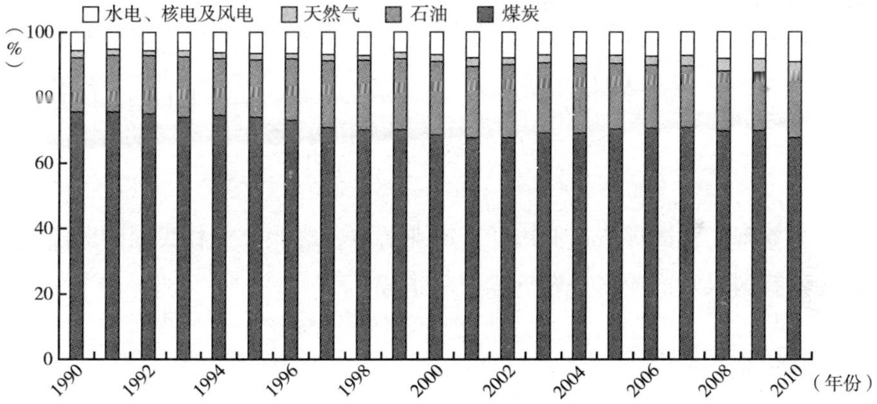

图2－4　1990～2010年我国能源消费结构

资料来源：CCISR根据《中国统计年鉴》整理。

（四）2011年能源需求增速稳中有降，市场供需总体平衡

2011年是“十二五”开局之年，能源经济将保持平稳发展态势，能源生产持续增长，在资源环境、节能减排目标约束下，能源需求增速稳中有降，市场供需总体平衡。经国家统计局初步核算，2011年能源消费总量34.8亿吨标准煤，比上年增长7.0%。煤炭消费量增长9.7%；原油消费量增长2.7%；天然气消费量增长12.0%；电力消费量增长11.7%。全国万元国内生产总值能耗下降2.01%。

常规能源之一次能源产业

Conventional Energy-Primary Energy Industry

B.3

我国煤炭产业安全

第一节 煤炭产业界定

本节主要阐述我国煤炭产业内涵，产业特点，煤炭产业在我国国民经济中的地位，构建我国煤炭产业安全评价维度和指标。

一 煤炭产业内涵

煤炭是指古代植物遗体经历了复杂的生物化学和物理化学变化逐渐形成的固体可燃性矿物，被誉为"黑色的金子"、"工业的食粮"，是18世纪以来全球使用的主要能源之一。

按照国家统计局2011年公布的国民经济行业分类标准（GB/T4754－2011），煤炭开采和洗选业属于采矿业，包括对各种煤炭的开采、洗选、分级等生产活动，但不包括煤制品的生产和煤炭勘探活动。

二 煤炭产业在国民经济中的地位和作用

煤炭是我国的主体能源，在一次能源结构中占到70%左右。煤炭工业是关系国家经济命脉和能源安全的重要基础产业。在未来相当长时期内，煤炭作为主体能源的地位不会改变。

但是，我国煤炭工业发展愈来愈面临环境容量的严重制约，煤炭资源超强度集中开采，使得本来非常脆弱的生态环境雪上加霜。长期计划体制发展起来的煤炭业，产业结构不合理、粗放式发展模式留下的隐患和矛盾，已成为制约煤炭业持续快速发展的瓶颈。

三　我国煤炭产业特点

2010 年作为“十一五”规划的收官之年，我国煤炭行业发生了巨大变化，呈现出以下六大特点。

（一）占能源生产总量比重居高不下

煤炭产业是我国国民经济重要的基础产业。我国“富煤少油”的能源资源特点，决定了煤炭是我国战略安全性能源，近十年来煤炭消费量在我国能源消费总量的比重，始终保持 68% 以上，2010 年，下滑至 10 年最低点，见图 3－1、图 3－2。

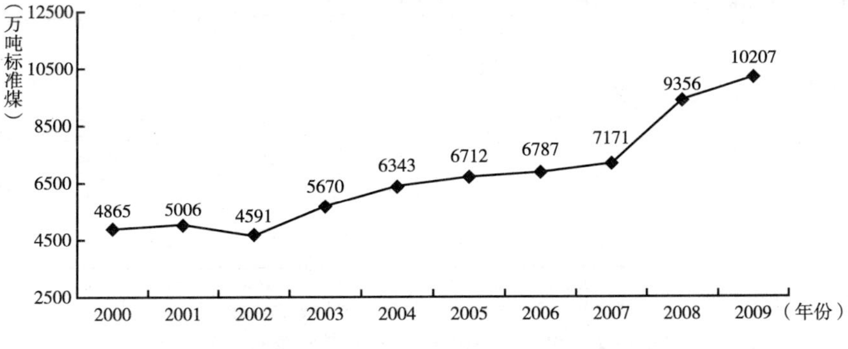

图 3－1　2000～2009 年我国能源消费总量

资料来源：CCISR 根据《中国统计年鉴》整理。

（二）剩余人均探明可采储量少

十一五期间，我国煤炭产业资源保障程度不断提高。中央、地方和企业加大地质勘查投入，煤炭资源储量增加，保障程度增强。

国土资源部 2011 年公布的《中国矿产资源报告》数据显示，截至 2010 年底，全国煤炭保有查明资源储量为 1.34 万亿吨，比 2005 年增加约 3000 亿吨，

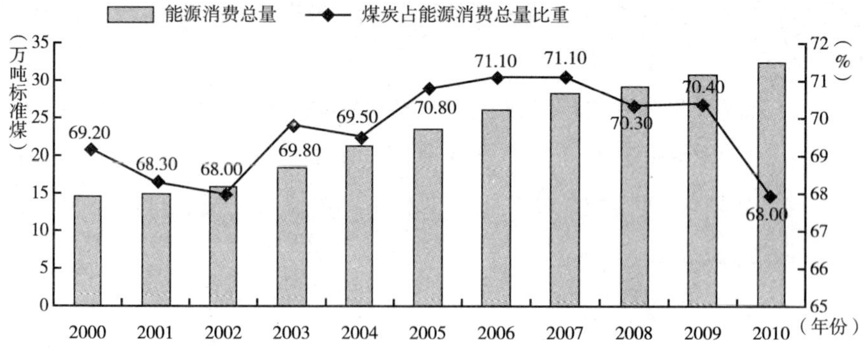

图 3-2　2000~2010 年我国煤炭占能源消费总量比重

资料来源：《BP 世界能源统计年鉴 2011》。

其中西部地区占到全国增量的 90% 以上，为煤炭开发战略西移奠定了基础。但由于我国人口基数大，煤炭生产、消费数量巨大，剩余人均可采储量远低于世界平均水平，见图 3-3。

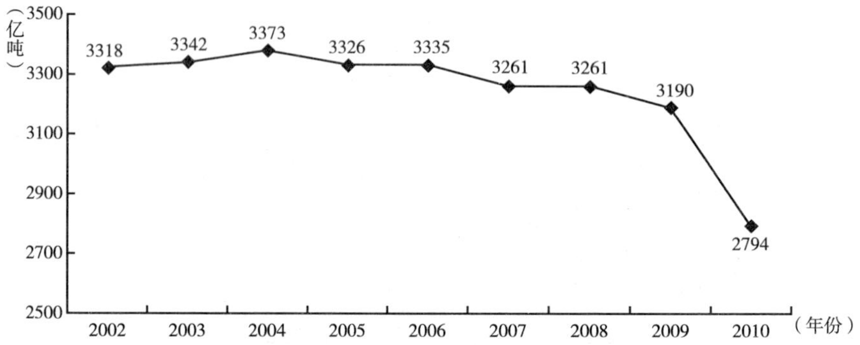

图 3-3　2002~2010 年我国煤炭资源基础储量

资料来源：CCISR 根据《中国统计年鉴》整理。

（三）优质煤种储量较少

我国煤炭资源品种丰富，涵盖从褐煤到无烟煤等各种不同煤化阶段煤种，但煤炭品种和数量分布极不均衡。表现为：褐煤和低变质烟煤数量较大；中变质炼焦煤数量较少；高变质贫煤和无烟煤数量最少。

（四）区域分布不均衡

我国煤炭资源总体分布格局是北富南贫、西多东少。昆仑山—秦岭—大别山以北地区，查明资源储量占全国的90%以上，且集中分布在内蒙古、山西、陕西、宁夏、新疆等省（区），是中国煤炭资源集中分布的地区。在南方，煤炭资源量主要集中于贵州、云南、四川三省。华东、中南是主要的煤炭消费地区，但资源贫乏。我国煤炭资源分布特征，决定了“北煤南运、西煤东调”的基本格局。

（五）煤炭富集地区水资源短缺，生态环境脆弱

我国淡水资源贫乏，人均占有量仅相当于世界人均占有量的1/4，而且分布极不均衡。昆仑山—秦岭—大别山以北地区，面积约占全国的50%，水资源量仅占全国的21.4%，特别是太行山以西煤炭资源最为富集的地区，水资源量仅占全国的1.6%。

昆仑山—秦岭—大别山以北地区，大部分为大陆性干旱、半干旱气候带，尤其是大兴安岭和太行山以西地区，气候干旱少雨，土地荒漠化十分严重；黄土高原地区水土流失十分严重，泥石流、滑坡等地质灾害频发，植被覆盖率低，生态环境十分脆弱。水资源短缺和生态环境脆弱，是制约我国北方地区煤炭资源开发和就地转化的最重要因素。

（六）资源开采条件中等偏下

中国煤田地质条件总体上是南方复杂、北方简单，东部复杂、西部简单，与世界主要产煤国家相比为中等偏下。我国地质构造简单的煤田主要分布在山西、陕西、内蒙古、宁夏、新疆五省（区），其他地区的煤田构造大多复杂。国有重点煤矿中，高瓦斯矿井和煤与瓦斯突出矿井数量占50%以上，严重影响煤矿安全。中国煤炭资源埋藏较深，目前平均开采深度在400米左右，露天煤矿产量比重仅8%左右。

四 “十一五”期间我国煤炭产业发展成就

（一）生产方面，大型煤炭企业集团快速发展

“十一五”期间，我国相继组建了一批区域性大型煤炭企业集团，形成了煤电、煤化等上下游产业一体化发展格局。山西、河南等省兼并重组中小煤矿取得重大进展。

2010年，我国千万吨级以上企业达到47家，产量占到全国的63%。其中，亿吨级特大型企业达到5家，产量占到25%，比2005年增加4家、产量比重提高19个百分点；5000万吨级大型企业达到10家，产量占19%，比2005年增加7家、产量比重提高11个百分点。

（二）产需方面，运需衔接和市场化改革不断深化

“十一五”期间，我国煤炭产运需衔接制度改革取得进展，市场配置资源的基础性作用得到进一步发挥。

大型煤炭企业公司制、股份制改革不断深化，非公有制经济发展较快并不断壮大，多元投融资机制基本形成，投融资能力明显增强。到2010年底，在境内外上市企业35家，直接融资1690亿元。煤炭企业投资境外煤矿迈出实质性步伐。2010年净进口煤炭1.46亿吨。

（三）科技方面，生产技术和科技创新水平大幅提升

“十一五”期间，我国生产煤矿技术改造和大中型煤矿建设加快，形成一批现代化煤矿。2010年，全国煤炭产量达到32.4亿吨，比2005年增加8.9亿吨；装备现代化、管理信息化、年产量达到120万吨及以上的大型煤矿数量661处，产量达到18.8亿吨，占到全国的58%；建成安全高效煤矿359处，产量达到10.2亿吨；千万吨级煤矿40处，产量达到5.6亿吨；采煤机械化程度65%左右。原煤入选能力17.5亿吨/年，入选原煤16.5亿吨。

“十一五”期间，我国煤炭科技创新能力进一步增强。建成了一批国家工程中心、工程实验室和重点实验室，煤炭地质综合勘查关键技术取得新突破，特厚冲积层建井技术国际领先，年产600万吨综采成套技术装备实现国产化，煤层气（煤矿瓦斯）抽采利用技术取得突破，煤制油、煤制烯烃等现代煤化工示范项目建成投产。

（四）安全方面，安全生产形势和淘汰落后产能成效显著

“十一五”期间，我国煤炭安全生产形势持续好转。按照“整合为主、新建为辅”的方针，加快推进整顿关闭和资源整合，小煤矿数量和产量大幅度减少。全国累计关闭小煤矿9616处，淘汰落后产能5.4亿吨。2010年，年产能30万吨以下小煤矿减少到1万处以内，产量比重由2005年的45%下降到22%。

“十一五”期间，我国煤矿安全生产法律法规体系基本形成，经济政策逐步完善，安全管理基础工作进一步加强，安全生产形势持续稳定好转。2010年，煤矿事故死亡2433人，比2005年下降59%，百万吨死亡率由2.81下降到0.749。其中，煤矿瓦斯事故死亡623人，比2005年下降71%。

（五）节能减排方面，资源综合利用取得新进展

“十一五”期间，我国11家煤炭企业列入国家循环经济试点，形成了各具特色的矿区循环经济典型模式。2010年，全国煤层气（煤矿瓦斯）抽采量90亿立方米，利用量35亿立方米；洗矸、煤泥和中煤综合利用发电装机容量2600万千瓦，利用低热值资源1.3亿吨，相当于回收4200万吨标准煤，少占压土地300公顷；矿井水利用率59%；土地复垦率40%。

五　我国煤炭产业安全评价维度

选取环境、国际竞争力、对外依存度、产业控制力四个维度，产业政策环境等14项指标对2010年我国煤炭产业安全进行评价，如表3－1所示。

表3－1　我国煤炭产业安全评价维度

维度	指标一	指标二	指标三	指标四	指标五
环境	产业政策环境	产业技术环境	产业人口环境	产业竞争环境	产业产需环境
国际竞争力	全球煤炭产业集中度	我国煤炭产业国际贸易竞争力指数	—	—	—
对外依存度	进口对外依存度	出口对外依存度	进出口平衡度	—	—
产业控制力	固定资产投资	工业品出厂价格指数	销售利润率	企业景气指数	

第二节　我国煤炭产业国内环境

本节从环境维度视角，评估2010年我国煤炭产业安全。

一　我国煤炭产业政策环境

选取大型煤炭基地建设、兼并重组、小型煤炭关停三个角度来进行分析。

（一）大型煤炭基地建设稳步推进

2010年，国家实施了鼓励开发、建设大型现代化煤矿、严格限制新建小煤矿的行业政策。国家层面上规划的14个大型煤炭基地，有12个产量超过亿吨，总产量28亿吨。

（二）煤矿企业兼并重组取得成效

2010年，国务院颁布《关于加快推进煤矿企业兼并重组的若干意见》，明确要求打破地域、行业和所有制限制，鼓励各类所有制煤矿企业以产权为纽带、以股份制为主要形式进行兼并重组。

以煤炭大省山西省为例，2009 年山西矿井个数达到 2598 处，2010 年减少到 1053 处。内蒙古和宁夏联手打造宁东—上海庙国家级能源化工基地，河南、贵州、山东等省推进煤矿企业强强联合。形成了神华、中煤、同煤、山西焦煤和陕西煤化 5 家亿吨级特大型煤炭生产企业，淮南矿业等 9 家年产量在 5000 万吨以上的企业，千万吨以上煤炭企业集团超过 50 家，产量达到 17.3 亿吨。

（三）小煤矿关闭力度不断加大

2009 年，国家安监总局共整顿关闭小煤矿 1088 处。2010 年，国家发改委、国家能源局等四部门联合发布了《关于进一步淘汰煤矿落后产能推进煤矿整顿关闭工作的通知》，全国共关闭小煤矿 1693 处，淘汰落后产能 1.55 亿吨，年产 30 万吨以下小煤矿已减少到 1 万处以内。

二　我国煤炭产业技术环境

选取百万吨死亡率作为产业技术环境的测度指标。百万吨死亡率是指，每生产 100 万吨煤炭死亡人数的比例。

与 2009 年相比，2010 年我国煤炭行业百万吨死亡率大幅降低。2009 年，我国煤矿百万吨死亡率达到 0.892。2010 年，我国煤矿百万吨死亡率降到 0.749，降幅高达 16%。这表明，在我国有效应对国际金融危机、扩大内需一揽子政策措施集中实施，能源原材料市场需求旺盛，因自然灾害引发的事故灾难频繁情况下，我国安全生产继续保持总体稳定、趋于好转的发展态势。

三　我国煤炭产业人口环境

选取人均产品年销售收入作为劳动密集度的测度指标，以反映出我国煤炭产业人口环境。其计算公式：

$$\text{煤炭人均产品年销售收入} = \frac{\text{产品年销售收入}}{\text{全部从业人数}} \times 100\%$$

与 2009 年相比，2010 年我国煤炭行业劳动密集度保持快速上升趋势。2009 年末，我国煤炭开采和洗选业人均产品年销售收入达到 30.82 万元/人。2010 年末，我国煤炭开采和洗选业人均产品年销售收入达到 41.40 万元/人，同比增加 10.58 万元/人，见图 3－4。

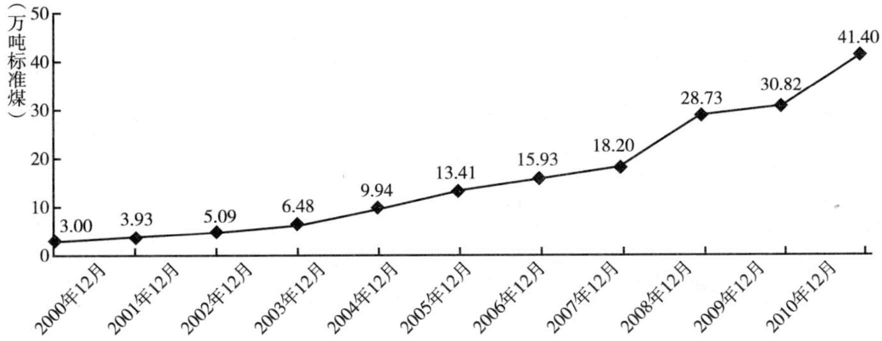

图 3－4　2000～2010 年我国煤炭行业人均产品年销售收入

资料来源：CCISR 根据《中国统计年鉴》整理。

四　我国煤炭产业竞争环境

选取煤炭行业集中度 Cr50 指标，这一指标反映了国内煤炭行业竞争程度。

与 2009 年相比，2010 年我国煤炭产业集中度进一步提升，见表 3－2。2009 年，我国煤炭行业前 50 强企业煤炭产量占全国总产量的比率（即煤炭行业集中度 Cr50）达到 57.46%，2010 年 Cr50 达到 60.19%，同比提高 2.73 个百分点。在全国煤炭产量增量中，有 89.18% 的增量份额出自前 50 强煤炭企业，体现出我国煤炭生产以大型煤炭企业集团为主体，国家重点建设大型煤炭基地策略取得阶段性成功。

表 3－2　2010 年煤炭产量 50 强企业产业集中度情况

2010 年煤炭产量 50 强企业产业集中度情况表					
项目	2010 年度评选		2009 年度评选		相差
	企业数量	企业产量(万吨)	企业数量	企业产量(万吨)	
50 强企业产量合计	50 家	178887	50 家	156057	22830
年度全国产量合计	297200		271600		25600
50 强企业产业集中度(%)	61.19		57.46		2.73
产量 5000 万吨以上企业	9 家	91330	7 家	71657	19673
产量 4000 万吨以上企业	16 家	122049	10 家	84451	37598
特大型煤炭企业集中度(%)	41.07		31.09		9.98

资料来源：中国煤炭工业协会。

从发展的“量”上来看，我国前4家煤炭企业产量仅占全行业生产总量的20.5%、前8家仅占28.9%，离国际上普遍认同的前4家占比30%、前8家占比40%左右的较优产业集中度还有不少差距。与国外煤矿主产国相比，我国煤炭产业前10大企业市场集中度仅为20%，而美国、澳大利亚、南非、印度和德国分别为46%、50%、60%、90%、100%。

五　我国煤炭产业产需环境

选取年末全国煤炭社会库存量作为煤炭行业产需平衡度的测度指标。

生产方面，与2009年相比，2010年我国煤炭生产同比增加。2009年，全国原煤产量累计完成30.50亿吨。2010年，我国原煤产量累计完成32.4亿吨，同比增长8.9%。其中，国有重点煤矿原煤产量累计达到17.3亿吨，同比增长15.8%，见图3-5。

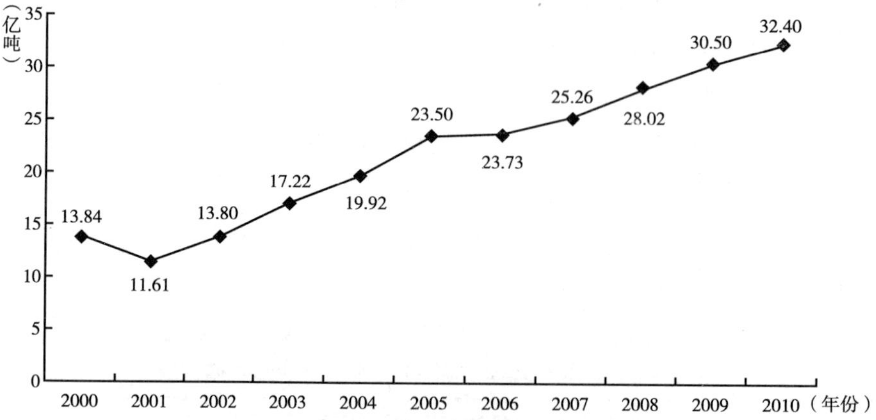

图3-5　2000~2010年我国煤炭产量

资料来源：CCISR整理，2000~2008年数据来自Wind资讯，2009~2010年数据来自国家统计局。

销售方面，与2009年相比，2010年我国煤炭消费同比下降。2009年，全国煤炭消费总量30.2亿吨。2010年，全国煤炭消费总量27.20亿吨，同比下降9.83%。其中，铁路发运方面，2010年全国铁路煤炭发运量完成19.99亿吨，同比增加2.48亿吨，同比增长14.2%。其中，主要港口煤炭发运量完成5.56亿吨，同比增加9854万吨，同比增长21.5%，见图3-6。

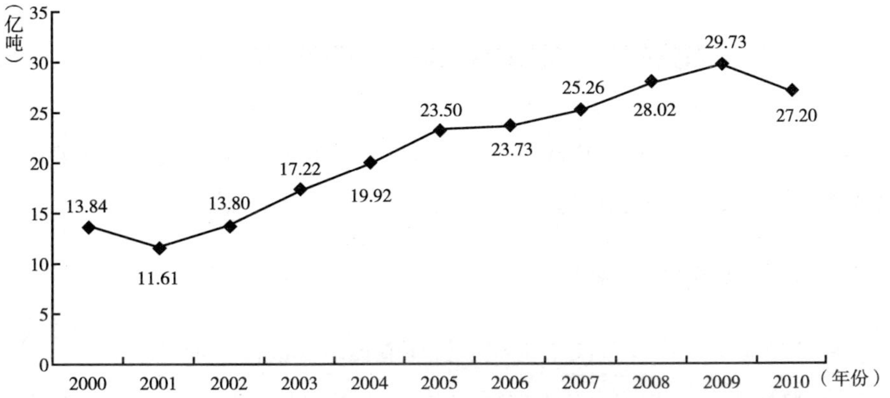

图 3－6　2000～2010 年我国煤炭消费量

资料来源：CCISR 整理，2000～2008 年数据来自 Wind 资讯，2009～2010 年数据来自国家统计局。

库存方面，与 2009 年 12 月末相比，2010 年 12 月末我国煤炭社会库存总量增加，产需衔接平衡度有所扩大。截至 2009 年 12 月末，全国煤炭社会库存 1.71 亿吨。截至 2010 年 12 月末，全国煤炭社会库存 2.06 亿吨。其中，12 月末主要煤炭发运港口库存 2373 万吨，比年初增长 980 万吨，增长 70.4%，见图 3－7。

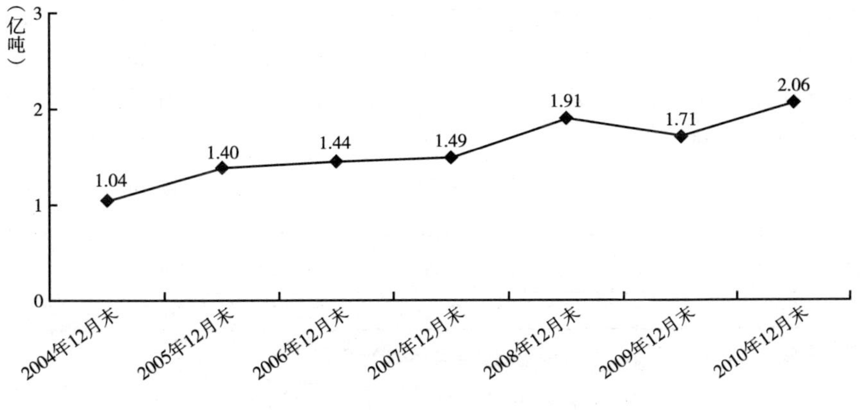

图 3－7　2000～2010 年末我国煤炭库存量

数据来源：CCISR 整理，2000～2008 年数据来自 Wind 资讯，2009～2010 年数据来自国家统计局。

第三节　我国煤炭产业国际竞争力

本节重点考察生产和销售环节的全球煤炭产业集中度，以及我国煤炭产业国际贸易竞争力指数的变化情况。

一　全球煤炭产业集中度

选取全球煤炭生产环节集中度和销售环节集中度进行评价。

与2009年相比，2010年全球煤炭生产环节集中度进一步提升。2009年，全球煤炭生产环节集中度Cr10达到91.94%。2010年，全球煤炭生产环节集中度Cr10达到92.30%，生产环节集中度同比提升0.36个百分点，见表3-3。

表3-3　2010年全球煤炭生产环节集中度

序号	国　家	2010年		2009年		同比增减（%）
		产量（百万吨油当量）	全球占比（%）	产量（百万吨油当量）	全球占比（%）	
1	中　国	1800.4	48.30	1652.1	39.30	9.00
2	美　国	552.2	14.80	540.9	12.70	2.10
3	澳大利亚	235.4	6.30	228.8	3.40	2.90
4	印　度	216.1	5.80	210.8	3.30	2.50
5	印　尼	188.1	5.00	157.6	-14.40	19.40
6	俄罗斯	148.8	4.00	142.1	-0.70	4.70
7	南　非	143	3.80	141.2	2.50	1.30
8	哈萨克斯坦	56.2	1.50	51.5	-7.70	9.20
9	波　兰	55.5	1.50	56.4	3.10	-1.60
10	哥伦比亚	48.3	1.30	47.3	-0.80	2.10
Cr10		3444	92.30	3228.7	91.94	0.36

资料来源：CCISR根据《BP世界能源统计年鉴2011》计算。

与2009年相比，2010年全球煤炭销售环节集中度进一步提升。2009年，全球煤炭销售环节集中度Cr10达到85.79%。2010年，全球煤炭生产环节集中度Cr10达到86.39%，销售环节集中度同比提升0.60个百分点，见表3-4。

表 3-4　2010 年全球煤炭销售环节集中度

序号	国家	2010 年		2009 年		同比增减（%）
		消费量（百万吨油当量）	全球占比（%）	消费量（百万吨油当量）	全球占比（%）	
1	中　　国	1713.5	48.20	1556.8	38.10	10.10
2	美　　国	524.6	14.80	496.2	9.10	5.70
3	印　　度	277.6	7.80	250.6	-3.00	10.80
4	日　　本	123.7	3.50	108.8	-10.20	13.70
5	俄 罗 斯	93.8	2.60	91.9	0.50	2.10
6	南　　非	88.7	2.50	87.7	1.40	1.10
7	德　　国	76.5	2.20	71.7	-4.50	6.70
8	韩　　国	76	2.10	68.6	-8.70	10.80
9	波　　兰	54	1.50	51.9	-2.40	3.90
10	澳大利亚	43.4	1.20	51.7	17.30	-16.10
Cr10		3071.8	86.39	2835.9	85.79	0.60

资料来源：CCISR 根据《BP 世界能源统计年鉴 2011》计算。

二　我国煤炭产业国际贸易竞争力指数

选取国际贸易竞争力指数，即 TC（Trade Competitiveness）指数，作为我国煤炭产业安全国际竞争力评价测度指标。它表示一国进出口贸易的差额占进出口贸易总额的比重，即

$$\text{TC 指数} = \frac{(\text{出口额} - \text{进口额})}{(\text{出口额} + \text{进口额})} \times 100\%$$

其值越接近于 0，表示竞争力越接近于平均水平；为 -1 时，表示该产业只进口不出口，越接近于 -1 表示竞争力越薄弱；为 1 时表示该产业只出口不进口，越接近于 1 表示竞争力越大。

与 2009 年相比，2010 年我国煤炭国际竞争力指数大幅降低。2009 年，我国 TC 指数达到 -69.81%。2010 年，我国煤炭进口 1.65 亿吨，同比增长 30.99%；出口 1903 万吨，同比下降 15.03%；净进口 1.46 亿吨，同比增加 4237 万吨，TC 指数 = [（0.19 - 1.65）/（0.19 + 1.65）] ×100% = -79.32%，我国煤炭国际贸易呈现出进口增加，出口减少态势，煤炭国际竞争力指数大幅降低。

第四节　我国煤炭产业对外依存度

选取进口对外依存度、出口对外依存度和进出口平衡度三项指标对我国煤炭产业对外依存度进行评价。

一　进口对外依存度

进口对外依存度的高低，直接关系到国家相关产业安全。

煤炭产业进口对外依存度计算公式：

$$\text{煤炭进口对外依存度} = \frac{\text{煤炭进炭进口总额}}{\text{行业消费总额}} \times 100\%$$

与2009年相比，2010年我国煤炭进口对外依存度保持大幅增加。2009年，我国全年进口煤炭1.26亿吨，全国煤炭消费总量30.2亿吨，我国煤炭进口对外依存度4.17%。2010年，我国全年进口煤炭1.65亿吨，全国煤炭消费总量27.2亿吨，我国煤炭进口对外依存度6.07%，进口对外依存度大幅增加，见图3－8。

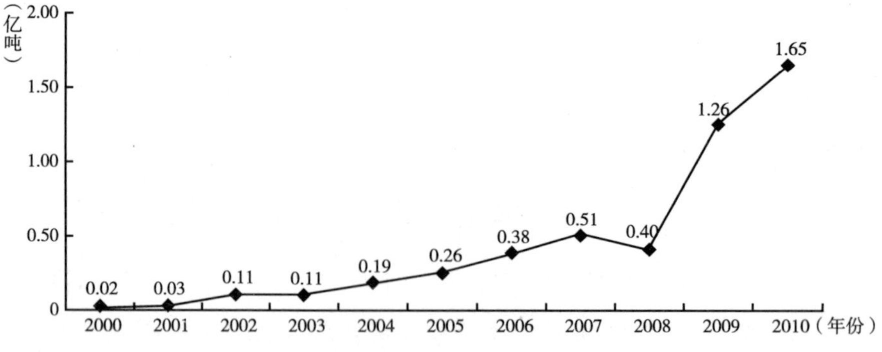

图3－8　2000～2010年我国煤炭进口量

资料来源：CCISR根据《中国统计年鉴》整理。

与2009年相比，2010年我国煤炭进口集中度降幅较大，呈现出进口数量逐年增加、品种逐步优化、来源日趋广泛等特点。2010年，我国煤炭进口来源国最大的五个国家是：印度尼西亚、澳大利亚、越南、蒙古和俄罗斯，上述五国进口煤炭集中度 Cr5 占我国煤炭全部进口总量的 84%，相比 2009 年进口来源国 Cr5 集中度的 92%，下降 8 个百分点，见图 3－9。

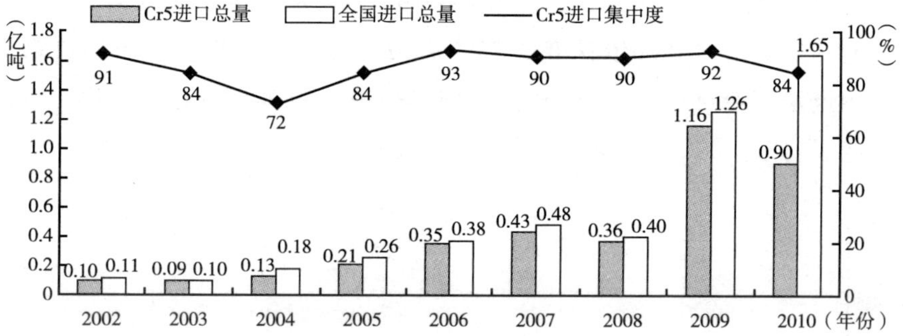

图 3－9　2002～2010 年我国煤炭进口对外依存度

资料来源：CCISR 根据海关总署数据整理。

与 2009 年相比，2010 年我国煤炭进口价格指数大幅上升，表明进口煤炭价格涨幅较大。2010 年，我国煤炭进口价格指数为 137. 70，相比 2009 年煤炭进口价格指数 75. 10，大幅上升 83. 30 个百分点，见图 3－10。

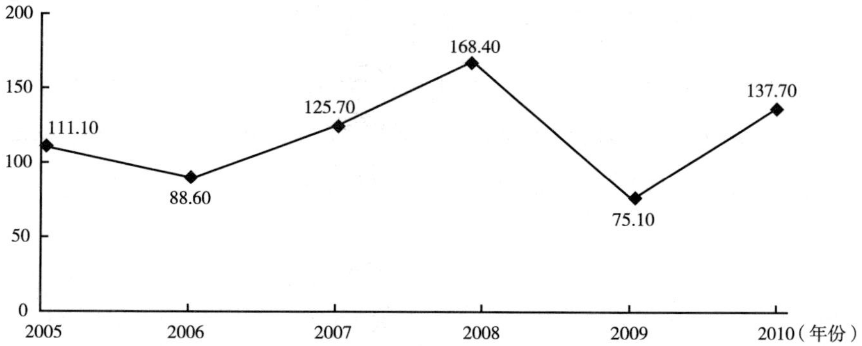

图 3－10　2005～2010 年我国煤炭进口价格指数

资料来源：CCISR 根据海关总署数据整理。

二　出口对外依存度

煤炭产业出口对外依存度计算公式：

$$煤炭出口对外依存度 = \frac{煤炭出口总额}{行业消费总额} \times 100\%$$

与2009年相比，2010年我国煤炭出口对外依存度同比略降，呈现出低位徘徊、逐年递减、地区相对集中等特点，主要出口到韩国、日本、中国台湾等地。2009年，我国煤炭全年出口总量达到0.22亿吨，全国煤炭消费总量30.2亿吨，我国煤炭出口对外依存度0.73%。2010年，我国煤炭全年出口0.19亿吨，全国煤炭消费总量27.2亿吨，我国煤炭出口对外依存度0.70%，同比略降，见图3－11。

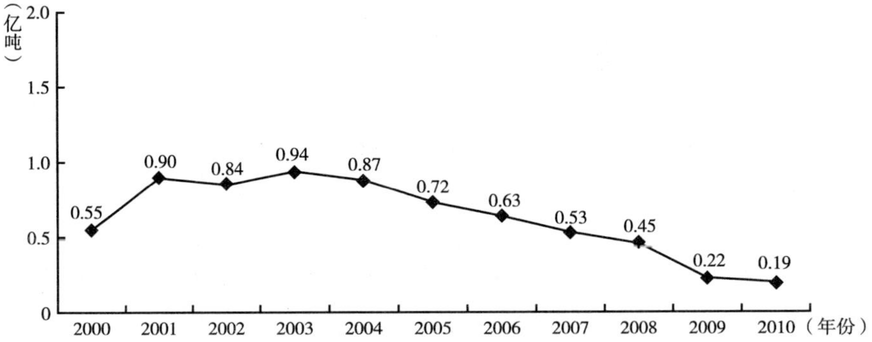

图3－11　2000～2010年我国煤炭出口量

资料来源：CCISR根据《中国统计年鉴》整理。

与2009年相比，2010年我国煤炭出口价格指数大幅上升，表明出口煤炭价格涨幅较大。2010年，我国煤炭进口价格指数为141.20，相比2009年煤炭进口价格指数71.00，大幅上升98.87个百分点，见图3－12。

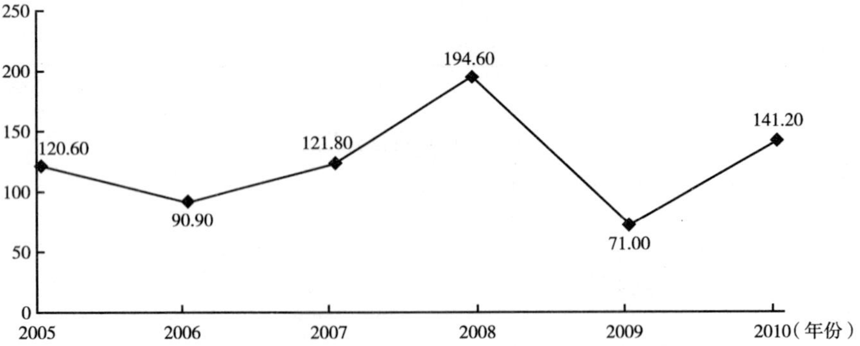

图3－12　2005～2010年我国煤炭出口价格指数

资料来源：CCISR根据海关总署数据整理。

与2009年相比，2010年我国煤炭出口交货值略有下降。2010年，我国煤炭出口交货值达到68.60亿元，相比2009年煤炭出口交货值69.52亿元，略下降1.32个百分点，见图3－13。

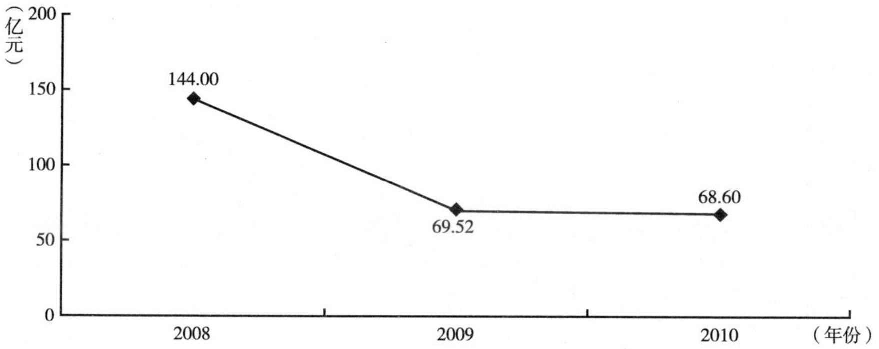

图3－13　2008～2010年我国煤炭出口交货值

资料来源：CCISR根据《中国统计年鉴》整理。

三　进出口平衡度

进出口平衡度体现为煤炭贸易进出口总值之差，即煤炭贸易顺逆差。

与2009年相比，2010年我国煤炭进出口平衡度降低，煤炭贸易进出口总额逆差同比大幅增加79%。2009年，我国累计煤炭进口额达到105.74亿美元，累计煤炭出口额达到23.75亿美元，实现贸易逆差81.98亿美元。2010年，我国累计煤炭进口额达到169.32亿美元，累计煤炭出口额达到22.52亿美元，实现贸易逆差146.80亿美元，贸易逆差大幅增加79%。

第五节　我国煤炭产业控制力

选取固定资产投资、工业品出厂价格指数、销售利润率、企业景气指数等四项指标对我国煤炭产业控制力进行评价。

一　固定资产投资

与2009年相比，2010年我国煤炭行业固定资产投资总额同比保持快速增长，但投资增速环比下降。2009 年，我国煤炭开采及洗选业累计完成固定资产投资总额 3057.9 亿元，同比增长 25.9%。2010 年，我国煤炭开采及洗选业累计完成固定资产投资总额 3770.33 亿元，同比增长 23.3%，增长比 2009 年同期下降 2.6 个百分点，见图 3－14。

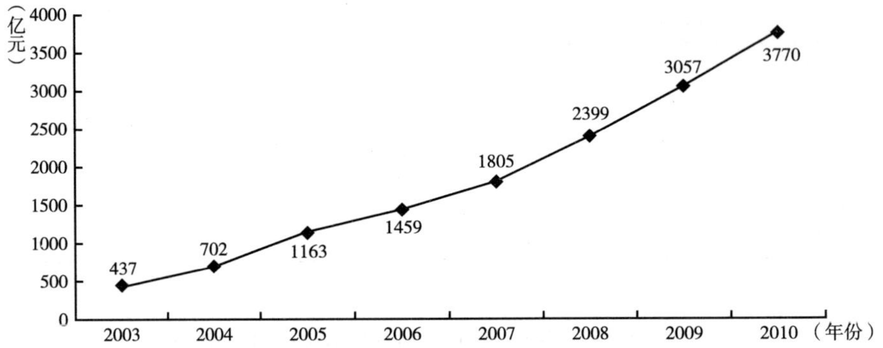

图 3－14　2003～2010 年我国煤炭行业固定资产投资总额

资料来源：CCISR 根据《中国统计年鉴》整理。

与 2009 年相比，2010 年我国煤炭行业工业增加值同比保持快速增长。2009 年，我国煤炭开采及洗选业工业增加值同比增长 8.30%。2010 年，我国煤炭开采及洗选业工业增加值同比增长 17.20%，增长比 2009 年同期大幅上升 8.9 个百分点，增幅达到 107.23%，见图 3－15。

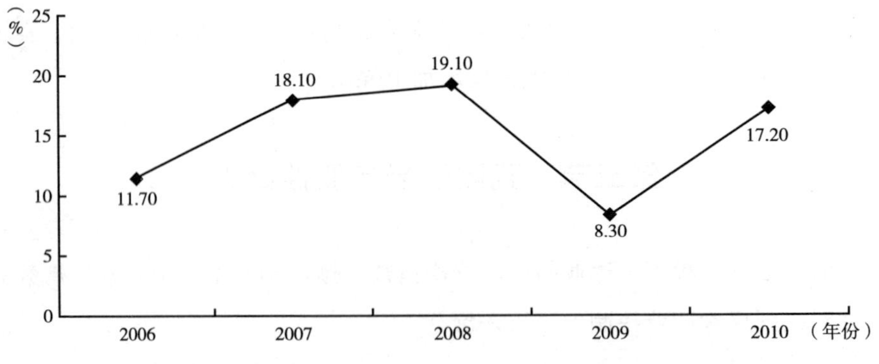

图 3－15　2006～2010 年我国煤炭行业工业增加值同比增速

资料来源：CCISR 根据《中国统计年鉴》整理。

二　工业品出厂价格指数

与2009年相比，2010年我国煤炭开采和洗选业工业品出厂价格指数（PPI）同比大幅增加。2009年10～12月，我国煤炭开采和洗选业工业品出厂价格指数为89.10～98.17（以100为单位，即－10.90～－1.83），呈现回升态势。2010年10～12月，我国煤炭开采和洗选业工业品出厂价格指数为111.47～115.30（以100为单位，即11.47～15.30），呈现上升态势，同比大幅增加，见图3－16。

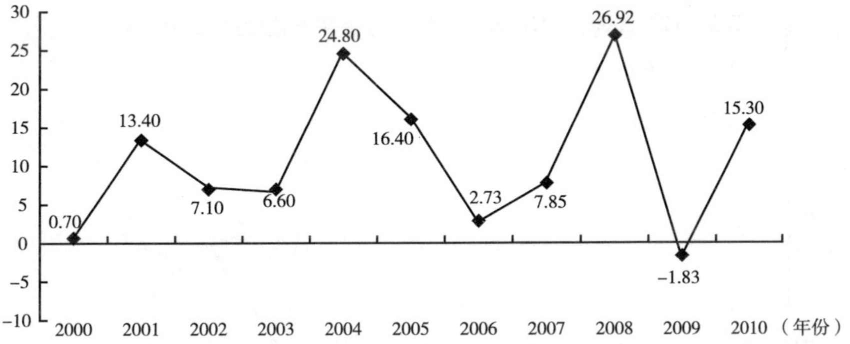

图3－16　2000～2010年煤炭开采和洗选业工业品出厂价格指数

资料来源：CCISR根据《中国统计年鉴》整理。

三　销售利润率

与2009年相比，2010年我国煤炭行业经济效益保持快速增长。

销售收入方面，2009年1～11月，我国煤炭开采和洗选业产品销售收入增长10.42%。2010年1～11月，我国煤炭开采和洗选业产品销售收入增长41.77%，同比大幅提高31.35个百分点，见图3－17。

利润总额方面，2009年1～11月，我国煤炭开采和洗选业累计实现利润总额1819.35亿元。2010年1～11月，我国煤炭开采和洗选业累计实现利润总额2930.15亿元，同比增加1110.80亿元，同比增长61.05%，见图3－18。

销售利润率方面，2009年1～11月，我国煤炭开采和洗选业销售利润率达到11.85%。2010年1～11月，我国煤炭开采和洗选业销售利润率达到13.85%，同比提高2个百分点，见图3－19。

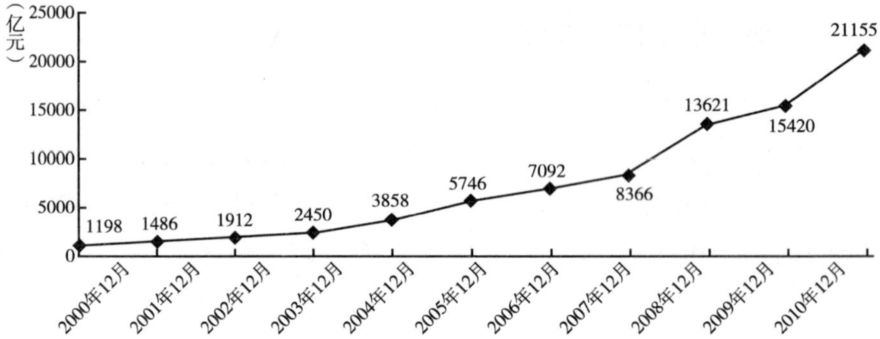

图 3－17　2000～2010 年我国煤炭开采和洗选业产品销售收入

资料来源：CCISR 根据《中国统计年鉴》整理。

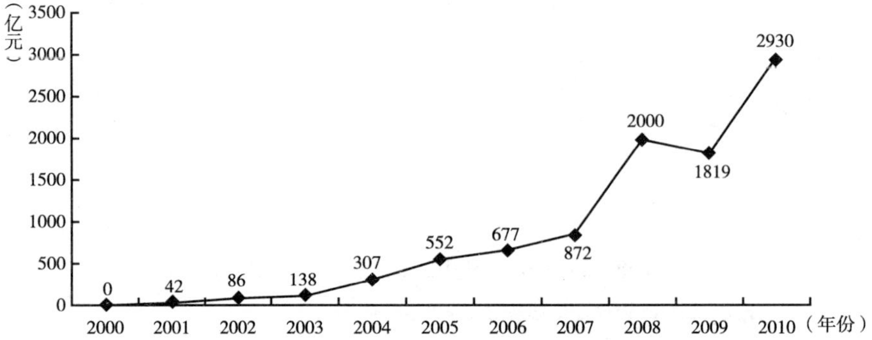

图 3－18　2000～2010 年我国煤炭开采和洗选业产品利润总额

资料来源：CCISR 根据《中国统计年鉴》整理。

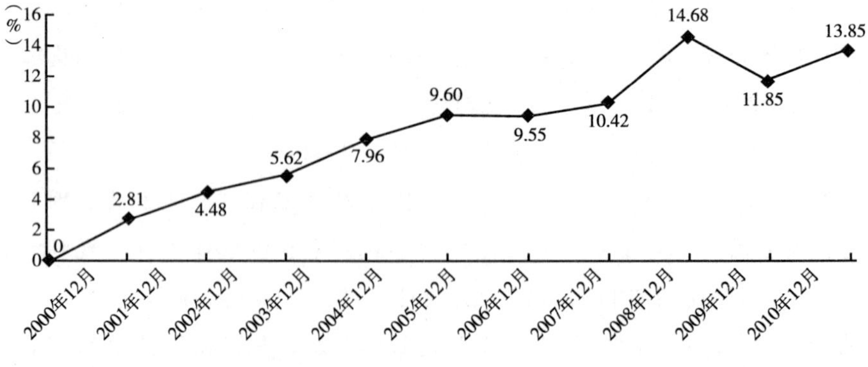

图 3－19　2000～2010 年我国煤炭开采和洗选业产品销售利润率

资料来源：CCISR 根据《中国统计年鉴》整理。

资产负债率方面，2009 年 1 ~ 11 月，我国煤炭开采和洗选业资产负债率达到 59.96%。2010 年 1 ~ 11 月，我国煤炭开采和洗选业销售利润率达到 58.96%，同比下降 1 个百分点，见图 3 – 20。

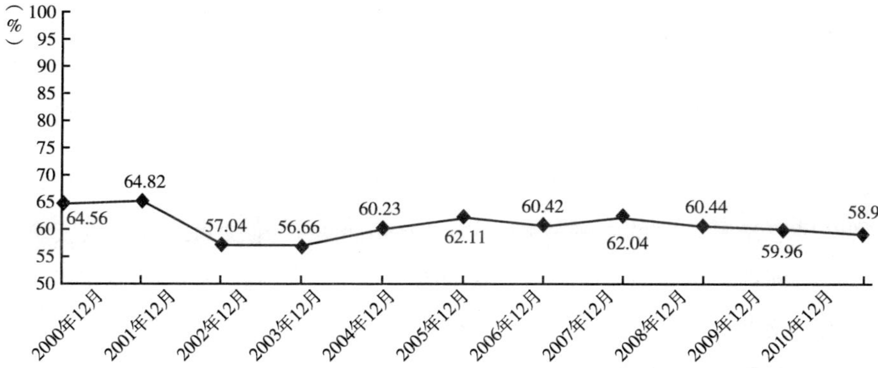

图 3 – 20　2000 ~ 2010 年我国煤炭开采和洗选业产品资产负债率

资料来源：CCISR 根据《中国统计年鉴》整理。

四　企业景气指数

与 2009 年相比，2010 年我国开采和洗选业企业景气指数小幅上升。2009 年末，我国煤炭开采和洗选业企业景气指数为 145.8。2010 年末，我国煤炭开采和洗选业企业景气指数为 154.9，同比小幅上升，见图 3 – 21。

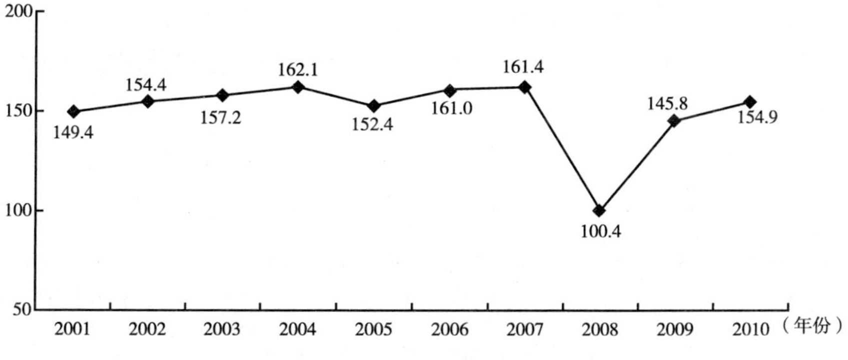

图 3 – 21　2001 ~ 2010 年我国开采和洗选业企业景气指数

资料来源：CCISR 根据《中国统计年鉴》整理。

第六节　我国煤炭产业大型企业竞争力

本小节选取我国煤炭行业两家具有代表性的典型企业，例证我国煤炭产业大型企业竞争力的提升成效。

一　神华集团

据中国神华年报披露，2010 年，中国神华落实“科学发展，再造神华，五年实现经济总量翻番”的发展战略，以“五型企业”建设为载体，以安全、规模、效益协同提升为重点，不断提高和创新经营管理模式，完善产业布局，经营业绩实现持续增长。

（一）运营指标再创新高

2010 年，中国神华完成商品煤产量 224.8 百万吨，同比增长 6.9%；煤炭销售量 292.6 百万吨，同比增长 15.1%；自有铁路运输周转量为 150.3 十亿吨公里，同比增长 8.8%；港口下水煤量为 169.9 百万吨，同比增长 6.7%；总发电量和总售电量分别为 1411.5 亿千瓦时和 1314.1 亿千瓦时，同比分别增长 34.3% 和 34.5%；7～12 月份，航运货运量为 25.9 百万吨，航运周转量为 21.9 十亿吨海里。

（二）经营效益和效率稳步提高

中国神华坚持以价值创造为核心，注重发展规模和经济效益协同增长。2010 年，进一步发挥各业务板块协同效应，强化低成本运营，建立以经济增加值考核为中心的绩效考核体系，发掘新的价值源和价值增长点，运营效率和盈利能力进一步提升。

按企业会计准则，2010 年，中国神华营业收入为 1520.63 亿元（2009 年：1213.12 亿元），同比增长 25.3%；营业利润为 536.34 亿元（2009 年：441.89 亿元），同比增长 21.4%；净利润为 425.06 亿元（2009 年：347.45 亿元），同比增长 22.3%；归属于公司股东的净利润为 371.87 亿元（2009 年：302.76 亿元），同比增长 22.8%；集团基本每股收益为 1.870 元（2009 年：1.522 元），同比增长 22.8%。

2010 年 12 月 31 日，集团每股净资产为 9.90 元（2009 年：8.51 元），同比

增长16.3%。截至2010年12月31日，集团总资产回报率为12.5%。2010年净资产收益率为18.9%（2009年：17.9%），同比上升1.0个百分点；息税折旧摊销前盈利为692.74亿元（2009年：574.92亿元），同比增长20.5%。于2010年12月31日，本集团总债务资本比为22.1%，较2009年12月31日的28.0%下降了5.9个百分点。

（三）生产运营一体化均衡发展

1. 煤矿生产经营

中国神华拥有神东、准格尔和北电胜利三大矿区。2010年，继续推进安全高效矿井建设，通过技术改造和优化生产组织扩大煤矿产能，实现煤炭产量连续稳定增长。全年商品煤产量达到224.8百万吨，同比增长6.9%。

神东矿区包括原神东矿区和万利矿区。2010年，神东矿区积极构建专业化服务体系，组建了生产服务中心、设备维修中心、开拓准备中心等多个专业化服务中心，服务效率和专业化水平显著提升。通过科学安排矿井采掘接续、队伍配置、设备配套，神东矿区克服了部分矿井限产的影响，全年完成商品煤产量达165.9百万吨，占同期集团商品煤总产量的73.8%。矿区的技改和扩建工作稳步推进。

准格尔矿区商品煤产量为44.6百万吨，同比增长19.9%。围绕建设亿吨级矿区的目标，黑岱沟露天矿和哈尔乌素露天矿继续实施扩能改造。黑岱沟露天煤矿吊斗铲抛掷爆破工艺的生产效率显著提高，达到国际领先水平。

胜利矿区商品煤产量为14.3百万吨，同比增长36.2%。胜利一号露天煤矿二期工程于2010年年中开工建设。工程全部完成后煤矿生产能力可达2000万吨/年。

2. 煤炭生产技术与装备

2010年，中国神华加强煤炭生产制度化、标准化和信息化建设，针对生产技术与装备、采掘设备大修、报废及优化配置等，修订和完善了多项制度和标准，适应了大采高综采工作面、特厚煤层综放开采、中厚偏薄煤层自动化工作面等新工艺、新装备的应用，提高了生产与装备技术水平。世界首个7米大采高重型综采工作面在神东矿区建成，薄煤层开采技术攻关加快，取得阶段性成果。

3. 煤矿生产安全

中国神华坚持安全发展理念，采取加强安全意识和技能培训、增加安全投入、推动科技安保等多项措施加强安全管理、排查治理隐患、强化风险预控。2010 年，原煤生产百万吨死亡率为 0.0123，安全生产继续保持国际先进水平。

4. 煤炭资源

2010 年 12 月 31 日，中国标准下中国神华煤炭资源量为 175.32 亿吨，煤炭可采储量为 114.73 亿吨；JORC 标准下本集团的煤炭可售储量为 72.82 亿吨。

2010 年，中国神华煤炭资源勘探工作按计划完成，勘探支出约 11 亿元。澳大利亚沃特马克煤矿项目的勘探工作进展顺利，完成地质孔、浅层孔及煤质孔等钻孔近 400 个，总累计进尺超过 25000 米。

2010 年，中国神华煤矿开发和开采活动进展顺利，相关的资本性支出约 118 亿元。神东矿区部分矿井、黑岱沟和哈尔乌素露天煤矿、胜利一号露天煤矿等改扩建工程，以及新煤矿的开发和建设工作按计划推进，各矿井开采工作按计划进行。

2010 年，中国神华顺利开展了对神华集团下属的包括 7 项采矿权和 1 项划定矿区范围在内的资产收购，进一步增加了公司的资源储备。有关收购方案已获 2011 年第一次临时股东大会审议通过。收购资产的煤炭储量如下：截至 2010 年 6 月 30 日，中国标准下的可采储量为 24.28 亿吨，JORC 标准下的可售储量为 17.54 亿吨。

5. 发电运营

2010 年，中国神华新增装机容量 3913 兆瓦，至年末总装机容量达到 27433 兆瓦，同比增长 16.6%，总发电量为 1411.5 亿千瓦时，同比增长 34.3%。于 2010 年 12 月 31 日，控制并运营燃煤机组 63 台，平均单机容量达到 423 兆瓦。2010 年，中国神华发电业务燃煤消耗量 60.5 百万吨，其中耗用神华煤为 58.2 百万吨，占 96.2%。

中国神华实施“上大压小”、“热电联产”的措施，继续发展大机组、高参数、低煤耗、矸石综合利用等清洁火电技术，努力提高能源转化效率，降低能耗水平。2010 年，燃煤机组售电标准煤耗为 327 克/千瓦时，比全国平均水平（全国 6000 千瓦以上电厂供电标煤耗为 335 克/千瓦时）低 8 克/千瓦时。2010 年绥中电力 2×1000 兆瓦机组、惠州热电 2×330 兆瓦机组及神东电力 4×300 兆瓦矸石发电机组顺利投入运行；神东保德矸石电厂工程获国家发改委核准。

为提高机组利用率，中国神华建立健全营销网络，加强专业营销队伍，在重点销售区域建立营销中心；同时，充分发挥公司大容量、高参数机组的结构特点，利用资源综合优势，积极推进直供电、替代发电、网间交易电量工作，总售电量达 1314.1 亿千瓦时，同比增长 34.5%。2010 年公司发电分部燃煤机组平均利用小时数达到 5566 小时，比同期全国 6000 千瓦及以上火电设备平均利用小时 5031 小时高出 535 小时。2010 年公司燃煤电厂售电电价为 334 元/兆瓦时，同比减少 2 元/兆瓦时。

（四）路港航一体化优势不断加强

中国神华拥有由铁路和港口组成的大规模一体化运输网络，运营着包括中国西煤东运的第二大通道神朔—朔黄铁路在内的五条铁路，带来了巨大的协同效应和低运输成本优势。

2010 年，中国神华积极推行本安管理体系，保障了铁路运输安全畅通。优化铁路运输组织，提升运输能力和效率，全年自有铁路煤炭运输周转量达到 150.3 十亿吨公里（2009 年：138.2 十亿吨公里），同比增长 8.8%。自有铁路运输周转量占总周转量的比例为 78.2%，比 2009 年的 77.2% 有所上升。

2010 年，中国神华自有铁路的扩能改造及新线建设工作进展顺利。包神铁路巴图塔—万水泉南电气化站改完成，增加超过千万吨通过能力。神朔铁路四站完成站改，日均开行万吨重载列车达 14 对。朔黄铁路扩能改造稳步推进，完工后通过能力将突破 2 亿吨。大准铁路五站应急改造完成，全年累计发送货物突破 70 百万吨，再度刷新全国单线铁路货物运量的最高纪录。新建甘泉铁路、巴准铁路相继开工建设；新建大准至朔黄铁路联络线项目获国家发改委核准。

中国神华拥有并经营的黄骅港和神华天津煤码头，是本集团煤炭销往国内沿海市场和海外市场的主要中转海港。黄骅港是中国第二大煤炭下水港口。公司还通过秦皇岛港等第三方港口运输煤炭。2010 年公司实现下水煤量 169.9 百万吨，占商品煤销售量的 58.1%。其中，黄骅港和神华天津煤码头共完成下水煤量 109.7 百万吨，占公司总下水煤量的 64.6%。2010 年黄骅港和神华天津煤码头克服恶劣天气等不利因素，加强与铁路、航运业务协调，下水煤量同比增长 10.3%。黄骅港二期扩容完善工程建成，具备 1 亿吨下水能力；三期工程项目全面启动，建成后将形成 1.5 亿吨下水能力。神华天津煤炭码头二期工程核准工作有序推进。

2010 年上半年，中国神华通过增资扩股以 51% 的比例控股神华航运公司，标志着航运板块的诞生，煤电路港航产业链进一步延伸。神华航运公司充分利用中国神华一体化协同优势，扩大船队规模、完善船队结构，加大与重点电力用户的合作力度，2010 年下半年完成货运量达 25.9 百万吨。

2010 年，中国神华积极应对市场变化，加快销售方式转变，充分利用神华品牌和运输优势，优化产品结构，强化用户管理，积极开发原料煤、水煤浆用煤、化工用煤、冶金用煤、块煤等市场，商品煤销售量达到 292.6 百万吨。为满足配煤需要、扩大市场份额和充分利用自有铁路、港口、航运资源优势，进一步发展煤炭外购业务，全年煤炭外购总量达 72.4 百万吨，占煤炭销售总量的 24.7%。

2010 年，中国神华国内销售量为 282.3 百万吨（2009 年：240.7 百万吨），同比增长 17.3%，占煤炭销售量的 96.5%。其中，现货销售量为 127.8 百万吨（2009 年：69.1 百万吨），占总销售量的比例从 2009 年的 27.2% 上升到 2010 年的 43.7%。2010 年，中国神华国内销售中港口下水煤量为 159.6 百万吨，同期全国港口内贸煤炭中转量 5.56 亿吨，以此估计中国神华在沿海市场的占有率大约为 28.7%。2010 年，中国神华加权平均国内煤炭销售价格达到 421.7 元/吨（2009 年：378.7 元/吨），同比增长 11.4%。

2010 年，中国神华对前五大国内煤炭客户销售量为 36.2 百万吨，占国内销售量的 12.8%，其中，最大客户销售量为 10.8 百万吨，占国内销售量的 3.8%。前五大国内煤炭客户均为发电公司或燃料公司。

2010 年，中国神华出口煤炭量 10.3 百万吨（2009 年：13.6 百万吨），同比下降 24.3%。出口销量占全部煤炭销售量的比例从 5.3% 下降到 3.5%。2010 年出口煤炭销售价格为 566.5 元/吨（2009 年：551.5 元/吨），同比上升 2.7%。影响出口煤价的主要因素为：（1）正面因素：亚太地区国家煤炭需求增长，推升国际动力煤价格上涨，公司 2010 年签订的出口长约合同价格提高；（2）负面因素：2010 年人民币兑美元汇率升值，出口销售结算使用的加权平均美元兑换汇率为 6.7616（2009 年：6.8182），人民币升值 0.8%；及 2010 年第一季度执行 2009 年较低的合同价格。

2010 年，中国神华对前五大出口煤炭客户销售量为 6.7 百万吨，占出口销售总量的 65.0%，其中，最大客户销售量为 1.9 百万吨，占出口销售总量的 18.4%。前五大出口煤炭客户主要为能源公司或化工公司。

2010 年，中国神华对外部客户煤炭销售量为 233.7 百万吨（2009 年：212.9

百万吨)，同比增长 9.8%。对外部客户煤炭销售价格从 397.4 元/吨增加到 439.9 元/吨，增长 10.7%。2010 年公司对前五大外部煤炭客户销售量为 36.2 百万吨，占销售总量的 12.4%。

向内部发电分部销售煤炭是集团独特的一体化经营模式。2010 年，中国神华向集团发电分部煤炭销售量为 58.9 百万吨（2009 年：41.4 百万吨)，占全部煤炭销售量的比例从 16.3% 上升到 20.1%；销售价格从 339.4 元/吨增加到 374.7 元/吨，增长 10.4%；且以长约合同销售为主。公司对内部发电分部和外部客户销售煤炭采用统一的定价政策。

二　兖州煤业

兖州煤业股份有限公司（以下简称兖州煤业）总部位于山东省境内，总部煤炭资源位于济宁煤田和兖州煤田，并在山东省、陕西省、山西省和内蒙古自治区以及澳大利亚拥有煤炭资源和煤炭深加工项目，是以煤炭、煤化工和电力为一体的国际化矿业集团。

主营业务包括：（1）煤炭开采、洗选加工、销售，主要生产适用于电力行业所需的动力煤、冶金行业所需的炼焦配煤和高炉喷吹煤，客户主要分布在华东、华南等地区和日本、韩国、澳大利亚等国家。（2）煤化工，目前主要是甲醇的生产与销售。(3）发电。

兖州煤业 2010 年销售商品煤 4963 万吨，销售甲醇 38 万吨，实现归属于母公司股东的净利润 90.086 亿元，是中国盈利能力最好的煤炭企业之一。

（一）煤炭业务板块保持增长

1. 煤炭产量

2010 年，兖州煤业生产原煤 4940 万吨，同比增加 1311 万吨，增长 36.1%；生产商品煤 4553 万吨，同比增加 977 万吨，增长 27.3%。

2. 煤炭价格与销售

受益于境内外煤炭需求持续旺盛。2010 年度兖州煤业煤炭销售平均价格同比上升。

2010 年，兖州煤业销售煤炭 4963 万吨。其中，对内销售煤炭 144 万吨，对外销售煤炭 4819 万吨。销量同比增加 1162 万吨，增长 30.6%。销量同比增加主要是由于：①并入菲利克斯公司煤炭销量 687 万吨；②菏泽能化煤炭销量同比增加106万吨；③外购煤销量同比增加332万吨。

2010年，兖州煤业实现煤炭业务销售收入329.303亿元，同比增加128.134亿元，增长63.7%。其中，对内销售煤炭实现销售收入为3.394亿元，对外销售煤炭实现销售收入为325.909亿元。

2011年，煤炭销售计划5400万吨。其中：公司3220万吨，山西能化120万吨，菏泽能化260万吨，鄂尔多斯能化100万吨，兖煤澳洲1100万吨，贸易煤量600万吨。

（二）铁路运输业务保持平稳

2010年，兖州煤业铁路资产完成货物运量1974万吨，同比减少16万吨，下降0.8%。

实现铁路运输业务收入（按离矿价结算并由客户承担矿区专用铁路资产运费的货物运量实现的收入）5.133亿元，同比增加2.459亿元，增长92.0%。主要是由于自2010年1月1日起，兖州煤业煤炭运输专用铁路资产货物运价收费标准由0.32元/吨公里提高至0.57元/吨公里；需客户承担运费的货物运量同比增加98万吨，增长5.7%。

铁路运输业务成本为3.107亿元，同比增加6670万元，增长27.3%。

（三）2011年经营策略及重点工作

2011年是兖州煤业实施“十二五”发展规划的开局年，也是巩固深化“二次创业、加快发展”战略，实现发展新跨越的攻坚年。

兖州煤业制定了“十二五”发展“双倍增长”的规划目标、“五年规划两步走”的实施步骤。

“双倍增长”即努力争取实现煤炭产量增长两倍至1.5亿吨，销售收入增长两倍过千亿元；

“五年规划两步走”即为了实现“十二五”规划目标，兖州煤业制定了前三年、后两年的阶段性目标和具体实施措施：前三年将重点抓好现有项目的生产建设，同时运用资本运营手段，继续寻找收购机会，为后两年的快速发展打下基础。

第七节　我国煤炭产业安全图例

2010年，我国煤炭产运销增长较快，供需基本平衡，投资增长较快，效益明显提高，煤炭经济运行保持良好态势。

综合以上测度指标，得出以下结论：与 2009 年相比，2010 年我国煤炭行业处于安全状态，见表 3－5。

表 3－5　2010 年我国煤炭产业安全测度图例

维度	指标	关键指标	2009 年	2010 年	测度结果
环境	产业政策环境	小煤矿关停	1088 处	1693 处	上升
	产业技术环境	百万吨死亡率	0.892	0.749	下降
	产业人口环境	人均产品年销售收入	30.82 万元/人	41.40 万元/人	上升
	产业产需环境	煤炭生产	30.50	32.40	上升
		煤炭消费	30.20	27.20	下降
		社会库存总量	1.71	2.18	上升
国际竞争力	全球煤炭产业集中度	生产环节 Cr10 集中度	91.94%	92.30%	上升
		销售环节 Cr10 集中度	85.79%	86.39%	上升
	我国煤炭产业国际贸易竞争力指数	TC 指数	－69.81%	－79.32%	下降
对外依存度	进口对外依存度	进口对外依存度	4.17%	5.33%	上升
		进口价格指数	75.10	137.70	上升
	出口对外依存度	出口对外依存度	0.74%	0.61%	下降
		出口价格指数	71.00	141.20	上升
		出口交货值	68.60	69.52	下降
	进出口平衡度	煤炭贸易逆差	81.98 亿美元	146.80 亿美元	上升
产业控制力	固定资产投资	固定资产投资总额	3057.9 亿元	3770.33 亿元	上升
		固定资产投资增速	25.90%	23.30%	下降
		工业增加值	8.30%	17.20%	上升
	工业品出厂价格指数	工业品出厂价格指数	98.17	115.3	上升
	销售利润率	销售利润率	11.85%	13.85%	上升
	企业景气指数	企业景气指数	145.8	154.9	上升

第八节　我国煤炭产业存在问题

“十一五”期间，我国煤炭工业虽然取得了长足进步，但发展过程中不协调、不平衡、不可持续问题依然突出。

一　资源支撑难以为继

我国煤炭人均可采储量少，仅为世界的三分之二；开发规模大，储采比不足世界平均水平的三分之一；资源回采率低，部分大矿采肥丢瘦、小矿乱采滥挖，资源破坏浪费严重；消费量大，约占世界的48%。资源开发和利用方式难以支撑经济社会长远发展。

二　生产与消费布局矛盾加剧

我国东部煤炭资源日渐枯竭，产量萎缩；中部受资源与环境约束的矛盾加剧，煤炭净调入省增加；资源开发加速向生态环境脆弱的西部转移，不得不过早动用战略后备资源。北煤南运、西煤东调的压力增大，煤炭生产和运输成本上升。

三　整体生产力水平较低

我国采煤技术装备自动化、信息化、可靠性程度低，采煤机械化程度与先进产煤国家仍有较大差距。装备水平差、管理能力弱、职工素质低、作业环境差的小煤矿数量仍占全国的80%。生产效率远低于先进产煤国家水平。

四　安全生产形势依然严峻

我国煤矿地质条件复杂，瓦斯含量高，水害严重，开采难度大，开采深度超过1000米的矿井39对。占三分之一产能的煤矿亟须生产安全技术改造，占三分之一产能的煤矿需要逐步淘汰。重特大事故尚未得到有效遏制，煤矿安全生产问题突出。

五　煤炭开发利用对生态环境影响大

我国煤炭开采引发的水资源破坏、瓦斯排放、煤矸石堆存、地表沉陷等，对矿区生态环境破坏严重，恢复治理滞后。煤炭利用排放大量二氧化碳等有害气体，应对气候变化压力大。

六　行业管理不到位

我国行业管理职能分散、交叉重叠，行政效率低。资源开发秩序乱，大型整装煤田被不合理分割，不少企业炒卖矿业权，部分地区片面强调以转化项目为条件配置资源，一些大型煤炭企业资源接续困难。准入门槛低，一些不具备技术和管理实力的企业投资办矿，存在安全保障程度低等问题。

七 "市场煤、计划电"依然困扰煤炭行业

"市场煤、计划电"的矛盾是我国煤炭行业自市场化改革以来一直都存在的问题，由于我国煤炭行业的市场化改革并不彻底，目前煤炭行业实际上实行的是"双轨制"，一部分煤炭走市场的途径销售，而另外一部分煤炭则是以合同煤的形式销售。

合同煤虽然也是由煤电企业双方协商确定，但是合同煤的价格却大大低于市场煤价格，主要还是有行政干预的因素在里面，而追究其中的根本原因，则是因为在煤炭市场化改革过程中，电力行业并没有同步推行市场化改革，而我国电力行业主要是由火电构成，在火电企业中煤炭成本又占据着企业经营成本的绝大部分。

因此，要是煤炭行业完全市场化，那么火电企业势必就难以生存，国家为了解决这个问题，就将计划煤的形式延续了下来，改为合同煤的形式。正是由于煤炭行业"双轨制"的存在，和上网电价受国家管制，煤电行业之间的矛盾就越来越激烈，而这种矛盾往往在市场煤价大幅上涨的情况下更容易激化，2010 年的状况恰恰就是这种情况的体现。

八 运力问题依然是制约我国煤炭行业发展的瓶颈

"十一五"期间，我国煤炭产量有了较大的增长，随着煤炭产量的增长，对煤炭运力的需求也在不断上升。我国产煤地区与煤炭消费地在地理位置上的距离较远，因而煤炭运力一直是影响我国煤炭行业发展的障碍之一。

2010 年，我国西煤东运主通道大秦铁路的煤炭年运输量已经超过 4 亿吨，经过了技术改造，目前的年运输量已经是当初大秦铁路设计运力的 4 倍之多，大秦铁路的运力几乎被发挥到了极致。但是，随着我国产煤重心的逐渐西移，对煤炭运力的要求也就越来越大，而目前我国煤炭运力的建设显然是跟不上煤炭产量增长速度的。

现实情况是，近年来，由于出省通道有限，每到运煤高峰期，陕西省的出省

通道都被运煤车辆挤占得拥堵不堪。2010年，由于内蒙古、甘肃等地的煤炭外运量有所增加，铁路运力无法跟上，转而采用公路运输的方式造成了京藏高速公路大拥堵，为国内外所瞩目，因而煤炭运力短缺问题依然严重制约着我国煤炭行业的发展。

九 煤炭安全生产问题依然突出

安全问题是我国煤炭行业一直以来都存在的问题，并且我国煤炭行业的安全生产问题十分严重，2010年以来我国各地的大小矿难时有发生，煤矿安全生产似乎并没有得到有效的改善。煤矿矿难无论是对于国家、社会、企业还是民众都有着极其恶劣的影响，国家相关部门对于煤矿安全生产工作也是非常重视。但是，尽管国家相关部门三令五申要重视煤矿安全生产问题，煤矿矿难的情况却基本上没有好转的迹象，就是在国家要求需要有领导陪同下井之后，煤矿矿难还是依然发生。从某种程度上来看，煤矿矿难的根本原因还是企业的安全生产意识不够，安全生产意识不足导致企业在安全生产方面的投入不足，最后才导致矿难频发。因而，今后要减少我国矿难的发生频率，一定要切实提高企业的安全生产意识，加大在安全生产方面的投入。

十 煤改工作还需要进一步完善

“十一五”之初，国家提出要对我国煤炭行业进行整改。2009年，山西省率先在全省范围内启动了煤改工作，取得了巨大成就，为国内其他主要产煤省份提供了煤改工作范本。

随后，河南、山东等地相继拉开了本省煤改工作序幕。虽然各省煤改工作较大程度关停了本省小煤矿，提高了煤炭行业集中度。但是，在整个煤改过程中也存在不少的问题。

首先，煤改工作的政府主导性相当明显，而以政府为主导的煤改工作必然会存在诸多市场问题，这是需要进一步完善的地方；其次，在各地的煤改工作中，区域局限性、行业局限性相当明显，即各地煤炭行业兼并重组工作基本上限于本省范围之内，而行业基本上局限在煤炭行业本身，根据国务院会议精神，我国煤炭行业兼并整合应当朝着跨行业、跨区域、跨所有制的方向发展。

第九节　我国煤炭产业“十二五”发展展望

国家“十二五”规划和煤炭工业行业规划指出，要推动能源生产和利用方式变革，坚持节约优先、立足国内、多元发展、保护环境，加强国际互利合作，调整优化能源结构，构建安全、稳定、经济、清洁的现代能源产业体系，推进能源多元清洁发展。

一　我国煤炭工业发展目标

根据煤炭行业“十二五”规划，“十二五”期间我国煤炭工业发展目标是：

（一）我国煤炭工业发展总体目标

到 2015 年，煤炭调整布局和规范开发秩序取得明显成效，生产进一步向大基地、大集团集中，现代化煤矿建设取得新进展，安全生产状况显著好转，资源回采率明显提高，循环经济园区建设取得重大进展，矿区生态环境得到改善，企业“走出去”取得新成效，矿工生活水平明显提高，基本建成资源利用率高、安全有保障、经济效益好、环境污染少和可持续发展的新型煤炭工业体系。

（二）我国煤炭工业发展具体目标

煤炭生产目标：生产能力 41 亿吨/年。其中：大型煤矿 26 亿吨/年，占总能力的 63%；年产能 30 万吨及以上中小型煤矿 9 亿吨/年，占总能力的 22%；年产能 30 万吨以下小煤矿控制在 6 亿吨/年以内，占总能力的 15%。煤炭产量控制在 39 亿吨左右。原煤入选率 65% 以上。

煤矿建设目标：“十一五”结转建设规模 3.6 亿吨/年，“十二五”新开工建设规模 7.4 亿吨/年，建成投产规模 7.5 亿吨/年，结转“十三五”建设规模 3.5 亿吨/年。

企业发展目标：形成 10 个亿吨级、10 个 5000 万吨级大型煤炭企业，煤炭产量占全国的 60% 以上。

技术进步目标：全国煤矿采煤机械化程度达到 75% 以上。其中：大型煤矿达到 95% 以上；30 万吨及以上中小型煤矿达到 70% 以上；30 万吨以下小煤矿达到 55% 以上。千万吨级矿井（露天）达到 60 处，生产能力 8 亿吨/年。安全高效煤矿达到 800 处，产量 25 亿吨。

安全生产目标：煤矿安全生产形势显著好转，重特大事故大幅度下降，职业危害防治明显改善，职业培训落实到位。煤矿事故死亡人数、重特大事故起数比2010年分别下降12.5%和15%以上，百万吨死亡率下降28%以上。

综合利用目标：新增煤层气探明储量10000亿立方米。煤层气（煤矿瓦斯）产量300亿立方米，其中：地面开发160亿立方米，基本得到利用；井下抽采140亿立方米，利用率60%以上。煤层气（煤矿瓦斯）发电装机容量超过285万千瓦。低热值煤炭资源综合利用发电装机容量达到7600万千瓦。煤矸石综合利用率75%，矿井水利用率75%。

生态环境保护目标：土地复垦率超过60%；煤田火区治理任务基本完成；主要污染物达标排放。

资源节约目标：节约能源9500万吨标准煤。其中：煤矸石发电节约8500万吨标准煤；煤矸石和粉煤灰制建材节约1000万吨标准煤。

职工生活目标：职工工作环境和居住条件进一步改善，收入与劳动生产效率和企业效益协调增长，并向采掘一线职工倾斜。

二 我国煤炭工业发展重要路径

（一）我国煤炭工业资源整合路径

国家“十二五”规划和煤炭工业规划指出，要发展安全高效煤矿，推进煤炭资源整合和煤矿企业兼并重组，发展大型煤炭企业集团。大力推进煤矿企业兼并重组，淘汰落后产能，发展大型企业集团，提高产业集中度，提升安全保障能力，有序开发利用煤炭资源，有效保护矿区生态环境。通过兼并重组，全国煤矿企业数量控制在4000家以内，平均规模提高到100万吨/年以上。

1. 推进煤矿企业兼并重组

遵循市场规律，鼓励各类所有制煤矿企业以及电力、冶金、化工等行业企业，以产权为纽带、以股份制为主要形式参与兼并重组。按照一个矿区原则上由一个主体开发的要求，以矿区为单元制订方案，实施兼并重组，减少开发主体。

山西、内蒙古、河南、陕西等重点产煤省（区），要以大型煤炭企业为主体，进一步提高产业集中度，促进煤炭资源连片开发。黑龙江、湖南、四川、贵州、重庆、云南等省（市），要加大兼并重组力度，切实减少煤矿企业数量。

2. 稳步推进矿业权整合

对尚未开发的煤田，要科学、合理划分矿区和井田范围，制定矿区总体规划和矿业权设置方案，依法向具备开办煤矿条件的企业出让矿业权。对已设置矿业权的矿区，鼓励优势企业整合分散的矿业权，提高资源勘查开发规模化、集约化程度。规划期内，重点对山西、陕西、内蒙古、宁夏、青海、甘肃、新疆、四川、贵州、云南的矿区实施矿业权整合。

3. 培育大型企业集团

大型煤炭基地内资源优先向大型煤炭企业配置，优先安排大型煤炭企业项目建设。支持具有资金、技术、管理优势的大型企业跨地区、跨行业、跨所有制兼并重组，鼓励煤、电、运一体化经营，促进规模化、集约化发展，培育一批具有国际竞争力的大型企业集团。

（二）我国煤炭工业资源保障路径

国家“十二五”规划和煤炭工业规划指出，要优化能源开发布局，统筹规划全国能源开发布局和建设重点，建设山西、鄂尔多斯盆地、内蒙古东部地区、西南地区和新疆五大国家综合能源基地，提高能源就地加工转化水平，减少一次能源大规模长距离输送压力。

有序建设大型煤炭基地，保障煤炭稳定供应以大型煤炭企业为开发主体，加快陕北、黄陇、神东、蒙东、宁东、新疆煤炭基地建设，稳步推进晋北、晋中、晋东、云贵煤炭基地建设。

重点建设一批大型矿区。统筹规划建设能源输送通道、水源等基础设施，大力推进上下游产业一体化发展。坚持开发与保护并重，大力发展循环经济，建设生态环境保护工程。

神东、陕北、黄陇、宁东基地，加快建设能源输送通道，有序建设大型现代化煤矿，重点建设一批世界一流的千万吨级矿井群。

晋北、晋中、晋东基地，重点做好整合煤矿升级改造，适度新建大型现代化煤矿，加快发展煤层气产业，对优质炼焦煤和无烟煤资源实行保护性开发。

冀中、鲁西、河南、两淮基地，做好深部资源勘查，建设接续煤矿，限制1000米以上深新井建设。

蒙东（东北）基地，内蒙古东部褐煤矿区重点实施煤电项目一体化开发，优先建设大型露天煤矿；黑龙江、辽宁切实做好煤矿技术改造和淘汰落后产能，建设接续煤矿。

云贵基地，加快建设大中型煤矿，大力整合关闭小煤矿，调整煤炭生产结构。

新疆基地，作为我国重要的能源战略后备基地，实行保护性开发，强化可持续发展，重点做好规划，优先建设大型露天煤矿，生产开发规模要与生态环境承载力和水资源条件相适应，以满足区内需求为主，适度加大外调量。

（三）我国煤炭工业技术提升路径

国家"十二五"规划和煤炭工业规划指出，要建设大型现代化煤矿，提升小煤矿办矿水平。以建设大型现代化煤矿、加强现有大中型煤矿技术改造和淘汰落后产能为重点，全面提升煤矿生产技术水平。

1. 稳步建设大型现代化煤矿

新建煤矿以大型现代化煤矿为主，优先建设露天煤矿、特大型矿井和煤电一体化项目。按照一个矿井一个工作面或不超过两个工作面的模式，采用先进技术装备，设计和建设大型现代化煤矿。按照一次建设、分期投产的原则，储备一批煤矿产能。山西、陕西、内蒙古、宁夏、甘肃、新疆重点建设300万吨/年及以上煤矿，河北、黑龙江、安徽、山东、河南重点建设120万吨/年及以上煤矿，四川、贵州、云南等重点建设90万吨/年及以上煤矿。在适合建设大中型煤矿且小煤矿多的省（区）推行上大压小、产能置换，新井建设规模与淘汰落后产能相衔接。

2. 加快推进大中型煤矿技术改造

对具备条件的老矿井，采用先进适用技术装备，以优化开拓部署、简化生产系统、减少工作面个数、提高生产效率为主要内容，积极推进技术改造，配套完善生产辅助设施。

3. 大力提升小煤矿办矿水平

借鉴山西、河南等地煤矿企业兼并重组、资源整合经验，结合各地实际，完善小煤矿退出机制，继续淘汰落后产能。对有条件的小煤矿，以提高生产规模、技术装备水平、管理水平和职工技术素质为重点，提升办矿水平。停止新建30万吨/年以下的高瓦斯矿井、45万吨/年以下的煤与瓦斯突出矿井项目。在现有技术管理条件下，难以有效治理的高瓦斯和煤与瓦斯突出矿井退出生产。

（四）我国煤炭工业净煤技术利用路径

国家“十二五”规划和煤炭工业规划指出，要大力发展洁净煤技术，促进资源高效清洁利用。大力发展煤炭洗选加工，有序建设现代煤化工升级示范工程，促进煤炭高效清洁利用。

1. 大力发展煤炭洗选加工

大中型煤矿要配套建设选煤厂，鼓励在小型煤矿集中矿区建设群矿选煤厂。在大型煤炭基地重点建设一批具有国际先进水平的大型选煤厂。采用先进技术和设备改造现有选煤厂。推广先进的型煤生产应用技术，加强褐煤提质技术的研发和示范，完善煤炭产品质量和利用技术装备标准，提高炼焦精煤、高炉喷吹用煤产品质量和利用效率，提高动力煤入选比例。

2. 稳步推进煤炭深加工示范项目建设

在内蒙古、陕西、山西、云南、贵州、新疆等地选择煤种适宜、水资源相对丰富的地区，重点支持大型企业开展煤制油、煤制天然气、煤制烯烃、煤制乙二醇等升级示范工程建设，加快先进技术产业化应用。不断创新和完善技术，提高能源转化效率、降低水耗和煤耗、降低生产成本，增强竞争力。支持开展二氧化碳捕集、利用和封存技术研究和示范。

（五）我国煤炭工业安全生产提高路径

国家“十二五”规划和煤炭工业规划指出，要提高煤矿安全生产水平，加强职业健康监护。坚持安全发展，深入贯彻落实安全第一、预防为主、综合治理的方针，有效防范重特大事故，加强职业健康监护，进一步提高煤矿安全生产水平。

1. 加强重大灾害防治

在瓦斯防治方面，高瓦斯和煤与瓦斯突出矿井全部建成瓦斯抽采系统，做到先抽后采、抽采达标。在水害防治方面，按照预测预报、有疑必探、先探后掘、先治后采的原则，加强煤矿水文地质勘探和主要含水层监测，做好采空区、断层、陷落柱等重点部位水患排查，落实防治水措施，提高防治水系统能力。在火灾防治方面，重点做好阻燃材料应用、电缆电气设备维护、煤层自然发火监测、采空区注浆注氮等工作，综合防治火灾事故。

2. 实施重大安全工程

进一步加强“一通三防”工程建设，提高系统能力及设施标准。建设高瓦斯和煤与瓦斯突出矿井综合治理示范工程，提高瓦斯灾害防治水平。建设完善矿井监测监控、人员定位、紧急避险、压风自救、供水施救和通信联络等安全避险系统，全面提升煤矿安全保障能力。建设国家和区域矿山应急救援队，提高矿山应急救援装备水平，增强矿山应急救援能力。

3. 加强职业危害防治

切实落实煤矿作业场所职业危害防治有关规定，完善煤矿职业危害申报、监督检查、治疗、康复与赔偿等制度，健全职业安全健康监管体系。以防范尘肺病为重点，加强劳动保护设施建设，改善井下作业环境，提高劳动保护用品质量和标准，全面提升职业健康保障水平。

（六）我国煤炭工业煤层气产业化路径

国家“十二五”规划和煤炭工业规划指出，要推进瓦斯抽采利用，促进煤层气产业化发展。健全体制机制，推进采煤采气一体化开发。加大煤层气（煤矿瓦斯）勘探开发利用力度，遏制煤矿瓦斯事故，增加清洁能源供应，减少温室气体排放。

1. 推进煤矿瓦斯抽采利用

建立煤矿企业瓦斯防治能力评估制度，推进高瓦斯和煤与瓦斯突出小煤矿兼并重组。完善瓦斯抽采利用标准，全面实施高瓦斯矿井规模化抽采工程，建成36个年抽采量超过1亿立方米的规模化抽采矿区。支持煤矿瓦斯民用和发电，加快煤矿区瓦斯管路联网，集中规模化利用。鼓励低浓度瓦斯利用，开展乏风瓦斯利用试验及示范项目建设。

2. 大力发展煤层气产业

支持大型煤炭企业参与煤层气勘探开采，鼓励外商和民营企业利用先进技术和资金投资煤层气开发，提高煤层气开发利用技术和管理水平。继续推进大华北区煤层气勘探开发试验，加快开展新疆地区低阶煤盆地、西南高应力区和中部低渗透三软煤层煤层气勘查与开发评价。重点建设沁水盆地和鄂尔多斯盆地东缘煤层气产业基地，建成寺河、潘河、成庄、潘庄、赵庄等项目，加快建设大宁、郑庄、柿庄南等重点项目，配套建设沁水盆地南部和鄂尔多斯盆地东缘煤层气产业基地的集输管网。

（七）我国煤炭工业生态环境保护路径

国家“十二五”规划和煤炭工业规划指出，要发展循环经济，保护矿区生态环境。按照减量化、资源化、再利用的原则，发展循环经济，扩大资源综合利用规模，建设资源节约型、环境友好型矿区。

1. 大力发展循环经济

在大中型矿区内，以煤矸石发电为龙头，利用矿井水等资源，发展电力、建材、化工等资源综合利用产业，建设煤—焦—电—建材、煤—电—化—建材等多种模式的循环经济园区。合理利用内蒙古中西部和山西北部高铝煤炭资源，推行定点集中利用，建设煤—电—铝—建材一体化循环经济园区。

扩大煤矸石井下充填、复垦和筑路利用量。在大型选煤厂周边地区建设洗矸、煤泥和中煤综合利用电厂，新增装机容量5000万千瓦。2015年，煤矸石综合利用量6.1亿吨，利用率达到75%以上，其中，电厂利用3亿吨，煤矸石制建材利用1亿吨，煤矸石井下充填、复垦和筑路利用2.1亿吨以上。力争利用含铝粉煤灰约1080万吨，形成氧化铝年生产规模360万吨。

2. 加强矿区生态环境保护

按照建设环境友好型矿区的要求，切实加大矿区生态环境保护与治理力度，推进由被动治理向主动防治转变。重点加强采煤沉陷区综合治理、土地复垦和植被恢复，结合新农村规划建设，做好村庄搬迁。高硫煤、高砷煤要采取洗选加工等措施降低含硫量、含砷量，集中利用、集中治理、达标排放。基本完成内蒙古、宁夏、新疆煤田灭火工作。

（八）我国煤炭工业科技创新保障路径

国家“十二五”规划和煤炭工业规划指出，要加强科技创新，提升科技支撑能力。进一步完善以企业为主体、市场为导向、产学研相结合的煤炭科技创新体系。加强基础理论研究、关键技术攻关、新技术推广应用、重大成套装备研制，提高煤炭科技自主创新能力和煤矿技术装备水平。

1. 加强基础理论研究

重点加强煤与瓦斯突出机理、突水机理、冲击地压、煤层自然发火防治、深井钻井和井壁支护、煤矿围岩支护机理等基础理论研究。

2. 开展技术攻关

开展煤炭资源的高精度勘探、煤层气储层压裂工艺、煤层气（煤矿瓦斯）抽采利用、水害防治、深井热害防治等技术攻关。支持煤矿无人工作面开采技术研发与示范工程建设，开展地下气化采煤技术研发与示范工程建设。

3. 推广先进适用技术

大力推广年产600万吨采煤工作面、年产400万吨选煤系统等成套技术与装备，提高煤矿装备现代化、系统自动化、管理信息化水平。加快推广中小煤矿机械化成套技术装备、先进的人员安全防护和矿山救护技术装备。积极推广煤矿充填开采、保水开采等技术。

4. 推进煤矿重大装备国产化

重点开展年产千万吨级综采成套装备、薄煤层机械化开采装备、短壁综采装备、煤巷快速掘进与支护成套装备、矿井新型辅助运输装备、矿井信息网络自动化系统，以及关键元部件的研制及示范应用。开展大型现代化露天煤矿半连续工艺关键设备国产化研制。重大事故快速抢险与应急处置技术及大型装备的研制。

（九）我国煤炭工业现代物流服务建设路径

国家“十二五”规划和煤炭工业规划指出，要发展现代煤炭物流，建立煤炭应急储备体系。加快建立社会化、专业化、信息化的现代煤炭物流服务体系，提高煤炭物流效率，降低煤炭物流成本。加快建立全国煤炭应急储备体系，提高应急保障能力。

1. 发展现代煤炭物流

整顿煤炭流通秩序，取消违规收费。加强物流基础设施建设和衔接，优化煤炭物流节点布局，整合和利用现有物流资源。在煤炭生产、消费集中地和主要中转地，建设具备储存、加工、配送等功能的煤炭物流园区。鼓励煤炭企业之间、煤炭企业与相关企业之间联合组建第三方物流公司，发展大型现代煤炭物流企业，推进煤炭物流规模化、集约化。建立完善定位明确、功能齐全、信息灵敏的煤炭交易中心。

2. 建设煤炭应急储备

按照辐射范围广、应急能力强、运输距离短、储备成本低、环境污染小的要求，在沿海、沿江、沿河港口及华中、西南等地区，加快国家煤炭应急储备建设。加强对地方和企业煤炭储备工作的引导和规范，建立全国煤炭应急储备体系。建立和完善运行机制及管理制度，确保储得进、管得好、用得上。

（十）我国煤炭工业国际合作路径

国家“十二五”规划和煤炭工业规划指出，要积极开展国际合作，深入实施走出去战略。充分利用国际国内两个市场、两种资源，坚持多元发展、互利共赢，加强国际交流与合作，积极参与境外煤炭资源开发利用，深入开展对外工程承包和技术服务，进一步拓展煤炭国际贸易。

1. 加强境外煤炭资源开发利用

支持优势煤炭企业参与境外煤炭资产并购，加大境外煤炭资源勘查开发力度，提高境外权益煤炭产能。鼓励大型煤炭企业投资境外煤炭加工转化项目，延伸产业链。引导符合条件的企业，结合境外煤炭资源开发利用需要，开展有关基础设施建设和投资。

2. 开展对外工程承包和技术服务

鼓励大型煤炭企业承揽境外煤矿建设、技术改造以及运营管理，带动先进技术和大型装备出口，促进我国煤炭装备制造业发展。建立境外煤炭装备制造基地、零配件基地和技术服务中心，提高技术服务水平。

3. 拓展煤炭国际贸易

坚持市场化原则，巩固和发展与主要煤炭资源国长期稳定的贸易关系，鼓励进口。鼓励沿海、沿边地区拓展煤炭进口渠道，保障进口煤源稳定可靠、北方地区适度出口。

B.4

我国石油产业安全

第一节　石油产业界定

一　石油的基本特征

石油是储存于地层深处岩石中的一种可燃有机物质，其主要成分是碳氢化合物。石油广泛分布于地层中，全球范围内石油分布极不平衡，产油大国和石油消费大国分别处于地球上不同的地区，并随着区域经济的发展，石油贸易流向也会发生改变。石油是不可再生资源，世界上石油总资源量不会增加，总资源量是指已经发现的石油储量和未发现的石油资源量的总和，随着石油的不断开采利用，世界石油总资源量将逐年减少，未来某一天将终结石油时代。

石油具有燃料性、原料性、耐用性三个基本属性。燃料性体现了石油及其产品的能量价值，原料性体现了石油及其产品的加工价值，耐用性体现了石油及其产品的资源价值，这是石油区别于钢材、水泥、木材等其他原料的重要物理属性。目前，石油是世界上最重要的动力燃料和化工原料。

石油作为一种重要的战略性能源物资，已经成为一个国家综合国力和经济发达程度的重要标志，是国家安全与社会繁荣的重要基础。随着工业文明的不断推进，被比喻为“工业文明的血液”，如今，石油已不再是一种简单的商品，而是一种具有政治特性的战略物资，可以引起多种政治、经济、军事、外交后果。今天，石油的多种属性不断的显现出来，第一是商品属性，从理论上讲，石油是一种商品，其价格与生产成本相关，但在形成国际垄断后，价格与生产成本时有脱节，当今，石油在全球范围内大规模生产与消费，已经成为一种工业产品。第二，石油是世界上重要的国际贸易商品，世界石油产量有一半用于国际贸易，是大宗的商品交易，经济属性十分显著，对于产油国，因石油而富甲天下。第三，石油的地缘政治属性和国际属性，由于资源分布的不均衡，资源国与消费大国处于世界范围内的不同地区，高度的依赖性和分布的不均衡使石油具有政治属性，加之石油的不可再生性和稀缺性，石油已成为国家之间博弈的工具和武器，也是引起世界争端和战争的重要原因。第四，石油市场的垄断属性，石油大国和军事强国控制着世界石油的流向和贸易，无论石油出口国或进口国，都希望通过各种途径和手段来控制石油价格，进而垄断和控制石油市场。第五，石油商品的金融属性，石油美元、石油期货、石油价格等影响世界经济的发展和进程。

二　石油产业的定义

自 18 世纪开始，石油被大量开采、使用以来，石油产业才伴随着现代工业文明逐渐兴旺起来。石油产业就是把储存于地层深处的原油经过勘探、开发、集输处理、加工炼制并利用的过程中形成的相关产业集群，从产业组织的角度看，石油产业包括石油勘探、开发、集输、储运、加工炼制、化工、销售等生产和销售的多个环节，同时还包括许多相关产业，例如石油装备制造业，石油服务业、汽车工业等，总体看，石油产业是一个庞大的组织体系和系统工程，是一种战略性产业。从经济学角度看，石油产业就是将石油转化为商品过程中的全部产业的集合。

石油转变成商品的过程中，随着专业的不断分工和细化，形成了上游、中游、下游产业一体化的业务发展链条，在这个链条上，石油勘探、开发、地面处理和集输等生产过程中形成的产业属于上游产业，石油炼制、石油化工、石油成品油储运和销售、石油贸易、石油化工产品贸易等相关产业属于中下游产业，石油产业各运营环节相互联系，环环相扣，每一过程都有自己独立的工作方式。石油产业链上的不同业务板块具有不同的经济特征，在创造、实现和增加石油价值方面发挥的作用和功效也各不相同，决定石油产业链整体价值水平的每一个战略环节都会随着政治、军事、金融、科技、气候等人文环境、自然环境的变化而发生转移和改变。

三　石油产业的特点

站在全球经济的角度看，石油产业具有战略性特点，这是由于石油在全球经济发展中扮演了十分重要的角色，石油是目前世界经济发展的重要能源、材料来源，石油产业带动了化工、医药、机械、电子、汽车、航空、航天等产业的发展，石油产业的关联性、综合性、系统性日益增强，在世界经济的大链条中石油产业已经成为不可或缺的重要支柱产业。

石油产业不同于加工制造业、运输业、服务业，受石油资源地域分布、储层深度分布、原油丰度和储量的控制和约束，具有资源约束、地域约束、政治约束、经济约束、科技约束等特征，其中资源约束有三方面的含义，一是石油资源量有限，是不可再生资源。二是石油产量有逐步递减的规律，一个油田从投产、初期产量上升逐步转变为递减是任何油田的开采规律，因此石油产业寻求可持续发展必须依靠新增储量的接替。三是石油产业进入的高投入，受资金约束。

石油产业处于现代工业体系中，具有高风险、高投资、高科技、高回报、高度集中、投资回收期长等显著特征。石油公司必须承受巨大的勘探风险，一般勘探成功率为30%～50%，勘探费用高昂，陆地一亿吨石油地质储量的勘探费用需要20亿元左右，海上石油勘探投资更大。炼化等大型石油化工基地建设费用动辄投资数百亿元。这些特征，大大提高了石油产业领域的进入门槛，使当代石油产业变成了一个被跨国石油公司、国家石油公司或国家机器垄断的大集团、大规模、大投资、高技术的产业经济发展模式。

全球一体化，上下游一体化是石油产业的又一重要特征。20世纪90年代以来，国际石油格局发生了巨大变化，全球一体化发展成为当今世界石油供需不平衡态势下不可逆转的发展趋势之一，一体化、大型化的影响已经逐渐成为国际政治、军事、经济动荡的重要“晴雨表”，对全球经济发展产生了重大影响。全球化打破了地域和国家限制，使最先进的技术、人才、资金可以在全球范围内得到最有效的利用和合理配置，使全球石油资源得到最高效的开发和利用，实现经济发展速度最大限度的合理化和经济效益最大化，加速石油生产、产业投资、石油贸易在全球范围内形成相互融合、相互依赖、相互竞争和相互制约态势的形成，促进全球石油产业经济的稳步发展。

第二节　石油产业安全的研究范畴

一　石油产业安全内涵

石油产业安全研究的对象是石油产业，既关注石油资源本身，同时也关注石油生产相关技术、石油市场、石油经济、石油政治等，其研究的目的就是为提高石油产业在国际石油领域的控制力和竞争力提供理论支持和决策依据，通过对石油产业链上的每一个节点的系统分析，找出制约石油产业发展的核心关键问题，并提出决策建议，以指导国家石油产业健康、协调、高速发展，为提升国力提供有效支撑，以保证国家能源安全。

二　石油产业安全特征

纵观世界石油格局和发展趋势，能源安全的重要性日益凸显，石油资源的直接作用就是对于现代战争的胜负具有决定性的影响。法国前总统戴高乐将军曾说：“决定第一次世界大战胜败的是煤，法国没有煤；决定第二次世界大战胜败的是石油，法国没有石油。”这位将军如泣如诉的仰天长叹，告诫和警示后人：“石油是何等的不可或缺啊！”美国前国务卿亨利·基辛格早在20年前就说：如果你控制了石油，你就控制住了所有国家。石油不仅超越了商品范畴，更成为当今利比亚战争、叙利亚和伊朗冲突、美国与石油输出国组织博弈、美国打击国内金融炒作者的最重要推手，国际间的石油之争越演越烈，起伏波动的国际油价对世界经济产生了重要影响。石油政治正在决定着世界新秩序格局，石油价格波动正在催化国际政治变动，石油资源的博弈正在激荡着全球能源安全形势，石油外交正在日益决定着国家石油安全，乃至经济安全的态势，石油市场与石油金融的演变正在推动着中国石油产业演进。

当今世界，随着石油时代走向终结，以石油供需为主要内容的“能源安全”问题已经成为与经济发展、社会生产和人民生活息息相关的焦点话题。石油安全可以说是一个地区、一个国家能源安全的重中之重，没有石油安全就没有国家安全，石油安全决定一个国家的命运和话语权，而石油产业安全则是石油安全的基础和前提，是指一个国家石油产业在参与国际竞争中具有的控制力、竞争力以及具有抗拒各种来自外部和内部风险并保持石油产业生存和健康可持续发展的能力，从而形成稳定、有效的石油供给状态。石油产业的安全性越来越受到人们的重视，石油产业安全的特征也日趋明显，主要表现在以下几个方面。

（一）石油产业安全的战略性

在全球经济中，能源在经济发展中起着举足轻重的作用，石油位于能源之首。据统计，油气产业在全球工业总产值中所占比例达到10%，在中国经济中也达到6.6%，带动了机械、化工、运输、医药、汽车等产业发展，与国民经济其他产业的关联性非常强，石油产业关乎国家命运，和平时期关系国家的社会稳定和经济安全，战争时期关系国家存亡和民族兴衰，因此，石油产业战略性极强。我国经济发展已进入快车道，能源安全是至关重要的战略问题，石油供应关系国家安全，石油安全是国家安全的经济命脉。为保证国家安全，保证国家在世界经济中的地位、经济利益不受制约和侵害，必须高度重视石油安全，高度重视石油产业安全，从战略的高度研究石油产业安全，并从国家层面，站在全局的角度研究石油产业安全。

（二）石油产业安全的关联性

石油产业不同于其产业，在石油产业内部，就涉及上中下游业务板块，每一个板块又细化为多个环节，整个石油产业链可以划分为几百个节点，每 ·个节点的完成都需要多个学科的专业知识和特殊装备才可以完成。而石油产业又和国民经济的其他行业息息相关，和国民日常生活息息相关，可以说，没有石油国民经济的车轮将停滞不前，国民日常生活水平将倒退几十年甚至上百年。石油产业与汽车、农业、运输业、航空业、纺织服装、橡胶制品、建筑材料、电子电器、现代服务业、生物工程、制药等行业或产业密不可分，石油已经成为一个国家综合国力和经济发达程度的重要标志，是国家安全和经济繁荣的重要标志之一，石油已经渗透到人类生活的各个方面，以石油为原料的石化产品已经超过 7 万余种，以石油资源为基础的石油化工产业已经成为发达国家、发展中国家支撑国民经济的主导产业或支柱产业，并形成以这些产业为主导的产业群，这些产业以其带动作用、辐射作用、极化效应、聚集效应推动区域经济、国民经济的发展，反之将制约经济发展，甚至拖垮经济环境，造成经济大滑坡。

同时，石油产业具有全球性特征，全球石油贸易已经对世界经济产生了深远影响。因此，石油产业出现不安全，就会对整个国家经济链条上的每一个产业或行业产生影响，出现“油荒”后，百姓叫苦，交通运输、农业灌溉等都将出现巨大的能源缺口，引起电力、煤炭供应的紧张，引起一大批产业的恐慌和运转困难，最终导致经济瘫痪，出现大范围、大规模的经济滑坡，因此，石油产业关联性强，石油产业安全不容受到威胁，石油相关产业也不容受到威胁。

（三）石油产业安全的紧迫性

法国、美国、日本等已经制定和实施石油安全战略，种种迹象表明，石油资源风险已经成为全球面临的重大问题，石油事关国家发展与安全大局，可以说控制石油风险和石油危机的能力是决定国家生死存亡的“生命线”。目前，中国正越发被石油所套牢，石油对外依存度每年以2%～3%的速度快速增长，可以预见，在不久的将来中国甚至可能超过石油消费大国美国，成为世界上对外原油依存度最高的国家，加之中国原油进口主要海上通道马六甲海峡的困境，伊朗石油问题的困惑，南海石油开采的领土之争，在全球石油格局中，中国的地位不得不令人担忧。在当今世界局势动荡不安的大背景下，研究石油产业安全的紧迫性就显得更加重要，而对于发展中国家，尤其是中国这样的经济大国，必须采取应对措施，举整个石油行业之力乃至国家研究应对石油产业安全问题，高度重视石油产业安全，高度关注石油产业安全，尽早、尽快消除石油产业不安全问题给国民经济带来的巨大影响，保证国家政治、军事、经济安全。

（四）石油产业安全的系统性

石油产业是一个多学科、多专业、高投入、高风险、高科技的产业，是一个十分复杂的大系统，为保证这个系统的完整性、统一性，必须从系统的角度加以研究，而对于石油产业安全，需要从系统内部、外部、系统内各部分之间的关系整体考虑，系统研究，确保产业链条不断裂、不缺口、不失效。首先需要考虑的是制度层面，没有规则和制度，一个系统就无法运转，在产业组织内部必须优化组织结构，完善产业组织的运行机制和体制，加之先进的工艺技术、强大的创新能力和科学的管理手段，产业才能有效运转、高效运转、安全运转，整个产业也就处于安全状态，不受威胁和破坏。石油产业安全也需要良好的外部环境，包括整个国家的政治环境、经济环境、金融环境、军事环境、地域环境等多种因素，也包括国际市场条件、国外竞争者的经济和技术实力等，只有具备了良好的环境才能保证石油产业安全，但是国际政治、经济、军事等局势动荡，我国石油产业安全所处环境十分恶劣，需要通盘考虑，逆境中求生存、求发展，规避来自各方的风险和威胁，尽最大可能保证石油产业安全。

三　石油产业安全关键影响因素

石油产业是一个国家或者地区的重要产业，对国民经济的拉动作用或影响十分显著。不管是资源国还是消费国，石油对经济的作用不可低估，石油已经成为主导世界经济的一个重要砝码，设想没有石油且没有新的替代能源之前，世界将是一个什么状态，交通瘫痪、工厂停工、化工产品匮乏等等一系列问题就会出现。对于石油资源国，如果石油采不出来，采出后卖不出去，石油也就失去了其经济价值，也就没有了商品属性，同样这个国家也会发生经济灾难。而石油产业安全，就是保证石油不失商品属性，源源不断地被采出并加工成工业产品，进而流向市场，满足经济建设和生活需要。

分析影响石油产业安全的各种因素，需要从资源量、生产环节、流通环节、消费环节等方面系统考虑，研究各环节的影响范围和影响程度。具体讲，包括石油供需、产业规模、原油价格、生产技术、金融投资、技术和流通管理、贸易流向等。

（一）石油资源量及开采状况

石油资源量是指已经发现的石油储量和未发现的石油资源量的总称。一个国家或地区的石油资源量大小是衡量这一国家或地区经济状况的重要指标，是该国或地区石油工业能否形成和发展的前提。世界上许多国家没有石油工业的最主要原因就是没有石油资源或者是石油资源量很小，世界上拥有石油工业并使其成为国民经济中一个产业部门的国家，其石油资源量就比较丰富并且有较高的勘探开发价值，而仅具有勘探开发生产价值的资源量，但没有一定的勘探开发能力或财力，具备勘探开发技术手段，但没有达到一定的勘探开发程度，也很难发展石油产业。石油资源在世界各地、各国家的分布极不均匀，导致石油产业全球化发展成为必然，也使各国石油产业发展状况千差万别，对于中东地区，石油经济就是国民经济。截至2011年底，全球石油储量2086亿吨，占世界石油产量五分之一的14个世界最大油田平均开采时间已经超过45年，产量超过10万桶/天的近100个大油田中，绝大多数已经生产20年，产量递减速度不断加快。全球石油储量排名前五位的国家为沙特阿拉伯、委内瑞拉、加拿大、伊朗和伊拉克，石油总储量为1231亿吨，占全球储量的63%，见表4－1、图4－1。我国石油储量为27.88亿吨，石油储量位居世界第14位，年产量保持在每年2亿吨水平，并且大部分油田进入高含水开发后期，开采难度和开采成本不断攀升，亟待发现新的储量，提高我国油田开采的储采比，保证国内产量稳定。

表 4－1　2011 年世界油气探明储量及石油产量估计值（前十名）

名次	国家和地区	石油探明储量(万吨)	国家和地区	石油产量(万吨)
1	沙特阿拉伯	3608053	俄罗斯	51625
2	委内瑞拉	2880359	沙特阿拉伯	45000
3	加拿大	2368248	美国	28000
4	伊朗	2061959	中国	20450
5	伊拉克	1951884	伊朗	17900
6	科威特	1384460	加拿大	14300
7	阿联酋	1333992	墨西哥	12690
8	俄罗斯	818400	委内瑞拉	12550
9	利比亚	642444	阿联酋	12492
10	尼日利亚	507408	伊拉克	12400
世界合计		20776794	世界合计	362799

资料来源：美国《油气杂志》。

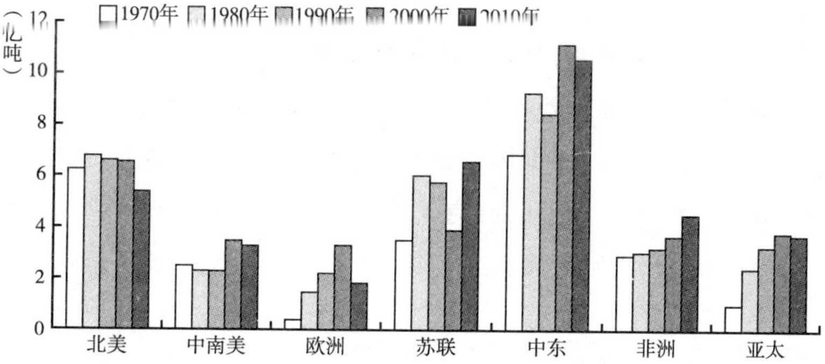

图 4－1　1970～2010 年世界各地区石油产量分布图

资料来源：美国《油气杂志》。

（二）石油供需

我国的石油供给，经历了贫油、自给自足、出口、进口几个阶段，石油供给已经由国内生产占主导逐渐转变为由国内资源和国外资源共同承担，受资源禀赋的制约，且国内石油供给增长潜力有限，今后一个时期将处于依赖国外资源阶段，对外依存度呈上升趋势，并处于高位运行，石油供给存在某种不确定性和不稳定性。

在需求方面，传统上，石油利用一直集中在生产领域，近年来，随着国民收入的提高和我国城市化进程的加快，汽车工业飞速发展，个人拥有小汽车的数量急速增加，我国生活用石油需求随之快速扩张，在我国石油总需求中的比例越来越大，我国石油需求形态逐步从生产用油占绝对主导向生活用石油和生产用石油需求并重转变，决定生活用油需求增长的主导力量是国民收入的增加和生活方式的转变，是一种刚性需求，这使得石油使用领域过度集中，导致生产用石油需求缺乏弹性，且石油需求在未来很长一段时间内保持刚性增长，给石油产业带来巨大挑战。

2011 年，全球石油产量 36.2799 亿吨，我国石油产量为 2.05 亿吨，石油产量位居世界第 4 位。全球石油产量排名前五位的国家为俄罗斯、沙特阿拉伯、美国、中国和伊朗，石油总产量占全球产量的 45%。2012 年总体看，供需形势好于 2011 年，从需求看，在整体经济形式下行压力较大的情况下，全球主要能源研究机构纷纷下调对世界石油需求增长量的预测，根据国际能源机构最近的预测结果，2012 年世界石油需求为 8900 万桶/天，增长 126 万桶/天，石油需求增长均来自非欧佩克国家，下调主要来自发展中国家。从供应看，世界石油产量增长也主要集中在非欧佩克国家以及利比亚原油生产复产情况，见图 4－2、图 4－3。根据国际能源机构最近的预测结果，非欧佩克国家供应量为 5368 万桶/天，加上欧佩克天然气液 635 万桶/天，两者合计增长 155 万桶/天。欧佩克的产量则主要取决于利比亚、伊拉克产量增长情况以及产量政策。

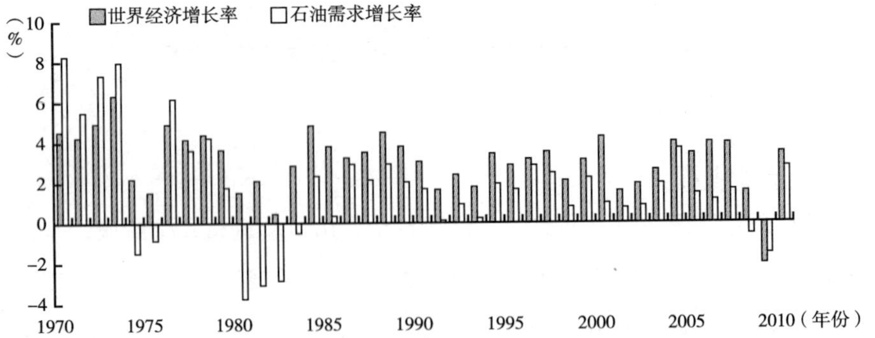

图 4－2　1970～2010 年世界经济和石油需求增长率

资料来源：国际能源机构《石油市场报告》、世界银行《世界发展指标 2010》。

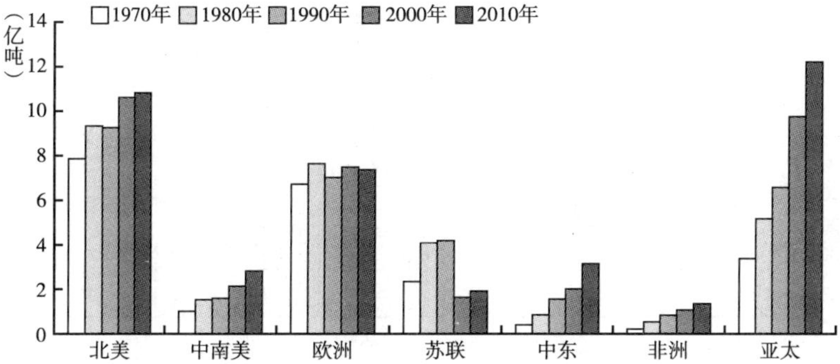

图 4-3 1970~2010 年世界各地区石油需求

资料来源：国际能源机构《石油市场报告》。

(三) 石油对外依存度

世界上许多产油国为满足国民经济对石油资源的需求，需要从国外进口石油来补充能源缺口，进而形成对海外石油的进口依存，一个国家石油资源对外依存度越高，表明该国石油安全供应对海外石油资源的依赖程度越大，同时也表明海外石油资源在国家总体能源战略体系中的地位越重要。依存海外石油有以下几种情况，一是石油进口国石油资源匮乏，必须依靠进口才可满足国内需求，比如日本、韩国等，二是石油产业控制力差，本国技术落后，难以经济有效或快速开采本国石油资源，三是国内产量不足，不能满足本国消费，必须依靠进口填补国内缺口，石油进口受国际关系、石油价格、运输通道、资源国原油产量等多因素的影响，往往受制于人，自我调节和控制能力较弱。

2011 年，面对增速趋缓、复杂多变的经济和能源形势，国内石油消费增速由 2010 年的两位数增长，转变为下行态势，低于 7.1% 的平均增长速度，同时，石油表观消费量保持较高水平，全年达到 4.9 亿吨，同比增长 3.5%，见图 4-4。2011 年，累计进口原油 2.54 亿吨，同比增长 6%，累计进口成品油 4060 万吨，同比增长 10.1%，石油对外依存度达到 56.5%，同比增长 1.7 个百分点，成为仅次于美国的世界第二石油进口国和石油消费国。获取国际石油资源主要包括两种途径，一是通过国际贸易获得石油资源，二是参与国外勘探开发，建立国外石油生产基地，获得份额油，也可以通过贸易方式从国外购买高耗能产品，间接获得石油资源，化解高对外依存度的风险。

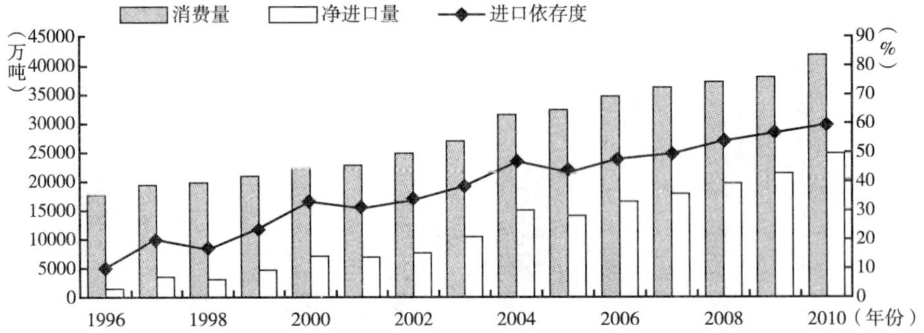

图4-4　1996~2010年中国石油进口对外依存度变化

（四）石油价格

石油价格是石油安全的焦点，又是石油安全的核心。国际油价是世界经济的风向标，石油价格的波动直接影响石油资源的供应和需求，并影响国民经济乃至全球经济。国际油价不仅由其经济稀缺性的经济规律反映其经济价值，作为一种国家战略层面的重要能源及其本身又受到国际政治、商业库存、市场投机、气候变化及科学技术发展等多个外在因素的作用和影响，石油资源和可采储量的不确定性、石油工业投资的不确定性、石油开采活动的不确定性、石油需求的不确定性、石油替代的不确定性、石油资源控制权的不确定性、政府政策的不确定性、外汇价格和数量的不确定性等均对石油价格产生一定的影响，这些因素相互交织、相互作用。

2011年，石油总体供应小于需求，为国际油价高位运行提供支撑。中东北非战乱、日本地震等突发事件主导第一阶段高油价，美国抑制油价过快增长，导致油价回落，而经济向好预期、叙利亚局势动荡、伊朗核问题激化支持油价由低到高的价位反弹，总体是先升后降，WTI（西德克萨斯轻质原油）波动范围为75.3~113.7美元，波幅为51%，伦敦布伦特原油波动范围为93.7~126.5美元，波幅为35%，WTI原油年均价格为每桶95美元，伦敦布伦特原油年均价格为每桶111.23美元，WTI原油和伦敦布伦特原油之间的差价，创下历史罕见的每桶30美元的新高。

2012年，世界经济形势变化将成为国际油价运行的主线，而欧债危机和美国等国家经济增长成为动摇国际经济的主要因素，投机者在2012年继续炒高油价的基础已经不复存在，做空动力增强，美国经济形势变化可能成为投机者利用的题材，美元预计出现阶段升值或贬值交替局面，欧债危机蔓延使美元处于被动升值的境地，油价随之也将出现波动，见图 4 –5。石油价格的暴涨不仅严重影响到世界经济的增长，而且也直接或间接地影响着各国经济的增长，尤其是对石油进口依存度大的国家形成巨大的经济压力及一些负面影响。

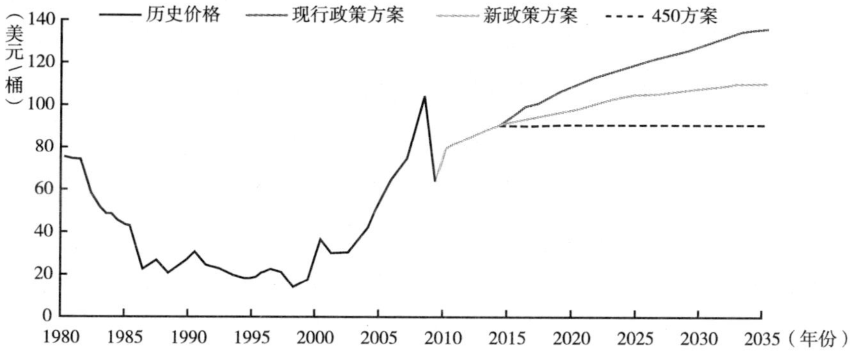

图 4 –5　IEA 进口原油价格预测

资料来源：国际能源机构《世界能源展望 2010》。

（五）石油产业规模

一个国家或地区的石油产业发展状况取决于国家对这个产业的相关政策，目前，我国石油产业或称石油行业采取的是国家石油公司的模式，国内有以中国石油、中国石化、中国海油为代表的国家石油公司支撑我国的石油产业。按照中国企业会计准则，2010 年中国石油实现净利润 1398. 7 亿元，中国石化实现净利润 707. 13 亿元，中国海油实现净利润 544. 1 亿元，中国石油上缴税费 1842. 09 亿元，中国石化上缴税费 1752 亿元，中国海油上缴税费 82 亿元。公司经营规模集中程度和积累水平高于国内其他非石油行业，在资金、人力、技术、设备和生产状况方面都具有很强的实力和优势，在世界 50 家最大石油公司 2011 年排行中，中国石油列第 5 位、中国石化列第 22 位、中国海油列第 34 位。据石油和化工工业联合会发布数据显示，截至 2011 年 11 月，石油和化学工业规模以上企业 2. 6828 万家，累计总产值 10. 24 万亿，同比增长 32. 6%，占全国规模工业总产值的 13. 3%。

（六）技术创新能力和发展水平

石油产业的发展、国际竞争力和控制力的提高，关键是看是否掌握了最先进的核心技术，谁占领了技术的制高点，谁就控制了石油开采加工的主战场，技术创新对提高石油产业国际竞争力有着直接和深远的影响，是石油产业发展中最持久、最根本的动力，这和国家一直倡导的建设创新型企业是最合拍的，石油产业是技术高度密集的产业，科技创新对油气勘探开发成本起着至关重要的作用，每一项重大技术突破，都会推动储量和产量高峰的来临，随着油气勘探开发难度的不断加大，对科技的依赖将进一步增强，未来，国际大石油公司的竞争将逐渐转到创新能力的竞争，创新能力的发展变化，将会引发石油公司国际竞争力和控制力的重大变化，技术创新和引领已经成为大石油公司的首要工作，在资金、人力、物力等各方面投入剧增，谁掌握了最领先的石油相关技术，谁就控制了石油的开发利用，谁就控制了石油市场，谁就可以左右世界的未来。近年来，随着世界经济形势的动荡，油气工业持续保持快速发展，技术进步成为其中最重要的驱动力量，尤其是一些关键技术的创新和突破，是实现石油资源解放、缓解全球资源供应矛盾的重要支撑，这些技术包括连续型油气聚集理论及非常规储层实验分析技术、水平井钻井及分段压裂技术、综合油藏描述技术、三维地震技术、随钻测井技术、旋转导向技术、控压钻井技术、深水勘探开发技术和装备、悬浮床加氢裂化技术、乙烯蒸汽裂解技术。

第三节　我国石油产业国内外投资环境

石油工业作为最大的全球性产业拥有世界上最大的贸易市场，一堆世界政治经济产生重大影响，石油产业投资已经成为世界经济的一个风向标。石油产业投资环境是指围绕石油资源国投资主体存在、变化、发展并足以影响或制约石油产业投资活动及其结果的一切外部条件的总和，包括与石油产业投资项目相关的政治因素、经济因素、自然因素、社会因素、军事因素等多方面的因素，同时，受时间、地域、基础条件的制约，具有一定的区域性差异、时效性、复杂性、关联性，必须综合考虑、系统研究，才可保证石油产业健康发展。

一　石油产业政策环境

2011 年国内经济保持平稳较快增长，但增速逐季放缓，从主要用油行业来看，汽车行业增速大幅度下降，铁路、水运增速平稳，航空运输增速降幅较大，工业生产总体上看是温和减速，农业生产总体持续旺盛，2011 年石油消费呈现前高后低走势。汽车用油占国内汽油消耗总量的 84%，表观汽油消费量 7642 万吨，比 2010 年增长 7%。柴油广泛应用于工农业生产、交通运输、建筑、发电等领域，全年柴油表观消费量 1.67 亿吨，比 2010 年增长 6.9%。航空用油占到煤油消费总量的 90%，表观煤油消费量 1827 万吨，比 2010 年增长 4%，低于近 10 年来 7.2% 的平均增长速度。纵观 2011 年石油市场，供应波动频繁，在国家宏观调控力度不断增加的背景下，政策到位，措施得力，科学有序，保证了石油市场化运作的全力推进。

（一）国务院关于修改《中华人民共和国资源税暂行条例》的决定

2011 年 10 月 10 日《国务院关于修改〈中华人民共和国资源税暂行条例〉的决定》（中华人民共和国国务院令第 605 号）正式公布，并于 2011 年 11 月 1 日开始实施，修改后的条例规定原油的资源税税率为销售额的 5% ~ 10%，打破了以往“从量定额”的计税模式，按新方法计税后，石油资源税税额由从量计征改为从价计征，石油公司的利润相应减少，企业所得税也相应减少，中央和地方的财政收入也相应发生变化。资源税计征方法的改革，不会对石油产品的价格产生影响，加之特别收益金的缴纳，导致石油开采环节税负大幅上升，油企业整体税负压力增加。

2012 年 1 月 6 日，财政部宣布，经国务院批准，决定从 2011 年 11 月 1 日起，将石油特别收益金起征点提高至每桶 55 美元。我国石油特别收益金征收始于 2006 年，起征点为每桶 40 美元。进入 2011 年，国际油价大幅攀升，并在每桶 100 美元左右高位运行，每桶 40 美元的起征点情况下的收益空间已不复存在。

资源税改革和石油特别收益金起征点提高带来的最大变化，是中央和地方财政收入的调整。石油特别收益金属中央财政收入，提高起征点将使中央财政收入有所减少，而资源税属于地方财政收入，改革资源税将增加地方财政收入。

对于石油石化产业来说，资源税征收主要涉及产业链上游开采环节，石油特别收益金征收主要涉及产业链下游销售环节。征收资源税和特别收益金的目的都是为了实现油气资源的有效合理利用。国家财政税收政策并行实施，联动推进，将进一步理顺石油石化产业内外部经济发展关系和上下游、产供销、内外贸结构，使石油石化产业发展更加协调、更加合理，能够体现资源的稀缺性和油气资源对地方经济发展的贡献。这将有利于调动地方政府支持油气生产建设和发展的积极性，有利于保护稀缺的油气资源，有利于油气价格改革和各方面政策的顺利施行和推进，有利于石油石化产业的长远、协调、可持续发展。

成品油价格方面，国家将择机推出价格改革方案，主要是缩短调价周期，改进调价操作方式，提高运行机制的透明度。

（二）《产业结构调整指导目录》

2011 年 6 月 1 日《产业结构调整指导目录》正式实施，加大了对环保节能技术的支持力度，同时也抬高了大型生产装置的准入门槛。对于石油化工行业的要求是：限制新建 1000 万吨/年以下常减压装置、150 万吨/年以下催化裂化装置、100 万吨/年以下连续重整装置、150 万吨/年以下加氢裂化生产装置，同时淘汰 200 万吨/年及以下常减压装置。《产业结构调整指导目录》的实施意味着国内新建石油炼厂将需要更大的资金投入，逐步进行炼厂的转型升级，国内石化行业进入整体转型时期，推进石化产业的结构调整。

“十二五”期间，我国将持续推进产业结构调整，据国家油气整体布局规划，将建成十大石油炼化基地，分别是在上海、南京、大连、宁波、茂名、广州、惠州、泉州、天津、曹妃甸，其中上海、南京、大连、宁波炼油能力将超过 3000 万吨/年，茂名、广州、惠州、泉州、天津、曹妃甸炼油能力将超过 2000 万吨/年，炼厂平均规模进一步扩大，单位产品生产费用节约 12% ~15%。实现装置大型化，经营规模化，大幅度提高油品质量，进一步降低能耗，提高安全环保水平。

二　石油产业金融环境

（一）国内投资

石油产业发展尤其是上游产业，勘探开发往往需要巨额投资，少则十几亿元，多则几百亿、上千亿元，其主要投资渠道包括：内部渠道和外部渠道，内部渠道主要是石油公司内部未分配利润和折旧基金所构成的资金，外部渠道主要是财政拨款和银行的中长期贷款。

“十一五”期间，我国油气勘探累计投资 2788 亿元，年均 558 亿元，比“十五”翻了一番。全国新增探明石油地质储量较“十五”增加 7.7 亿吨。

据国家统计局统计，2011 年我国石油产业投资继续呈现出稳步增长态势，一季度固定资产投资同比增长 1.4%，增速较上季度回落 5.6 个百分点，反映了节能减排及产业结构调整等工作的有序开展。二季度固定资产投资同比增长5.1%，同比增速较上季度加速3.7个百分点。三季度固定资产投资同比下降1.3%，环比增加21.7%。四季度固定资产投资同比增长7.1%。整体看，固定资产投资总额相对稳定，处于平稳增长的态势。

（二）海外投资和外资投资

全球油气合作竞争态势巨变，资源国对外合作政策发生明显变化，突出表现为加强对资源的控制，提高政府所得比例和准入门槛，强化国家石油公司的地位和作用，寻求石油收益最大化，振兴本国石油产业。

共享世界石油资源是我国石油工业今天一个不争的现实，目前，中国石油、中国石化、中国海油三大石油公司在全球42个国家累计投资超过800亿美元，运营着超过140个海外油气投资项目，逐步形成了以非洲、中亚、南美、亚太、中东为主的五大油气生产区。海外石油产业国际化发展主要决策依据是国内石油消费的不断上升，而国内石油生产又不能满足国内石油消费的需求，同时实现中国石油企业自身的可持续发展和产业拓展。海外石油产业发展不仅使我国处理外部石油供应有更大的话语权，进一步增强应对国际油价起伏多变的局势，尽可能地消除油价暴涨给国民经济带来的冲击和不利影响。

中国加入世贸组织以后，石油行业受到前所未有的冲击，原油、成品油进口关税大幅度降低，原油实行零关税，汽油关税降到5%，润滑油关税降到6%，燃料油关税降到6%，并开放了成品油零售和批发市场，自2007年1月1日起，对外开放了原油和成品油的批发经营权，中国原油与成品油市场正式进入了世界经济大循环，与世界石油市场进行零距离的搏击。

中国石油行业对外开放程度不断加大，开放进程高歌猛进，外资投资力度和规模明显加大，投资领域也不断拓宽，覆盖石油产业的整个产业链，涉及上中下游每一个环节。自2005年开始，外资公司蜂拥而至，全面进入我国石油石化、替代能源以及基础设施等产业领域，外资在我国建立了亿吨的原油炼制能力，外资已经形成了以油品营销、石油化工、仓储物流等为重点的投资发展产业集群，外资投资方式已经由初期的合资走向独资、收购兼并。

未来一定时期内，世界油气勘探开发活动将保持强劲增长势头，投资将保持两位数增长，外资投资和海外投资都将持续增长，海外投资主要是国内石油公司的海外并购。外资主要投资方向是：海上深水石油资源、非常规油气以及天然气的勘探开发生产，炼油、乙烯等大型一体化石化项目，基础石化原料项目，成品油销售与燃气网络建设，高附加值石化产品和专用化学品，以中国为目标市场的精细化工产品和特殊化工产品项目，替代能源和新能源项目。在投资方上，外资对于石油下游领域和销售领域，将主要采取控股或独资方式，在石油勘探、炼油、乙烯等领域则继续采取与国内石油化工公司合作的方式建立合资企业进行发展。

（三）石油市场

国际石油市场已不再是简单的货物交易市场，已经转变为全球金融市场的一个重要组成部分，金融集团可以操纵石油价格的涨跌。当今，国际石油价格主要被两股势力控制，一是控制着全球大部分石油资源的大型国际跨国石油公司，这些公司通常会利用其强大的资本实力人为地抬高或者是压低计价期内的期货市场价格，二是投资基金。一个国际化石油公司已经不仅仅从事石油生产、加工和销售，除具有雄厚的资金、领先的技术之外，还必须具有金融管理能力。

石油市场与货币市场、外汇市场、期货市场、衍生品市场的联动已经成为当今世界的一种新型复合金融体系，进一步扩大了传统金融市场的外延和内涵，形成了石油能源金融一体化格局。今天的石油金融属性正在不断地得到强化，实现了石油从商品属性转换到金融属性的跨越。

三　石油产业生产要素环境

石油产业生产要素包括自然资源、人力资源、资本资源、知识资源以及基础设施，石油产业发展初期，石油探明储量、地理位置、廉价的劳动力供给等对产业发展、增加竞争力有很大的作用，随着科学技术的发展，生产对石油资源的依赖程度发生了变化，呈逐渐下降的趋势，先进的技术、雄厚的人力资本、电子技术、网络技术、高精尖学科的研究机构开始发挥威力，其重要性与日俱增。我国人力资源丰富，在劳动力供给方面占有一定优势，但缺乏高端领军人物和高科技人才，在资源方面，石油资源在国际上具有一定优势，后劲不足，目前大部分老油田进入高含水开发后期，开采难度不断加大，剩余资源丰富，但大部分属于低渗透、特低渗透、重油、稠油、深层储存等难采石油资源，且大部分分布在气候条件恶劣、地理条件差、油气构造复杂地区，开采难度大、成本高，运输困难，建炼厂的难度更大。在科技研发方面，与国外发达国家相比，企业 R&D 投入比、科技成果转化率偏低，石油产业需要在高科技投入、技术改造、优化投资结构、培养高科技人才方面加大力度。

第四节　我国石油产业控制力和国际竞争力

一　石油产业的控制力

石油产业控制力是指石油产业对国民经济发展、社会生活变革及国家安全的控制能力，主要体现在调节能力和保障能力上，通过在国民经济各个部门、各个环节、各个领域的石油及其相关产品的配置、供求数量变动及价格参数的调整，对关系国民经济命脉部门、关键核心领域及国民生活消费活动，以规定和支配它们的运行和发展，进而规定、支配国民经济运行发展、社会生活变革的方向、结构、速度、规模。从世界范围看，石油资源已经成为引起一国或地区经济结构特别是产业结构形式、演进和变化的重要因素。

（一）国内石油勘探开发状况

《全国油气资源动态评价 2010》显示，“十一五”期间全国油气勘探累计投入 2788 亿元，新增探明石油地质储量 57.5 亿吨，较“十五”增长 15.4%，探明亿吨级油田 7 个。2010 年年产石油突破两亿吨，同比增长 6.9%，创新世纪头十年最大增幅，石油年产量位居世界第四位，总产值突破一万亿元。

我国石油地质资源量 881 亿吨，可采资源量 233 亿吨，探明程度 36%，储量产量均呈增长趋势。未来 20 年，石油地质储量处于高位稳定增长阶段，年均探明 10 亿吨，产量 2 亿吨将持续 20 年以上，至“十二五”末，全国 5000 万吨级生产基地将达到 5 个，分别为松辽盆地、渤海湾盆地陆地、鄂尔多斯盆地、塔里木盆地和近海海域。

中国对外油气勘探开发合作取得一系列重要成果，国内有 33 家外资公司在中国开展了超过 60 个油气勘探开发项目，合作区块总面积 22.6 万平方公里，外资公司持有区块面积 20 万平方公里，合作规模总体呈扩大趋势。对外合作项目大部分位于海上，主要集中在渤海和南海海域。

（二）海外石油勘探开发状况

世界石油资源分布不均，相对集中在少数地区，从对常规石油剩余探明可采储量的权威评估结果来看，中东、欧洲及苏联、非洲、中南美洲等地区是石油资源的丰富地区。全球油气储产量稳步增长，深水、非常规油气资源是产能接替的重要来源，勘探开发成本快速增长极大地冲抵了上游投资。2011 年，全球勘探开发投资 5440 亿美元，2012 年来自大投资者的资金源源不断，国际能源和自然资源版图将继续快速演变。

国际市场竞争十分激烈，中国获取海外石油资源的难度越来越大，优质资源已经不多，良好的市场已经被占据，由于地缘关系、民族矛盾、资源纠纷、贸易争端等因素，我国海外资源的获取遇到许多新的挑战，并且石油资源开采难度增大，生产作业成本越来越高，恐怖主义的威胁时有发生。经过国内石油公司的艰苦努力，加紧海外资产布局和资产结构调整，获得了一批海外合作项目，2009 ~ 2011 年，中国石油、中国石化、中国海油三大石油公司，共计并购海外上游资产 580 亿美元，海外并购已经成为海外投资业务的重要方式。跨国管道建设为保障原油供应安全和进口多样化起到了重要作用。

（三）国内石油炼制状况

炼油行业规模以上企业实现产值 2.43 万亿元，同比增长 38%，油品产量增速加快。2010 年，全国原油加工量达到 4 亿吨，同比增长 13.4%；成品油产量超过 2.5 亿吨，同比增长 10%。炼油能力和产业集中度进一步提高。2010 年新增炼油能力 3000 万吨，一次原油加工能力突破 5 亿吨，千万吨级以上炼化基地达到 19 个。2011 年，我国石油化工建设规模进一步扩大，大型化、规模化、炼化一体化、产业集群化程度进一步提高，新增原油一次加工能力 2650 万吨，总炼油能力达到 5.4 亿吨，居世界第二位。

2011 年，据统计，国内累计加工原油 4.48 亿吨，同比增长 4.9%，其中，生产汽油 8141 万吨，同比增长 6.1%，生产柴油 1.67 亿吨，同比增长 5.4%，生产煤油 1879 万吨，同比增长 10.1%。成品油生产总量合计 2.66 亿吨，同比增长 6.7%，高于国内原油产量增速。总体看，国内炼油能力增速较快，中国石化炼油能力世界排名第 3 位，中国石油炼油能力世界排名第 7 位，中国石油、中国石化两大石油公司炼油能力达到 4.09 亿吨/年，炼厂规模平均已达 680 万吨。炼油能力正在得到提升，一批新建和改扩建项目正按计划开展，包括中国石油与沙特阿美在云南的合作项目、中国石油与俄罗斯在天津的合作项目、中国石油与壳牌及卡塔尔石油在浙江台州的合作项目、中国石化在江苏连云港的炼油项目等。

改扩建项目主要是中国石油在吉林和辽阳石化的改扩建项目，用于消化俄罗斯进口原油。世界各地区炼油能力见图 4－6。

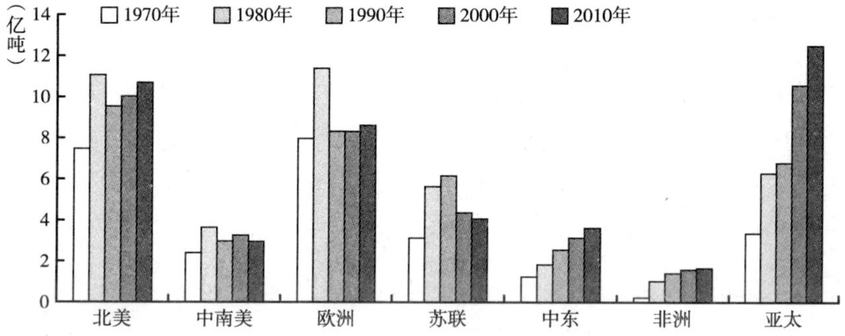

图 4－6　1970～2010 年世界各地区炼油能力

资料来源：美国《油气杂志》。

（四）国内石油化工行业状况

石油化工行业规模以上企业 3.32 万家，2010 年实现总产值突破 5 亿元，同比增长 32.6%。产业结构调整加快，2010 年高附加值的专用化学品产值占化工行业比重继续扩大。2010 年专用化学品产值比重升至 25.5%，基础化工原料所占比重为 24.6%。农用化学品保障能力继续提高，2010 年尿素生产能力达到 3400 万吨，磷肥生产能力突破 2300 万吨，钾肥生产能力突破 450 万吨，有机化工原料、精细化学品和合成材料等产品增幅较大，2010 年乙烯产量突破 1400 万吨，增长 31.7%；合成树脂产量超过 4300 万吨，增长 18.3%；合成纤维单体产量 1374 万吨，增长 17.3%；轮胎产量 7.76 万条，增长 19.8%。

2011 年，全年乙烯生产规模 1570 万吨，乙烯装置平均生产规模达到 58 万吨，形成长江三角洲、环渤海湾和珠江三角洲三大乙烯产业集聚区，全年生产乙烯 1520 万吨，乙烯装置开工率达到 97%。

2011 年，我国石油化工产业结构进一步优化，专用化学品、合成材料、有机化学原料在经济规模、工业产值方面均超过 50%，专用化学品利润占比化学工业利润总额的比重约为 31.4。

2011 年，化学工业产值在全行业中的比重为 58.9%，比 2010 年上升 0.3 个百分点，比 2005 年上升 7.1 个百分点。石油天然气开采产值比重为 11.6%，比

2010年上升0.2个百分点，比2005年下降4.8个百分点。石油加工业产值占比27.1%，比2010年下降0.6个百分点，比2005年下降3.5个百分点。

二 石油产业国际竞争力

对于以石油勘探开发、炼化销售为主营业务的石油产业来说，国际竞争力的表现不同于一般的制造业，石油资源占有量对于油气产业生存和发展具有非同寻常的意义，油气开采和加工过程中低成本、高效率的增值能力，对于油气产业的国际竞争力具有决定性的作用。石油产业的市场竞争力主要体现在原油产量、原油加工量和油品销售量，国际大石油公司上下有规模结构均呈原油产量小于原油加工量，原油加工量小于成品油销售量，但国内石油公司正好与国际石油公司的态势相反，原油产量大于原油加工量，原油加工量大于成品油销售量，其主要原因是体制因素造成的，充分反映了中国石油产业市场竞争能力与国外的差距，同时，在资金运作能力、科技创新能力方面也存在加大差距，产业竞争能力不足。

我国自1993年开始，由石油出口国转变为石油净进口国，自此结束了中国石油自给自足30年的历史，面对这种现实，我国石油企业实施了“走出去”战略，从秘鲁拉塔塔油田开始，历经18年的艰苦创业，中国石油、中国石化、中国海油三大石油公司纷纷在国际石油大舞台上登台亮相，在世界最大50家石油公司2011年排行中，中国石油列第5位、中国石化列第22位、中国海油列第34位。中国三大国家石油公司已经成为世界石油格局中的一支新生力量，和当今新兴国家石油公司国际化潮流已经融为一体。可以说，世界石油发展改变了中国的石油公司，同样，中国的石油公司也极大地影响了世界石油的新格局。

纵观2011年国内三大石油公司国际化进程，中国石油海外作业产量突破1亿吨，权益产量突破5000万吨，达到5170万吨石油当量，建成“海外大庆”；中国石化海外权益产量突破2000万吨，达到2288万吨石油当量，并提出“十二五”末海外权益产量将达到5000万吨；中国海油建成“海上大庆”，并已开始进军深水油田开发，海外权益产量达到1000万吨石油当量。

今天，中国国家石油公司国际化步伐的加大，已经与印度、巴西、马来西亚等国家一并形成了一股越来越大的力量，打破了国际石油公司由西方大石油公司垄断的格局，推动世界石油格局向多极化发展，并创造了一种新的石油公司类型，即国际化了的国家石油公司，这种公司不同于传统的国家石油公司，拥有全球绝大多数油气资源，也不同于国际石油公司垄断石油市场和油气运输资源。

提高国际竞争力是国内石油公司的一项重大战略，通过不断提高石油自给率、劳动生产率、资本利润率，扩大企业规模，推进科技兴油战略，建立石油储备，实施国际化战略和可持续发展战略，提高国际竞争力。中国海外石油合作发展势头良好，乘势而上，中国石油的目标是建设综合性国际能源公司，中国石化的目标是建设世界一流的能源化工公司，中国海油的目标是建设国际一流能源公司。

第五节　石油产业集中度和资产并购

一　石油产业集中度

随着世界经济的发展，油气产业经过一个多世纪的发展、竞争和整合，许多产业领域都由跨国公司、国家石油公司所垄断，并且国家、政府的影响和渗透无处不在，政府力量正推动本国企业垄断能力不断提高，同时，石油产业和石油市场聚集度不断提高，石油基础设施建设投入持续增加，市场垄断趋势日趋加剧。2010～2035 年世界石油供应基础设施累计投资预测见表 4－2。

表 4－2　2010～2035 年世界石油供应基础设施累计投资预测

单位：10 亿美元

国家和地区	常规原油生产	非常规原油生产	炼油	合计	年平均
经合组织	1284	283	244	1811	70
北美	973	263	121	1358	52
欧洲	286	2	85	373	14
太平洋	25	17	38	80	3
非经合组织	5004	262	735	6001	231
东欧/欧亚	1173	15	81	1270	49
俄罗斯	624	9	44	676	26
亚洲	396	58	450	904	35
中国	222	34	220	475	18
中东	821	39	105	965	37
非洲	1254	20	39	1313	51
拉丁美洲	1361	129	60	1549	60
巴西	984	5	30	1019	39
世界	6288	545	979	8053	310
欧盟	117	0	81	198	8

资料来源：国际能源机构：《国际能源展望 2010》。

当今，石油产业纵向一体化正成为油气企业提高自身竞争力的必然战略选择，一方面在上游业务获得投资，一方面可以进一步控制成品油销售渠道，还可以减少交易成本，提高产业进入的壁垒。壳牌、BP 等大型石油公司，在油气价格波动中“处乱不惊”，得益于其完善的上下游一体化结构，高油价时，炼油成本增加的同时，采油板块却可以从中获利，反之亦然，总是有盈利的空间，这正是一体化发展的根本所在，也是高产业集中度大石油公司收益最大的关键所在。

国内近年来加大了炼化企业的结构调整力度，将发展重点放在调整布局、炼油装置结构和产品结构调整等方面，推进了炼化一体化，实现了规模化、基地化、产业集群化发展，提高了产业集中度。

二　油气资产并购

放眼全球，市场经济环境下的世界 500 强企业，没有一家不是通过大量的并购而成为顶级企业的。并购是企业发展壮大、走出国门、走向世界、走向辉煌的必经之路，一项成功的并购能给企业注入新的、最强劲的发展动力。同时，并购也是企业发展各种路径中风险最大的路径，一个失败的并购可以让企业一蹶不振，长期处于困难的境地。

尽管世界经济不确定性因素不断增加，但是 2012 年全球油气业并购交易仍将持续活跃。据美国安永会计师事务所最新全球油气业并购交易分析报告显示的信息，2011 年全球油气业共宣布 1322 宗并购交易，并购交易总价值为 3170 亿美元。其中单笔交易价值超过 10 亿美元的并购案为 71 宗。

2011 年全球油气上游并购交易量约占油气并购交易总数的 72%，其中美国和加拿大共发生 562 宗油气上游并购交易，占总数的 59%。最大的并购交易是康德摩根（Kinder Morgan）公司斥资 380 亿美元收购埃尔帕索（El Paso）公司。2011 年全球油气下游并购交易活跃度有所下滑，油气下游并购交易活性的最大动力来自于国际石油公司重新调整业务，以提高资本的效率。2011 年全球油气下游并购交易数量为 103 宗，交易额为 380 亿美元。全球油气下游 10 大并购案的交易额占总交易额的 71%，其中包括伯克希尔·哈撒韦公司斥资 89 亿美元收购路博润公司以及亚什兰公司斥资 32 亿美元收购国际专用产品公司（ISP）。报告还显示，2011 年全球油田服务公司并购交易更为活跃，宣布的交易价值达到 370 亿美元。2011 年全球油田服务相关业务的并购交易数量增加近 64%，达到

177 宗。

中国石油企业“走出去”的前景十分广阔，但也荆棘密布，社会政治、货币汇率、自然灾害、投资决策等众多风险如影相随。需要加速文化整合，尊重企业自身发展规律，融入深刻变化的世界石油格局。

第六节　2012 年石油产业关键问题

2012 年，将面临更加复杂的国际国内形势。从国内环境来看，我国经济增长依然存在下行压力，物价上涨压力依然较大，政策环境和环保要求总体趋严。石油公司面临的增收不增利的矛盾突出，税负增加，成本刚性上升，投资回报率下降，资产负债率上升，现金流趋紧突出，安全环保形势严峻。

2012 年，从国际环境来看，战略格局正在发生重大变化。美国的战略矛头直指中国，在军事上、经济上对中国施压趋多；东北亚、东南亚、中东格局尚处在动荡之中，美伊武装冲突箭在弦上。如果霍尔木兹海峡出现战事，中国涉及 40%的进口原油将受重大影响，国际油价可能会大幅攀升，从而严重影响中国的能源供给。

进入 2012 年，随着全球经济发展进一步减速，我国经济增速也将趋于缓和，全年石油消费量仍将保持较快的增长态势。据资料预测 2012 年原油产量将接近 2. 2 亿吨，高于 2011 年原油产量 1500 万吨左右，预计 2012 年原油净进口将达到 2. 66 亿吨。预计全年成品油产量将达到 2. 8 亿吨，比上一年增长 5% 以上，成品油市场供需总体平衡，汽油可能会供大于求，柴油供求基本保持平衡，考虑到季节性需求变化影响，炼厂投产、检修等不确定因素以及库存状况，全年某一时段可能会出现柴油供应紧张问题，石油石化企业要有充分的准备和科学有效的应对措施。

预计 2012 年，中国新增原油一次加工能力 3820 万吨，新增乙烯加工能力 240 万吨，炼厂和乙烯装置平均生产规模将进一步扩大，生产能力进一步提升，炼化结构和布局进一步优化，原油一次加工能力达到 5. 78 亿吨。随着四川千万吨级大炼厂的建成投产，西南地区炼油能力不足的状况将得到改善。随着抚顺、四川及武汉 3 套大乙烯装置的建成投产，乙烯生产能力将达到 1810 万吨，乙烯产量将突破 1600 万吨，乙烯当量消费自给水平进一步提高。

2012年是调整产业结构、转变生产方式最重要的一年，国家将在节能减排、环境保护、资源性产品价格改革和税收制度改革等方面出台更多新政策和新举措。对石油石化生产建设和产业发展文明化程度的要求将更严更高，也给产业安全提出了更高、更新的要求。

第七节　提升我国石油产业安全对策建议

面对未来复杂的石油竞争环境，国内外经营环境也将发生重大变化，我国石油企业必须提升国际竞争力，增强市场控制力，维护国家石油产业安全，保障国家能源安全。

政府要为石油企业的发展创造良好的政策、投资、金融、市场环境，完善法律法规建设，将强政策的导向和宏观调控，鼓励企业走出去，大力引进外资，引导石油产业健康协调发展。

一　建立石油金融战略体系

当今世界，石油已经突破了原油的属性，金融特性日渐明显，已经进入石油金融时代，对于我国现阶段经济发展状况，应加快建立石油金融战略体系，以保证国家石油安全。所谓“石油金融”是指多层次的石油交易市场建设和与之相应的石油金融安排，包括石油外汇、石油银行、石油基金以及石油衍生工具的建设，而石油金融体系是以健全的多层次石油市场为依托，综合运用相关的货币金融政策加以保障运行体系和相关制度，统筹协调相关石油金融机构和石油产业相关的实体企业，争取石油价格的话语权，规避国际石油价格起伏波动的经济风险。

（一）建立以期货市场为核心的多层次石油交易市场体系

发挥石油期货市场发现价格、转移风险、套现保值和资源优化配置功能，积极有效地吸纳资源和资金，保证石油安全。按照多元化原则开展石油贸易，是分散风险、确保安全的最有效措施。期货市场的建立，有助于争取石油定价权，增强国际竞争力，有利于建立我国石油储备体系，有利于提高石油企业应对石油价格风险的能力，有利于我国建立现代石油流通体制，有助于国家加强对石油市场的宏观调控。目前，我国已经初步具备了建立石油期货市场的基本条件，应尽快开设石油期货市场，逐步形成自己的报价体系，并及早融入全球石油定价体系。建立国际采购的协调机制，争取合理的价格，打破市场垄断，加速形成统一、开放、畅通、有序的石油市场。

（二）灵活运用石油外汇

合理、高效用好石油外汇对于建立石油金融体系至关重要，首先要动用外汇储备建立国家战略石油储备，运用外汇储备直接在国际现货市场和期货市场购买石油，建立石油战略储备，支持企业到境外直接投资或购买石油区块，掌控我国在世界范围内的可控石油资源。加快推进石油期货交易，把石油期货仓单看做是期货形式的战略储备，也就是石油期货战略储备，同时，也可以把石油期货仓单视为一种新的国际货币，参与外汇组合，成为石油外汇储备。

（三）建立石油银行体系

石油银行体系包括石油政策性银行和石油商业银行，政策性银行是以促进石油产业发展和维护石油市场秩序并由政府出资建立的开发性金融机构，直接贯彻国家的宏观经济政策，实现相应的政策意图；商业银行是以营利为目的，对石油产业提供信贷支持、对石油产品进行风险投资的金融机构，发挥市场主导型机构作用，稳定石油金融市场，发挥石油银行充当储备供应与独立的石油缓冲组织的职能，遏制大石油公司的供应垄断。据国际能源署预测，2030 年前，我国能源投资约需 2.3 万亿美元，应适时建立专门支持石油产业的石油储备银行。

（四）建立石油基金体系

石油基金体系包括石油产业投资基金、石油金融投资基金、石油综合基金、石油投资基金等，由专业机构利用各种手段，在国际石油期货市场、石油期货期权市场、外汇市场以及石油相关的证券市场进行石油实物、期货、债券、汇率、利率和股票等的操作，为石油金融保驾护航。与石油银行一样，石油基金对石油市场的稳定和石油产业的发展具有重要意义。

（五）建立石油衍生工具市场体系

石油衍生工具市场体系包括石油债券、石油期权、石油保险以及相关衍生产品，运用各种金融工具，分散、降低石油价格波动的风险。

二　建立石油定价机制

国务院发展研究中心《中国能源发展战略与政策研究》提出：所谓石油安

全就是保障数量和价格上能满足经济社会持续发展需要的石油供应。美国对石油安全的定义为：以合理的价格自由地获取国外石油资源或表述为确保石油价格合理并自由流通。石油价格是非常重要也是非常敏感的，可以说石油价格的波动牵动整个经济秩序，因此，建立石油价格机制就显得尤为重要。

原油同其他商品一样，价格构成包括成本、税金、利润三大部分，价格水平的确定基础应以在弥补生产过程中的所有消费后，是企业具有按规定向国家、地方缴纳各种税费、履行三大社会责任、自我积累、自我发展的能力。原油、成品油价格的确定要以相关产品和国际油价之间具有合理的比价，同时要反映市场的供需关系，并考虑宏观经济的承受能力，今后一定时期内，要继续完善成品油价格形成机制，完善价格管理办法，健全生产企业成本核算，改进石油产业相关企业利润调控机制，并统筹考虑国家税费政策的调整和跟进，探索消费税的征收和管理。逐步放开对油源的控制，建立公平的市场准入制度，研究各类投资进入石油行业的范围、准入资质和相应的管理法规、政策。

三　完善石油战略储备体系

石油战略储备关系国家安全，建立和完善石油实物储备、现货储备、期货储备。石油战略储备是石油消费国应付石油危机最传统、最重要的石油安全手段，是稳定石油供求关系、平抑市场价格、应对突发事件、保障经济安全最有效的手段，是国家应对突发事件的减震器、石油供应的调节器。石油战略储备的主要作用是通过向市场释放储备石油及相关产品来减轻市场的心理压力，降低石油价格持续上涨的可能，达到减轻石油供应冲击对整个经济的冲击程度。对于石油对外依存度高的国家，战略储备是对付石油供应短缺而设置的一道重要防线，同样起到抑制油价上涨的作用。石油战略储备着眼于石油的政治后果，可以保证在国际风云变幻和激烈竞争中站稳脚跟，保持主动，避免受制于人。

目前，我国已着手建立石油储备体系，投产并正在建设一批石油战略储备基地，但还缺乏管理经验，需要有计划有步骤地建立完善形式多样、配置合理、符合中国国情的石油储备制度。首先要搞好战略石油储备制度的设计，尽快制定《石油储备法》，建立石油储备管理组织体系，探索石油储备融资方式，合理确定石油储备规模和储备品种，合理布局石油储备基地格局及储备方式，搞好国家、机构和企业的储备比例分摊，制定石油储备的动用条件。

尽快建立石油期货市场，加快推进石油期货交易。石油期货进入我国的外汇储备，对于外汇储备投资组合十分有利，因此，要适时地通过购买国际原油期货储备石油，让世界石油市场的现货交易选择在中国交割，利用国际资金为我国建立石油储备。

四　建立国内石油供给体系

石油供给的基础是资源，在目前国际局势动荡不安的大背景下，要积极开发利用自身资源，努力增加石油后备储量，保持一定时期内的石油自给率。我国拥有相对丰富的石油资源，应加大对国内资源的勘探开发力度，增加勘探开发投资，扩大石油接替资源量和后备可采储量，增加科技创新投资，提高勘探探明率和勘探成功率，重点勘探西部、渤海、南海和东海海域石油资源，对风险大、地质条件复杂、勘探开发难的区块，可适时引入风险资本，加大对外合作力度。

通过不断地重组，我国石油公司已开始按国际石油公司经营模式运作，国际竞争力日渐明显，在国家石油生产、供应中发挥了无可替代的重要作用。但在开采成本、出口创汇、企业体制、产品结构、技术水平等方面还有一定的差距，还没有建立起完全意义上的石油供给体系，需要不断深化体制改革，优化产品结构，降低成本，提高整体实力，保障石油供给。

今后一定时期内，从石油安全的角度看，中国石油资源外部供应必须是多元化的，而绝不是单一和绝对的。首先，中国应采取务实的石油外交政策，在与石油产油国之间保持密切关系的同时，特别注重与技术领先的发达国家的合作，这也是中国能源外交的必由之路。同时，加强与中东国家的交流，充分利用上合组织巩固和发展俄罗斯和中亚各国对我国的石油供应，通过高层互访加强与欧洲的关系，继续发展中国与东盟的对话机制，争取周边国家获取更多的石油资源，同时，积极采取外交方式，获取南美洲、非洲、大洋洲等地区更大的石油市场。实现石油进口来源地区和国家多元化、石油贸易方式的多元化以及石油运输方式的多元化，最终实现石油供应渠道的多元化。

五　建立石油国际合作体系

我国石油国际合作规模不断扩大，但随着国际形势的变化，海外业务面临的形势更加严峻，全球经济复苏艰难，国际金融市场大幅波动，部分地区局势动荡，突发事件发生的频率增大，以往海外传统意义上安全的地区安全形势变得严峻起来，这些新情况，给海外业务的拓展带来极大挑战。

全球油气产业将进入新一轮调整期，将出现更多的收购兼并机会，中国油企正处于加快国际化进程中，将在本轮油气产业整合潮中扮演重要的收购者角色，全面推进石油资源全球化战略，用世界的眼光构建中石油安全战略。今后一个时期内的石油国际合作，首先要进一步发展石油进口贸易，实行进口渠道多元化，努力实现进口来源、方式、品种和渠道的多元化，尽最大可能分散风险。其次，建立多样化的石油运输通道，利用经济、外交、贸易等手段增强对马六甲海峡控制国的影响力，运营好四大战略石油通道，增强海军力量，维护海外原油的运输通道安全，同时，要强力捍卫周边海域的主权。再次，继续积极实施“走出去”战略，坚持内外并举的方针，综合考虑国际石油资源、政治、经济、法律、文化及技术风险等因素，充分发挥国际、国内两种资源和两个市场的作用，开发重点由国内转向国外，收购石油储量，投资海外石油的勘探、开发、炼制、加工和销售，按照效益优先，资源导向，布局优化，滚动推进，稳健发展的原则，突出中亚，做大中东，加强非洲，拓展美洲，推进亚太，充分利用海外石油资源，并积极参与国际石油市场运作，用投资收益换取石油，并且要通过股权结构性安排规避海外产权风险，使所控制储量大幅度上升，争取国际石油价格定价话语权，同时要加大石油外交力度，改善与石油出口国和资源国的关系。

六　建立科技创新体系

石油产业技术创新具有高风险、高投入和高复杂性特点，石油企业要大力推进科技创新和管理创新，为提高竞争力、盈利能力和管理水平提供支撑。

大石油公司要具有很强的国际竞争力，必须培育自己的核心能力，建立科技创新体系。油气企业普遍以技术创新作为生存发展和提高经济效益的最主要手段，创新已经成为石油产业发展最持久、最根本的动力。全球油气产量每上一个台阶都依赖于新理论、新技术的推动，而保持技术领先地位，一直是国际大石油公司长盛不衰并发展壮大的保证。国外大石油公司特别是跨国石油公司都是依靠创新形成自己的核心竞争力，靠核心竞争力打造企业品牌，依靠品牌提升企业形象和竞争优势，形成无形资产，因此，技术创新是企业核心竞争力的源泉。企业核心竞争力的形成离不开体制创新和管理创新，关键是技术创新，加大科技人才的培养和管理，增加科技投入，深化投融资体制改革，强化科技管理，加强科技合作，发展技术交流和科技市场，加快科技成果转化和推广，加强新技术引进，实施技术转移，强化引进吸收再创新，提高科技效益。企业通过技术创新，形成和发展自己的核心技术，以此为基础，形成自己的特色产品和特色服务，增强企业经济实力。

七　优化产业布局和产品结构

以市场为导向，保持合理的柴汽比好高标号汽油、车用柴油在产品中的比例，重视润滑油和石蜡的生产，调整基础油结构，提高高档润滑油的比例。石油化工要突出特色，调整产品结构，保持合成树脂、合成纤维、合成橡胶等通用产品的市场占有率，提高专用树脂产品、差异化纤维特别是功能纤维和产业用纤维以及橡胶新品种的市场占有率，满足石油石化相关行业发展需要。

“十二五”期间，我国石化产业要在产业结构调整、行业技术进步、绿色低碳安全发展等方面下工夫，其中最重要的是转变发展方式，较快产业结构升级调整，包括充分发挥市场机制作用，推动产业关联企业，以资产、资源、品牌和市场为纽带，提高产业集中度，形成若干个国际化大型石化化工企业集团，支持有条件的企业“走出去”，广泛参与国际间重组活动，加快形成大中小企业结构合理、上下游企业协作配套的产业组织体系。到 2015 年，我国原油一次加工能力达到每年 6 亿吨，乙烯生产能力达到 2700 万吨，全国炼厂平均规模超过 600 万吨，乙烯装置平均规模达到每年 70 万吨，全行业销售收入过亿企业超过 10 个。

B.5

我国天然气产业安全

第一节 天然气产业界定

一 天然气的定义

天然气广义指埋藏于地层中自然形成的气体的总称。但通常所称的天然气只指贮存于地层较深部的一种富含碳氢化合物的可燃气体，它由亿万年前的有机物质转化而来，是一种无色无味无毒、热值高、燃烧稳定、洁净环保的优质能源。其主要成分是甲烷，此外，根据不同的地质形成条件，尚含有不同数量的乙烷、丙烷、丁烷、戊烷、己烷等低碳烷烃以及二氧化碳、氮气、氢气、硫化物等非烃类物质。就燃烧而言，天然气要比煤这类石炭纪燃料产生的二氧化碳要少得多。长期以来通用的“天然气”的定义，是从能量角度出发的狭义定义，是指天然蕴藏于地层中的烃类和非烃类气体的混合物，主要成分是烷烃，其中甲烷占绝大多数，另有少量的乙烷、丙烷和丁烷，此外一般有硫化氢、二氧化碳、氮和水汽及微量的惰性气体，如氦和氩等。在标准状况下，甲烷至丁烷以气体状态存在，戊烷以上为液体。

液化天然气（液化天然气）指的是在深度冷冻条件下呈液态的天然气。液化天然气与常规天然气组分相同，在没有长输管道的地方，通过将常规天然气低温（-147℃）或高压处理，由气态压缩至液态，体积缩小600倍，实现规模运输。至用户地后，再通过蒸发将其恢复至气态。

二 天然气产业的界定

天然气资源从地下赋存状态转变为燃气或化工原料等可供利用的材料，必须经过勘探、开发和工业加工等过程，因此，完整的天然气产业是以开发利用天然气资源为目的能源产业，是一个资金、技术密集型的庞大产业，由上游、中游、下游三个领域组成，如图 5－1 所示。本报告的研究对象是完整的天然气产业。

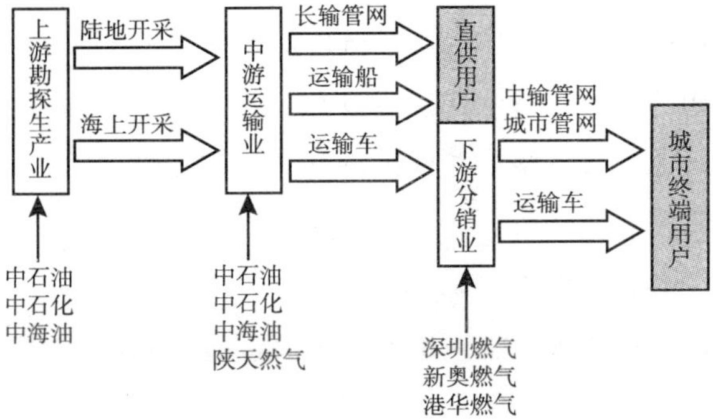

图 5－1　天然气产业链

资料来源：世经未来。

三　天然气产业在国民经济中的地位

天然气是全球重要能源之一，在 2010 年世界一次能源消费结构中，天然气资源所占比例已占 27.2%，而我国天然气消费所占比例长期不足 4%，与世界能源消费格局差距很大。我国天然气资源丰富，随着西气东输工程的实施以及液化天然气接收站点的增多，为了满足东部地区强劲的需求，天然气消费量占全国能源产量的比重将越来越高。

天然气作为清洁高效的优质能源，在优化我国能源消费结构、改善大气环境、控制温室气体排放方面发挥越来越重要的作用。我国天然气资源非常丰富，随着我国对能源需求的不断增长，大力开发国内天然气资源对优化我国的能源结构，缓和国内能源紧张形势，以及保护生态环境等都具有重要意义。

四　天然气产业的特点

天然气产业具有资源资金技术密集，产业关联度强等特征，主要表现出以下几个方面的经济特性。

（一）产业关联度强

天然气产业为国民经济的运行提供能源和基础原材料，其产品涉及人类生活的各个层面，是上中下游关联度强的基础性能源产业。天然气气田开发、管网、终端用户三者是一套完整的产业链，在这个链上，气流把三者联系在一起，由于天然气储存难度大、不能间断的特点，决定了产业链的连续性，要求上中下游形成统一、协调的管理体制。天然气产业链连接天然气生产或进口，处理厂和运输网络到分销网络和消费者，每个连接对应一个商业的合作关系，而每个连接同时也依赖于链中的其他环节，整个产业链的能力取决于整个连接中最薄弱的环节，因此稳定和长期的关系是必要的。

（二）资源、资金、技术密集，风险大

天然气产业主要依赖天然气，依赖程度高，消费量大，我国现在天然气消费在能源消费结构中占4%左右，可称之为资源密集型产业。

天然气必须具有一定规模才能开发，产能具备一定规模才能建设管线。为了储存同样热能的能源，天然气需要的储存空间是原油存空间的1000倍；而天然气长距离的运输费用则是石油运输费用的5~10倍。因此，天然气产业具有很大的规模性，是资金密集性行业，需要在天然气生产、运输、储存和分销等方面投入巨大的前期投资，一般采用上下游一体的集群式发展模式。

天然气产业技术先进，现代化程度高，是现代化先进生产力的代表，产业技术装备一流，适应与时俱进的要求，科研开发投入大也是其重要特点之一，是其提高核心竞争力的主要手段。

天然气探明储量、产能建设、管线建设及用户开发的规模性要求，决定了天然气产业开发建设周期要比其他项目更长。勘探风险、产量递减风险以及市场风险等，决定着气田开发具有极大的风险。

（三）天然气消费市场特征明显

（1）不可逆性和长期稳定性。用户一旦用上了天然气就要保持长期稳定供应，供应一旦出现问题将会导致下游企业、用户效益的大幅下降和企业停产，尤其是居民生活用气，将会引起社会问题。因此，必须保持长期稳定供应。

（2）波动性和峰谷性。居民用户存在日峰谷、月季峰谷，特别是北方的居民用气市场更是如此。据统计，北方部分地区夏季供大于求，冬季不够用。这种波动和峰谷差对气田的开发和市场带来很大影响。做好调峰储备，培育天然气储备的市场，是目前国家关注的重点之一。

（3）突发性和不可预见性。寒流的突然到来、气候的突然变暖、管道的破

损、用户的设备故障、自然灾害等原因，都会造成供用气的极不均衡和突然中断。这给平稳生产和稳定供气带来了新的挑战。

(4) 社会性。天然气用途正在向各领域扩展，城市民用、交通、公共服务正成为最主要的应用领域，与千家万户的日常生活息息相关，处理不好都会产生负面社会影响。

(四) 天然气市场培育需要时间

天然气发展由需求方所推动，使得在供应链中的投资变得可行。仅仅有资源和基础设施是不足够的，针对消费者的市场也必须开发。而且，天然气不是一个垄断市场，它必须同其他能源竞争。例如，在居民和商业领域，天然气需要和电能竞争；在工业方面，天然气要和煤炭和石油竞争；在发电上，天然气则要和煤炭、石油、核能和水能等竞争。

世界天然气的能源消费比例从1900的2%增长到1950年的10%花了50年的时间，在此期间，90%的消费是在美国。在西欧，天然气消费直到二次世界大战后的1965年才达到200亿立方米，几十年过去了，天然气市场在欧洲国家仍然在发展。

(五) 天然气产业中政府的作用

普通民众一旦使用上了天然气，是很难更改到其他能源的；天然气运输，在很大程度上有着天然的垄断成分，政府必须制定规则来保护消费者的经济利益同时保持自然垄断的灵活竞争。另一方面，天然气资源是国有资产的一部分，天然气运输和分销系统会使用到国家的公共用地，政府需要为天然气工业制定相关制度来保证民众安全以及避免环境污染，同时在使用公共用地和资源上政府需要给予容许并征收相关的费用和税收。

由于以上原因，政府往往习惯于对天然气的供应活动进行管理，然而经济理论和经验表明，国家不是最有效的运作者。在大多数国家，商业运作和政府管理是分开的，政府在制定天然气行业政策，刺激投资方面起着较大的作用，它还可以在保护消费者利益同时为国家获得合理的收入。

五 天然气产业的战略作用

(一) 有效缓解能源供需矛盾

随着我国国民经济的快速发展，对能源需求高速增长，能源供需缺口扩大。“十二五”规划对优化能源结构提出新目标，天然气的使用比例将由4%提升到8%。我国常规天然气生产量短期内不会有大幅度的提高，要想达到“十二五”末8%的比例难度很大，必须由海外进口和加快非常规天然气资源发展来弥补。我国天然气资源比较丰富，勘探开发程度较低，未来具备规模的资源基础和技术保障。我国非常规天然气资源丰富，可以作为天然气资源的有效补充。

（二）改善大气环境、控制温室气体排放

我国以煤为主的能源消费结构导致环境污染严重，据统计，全国90%的SO_2、70%的粉尘排放是由燃煤造成的。天然气是清洁、优质能源，燃烧时仅产生较少量的CO_2和SO_2，基本上无悬浮颗粒和灰渣，生成的氮氧化物较少且可采取措施进一步降低。因此，加快发展和合理利用天然气，不仅可有效改善大气环境、促进减排目标实现，而且对提高人民生活质量、建设环境友好型社会具有重要意义。

（三）缓解石油供应压力、保障国家能源安全

天然气在工业、民用和交通运输燃料方面与石油相比具有较好的可替代性。据测算，如果在出租车和公交车行业用天然气替代汽油，以每辆车年均行使5万公里计算，改装100万辆车每年可替代油品1000万吨。2009年末，国际能源署（IEA）发布的《2010年国际能源展望》中称，美国天然气已经能实现自给，而全球天然气市场将面临过剩。以气代油可有效减轻远期石油供应短缺和对进口石油的依赖，缓解石油供应和运输压力，有利于维护我国石油供应安全。

第二节　我国天然气产业发展现状

一　我国天然气产业发展形势

（一）一次能源消费结构调整，天然气行业发展大有所为

世界能源消费结构中，天然气与原油、煤炭“三分天下”，发展举足轻重，见图5-2。在2010年世界一次能源消费结构中，天然气资源所占比例已达

23.81%，见图 5－3。而我国天然气消费所占比例长期不足 4%，见图 5－4，与世界能源消费格局差距很大。根据“十二五”规划提出的发展目标，天然气在一次能源结构的使用比例将由“十一五”末的 4% 提升到 8%，天然气行业将在“十二五”期间迎来发展机遇。

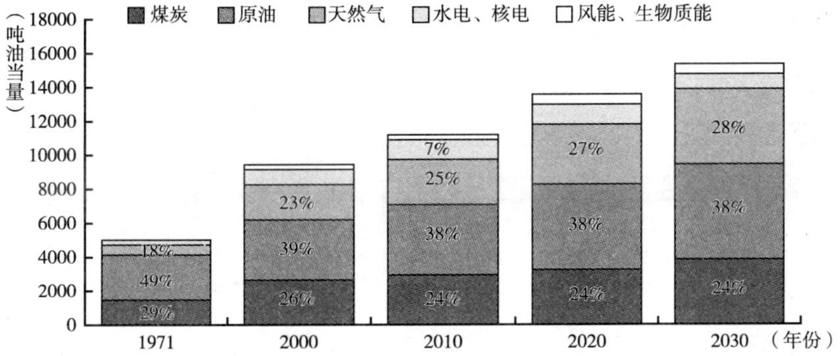

图 5－2 世界能源构成变化及发展趋势

资料来源：CCISR 根据 IEA 整理。

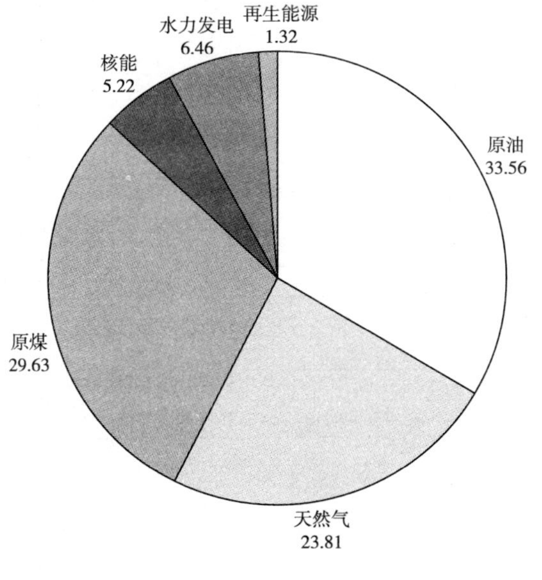

图 5－3 2010 年世界一次能源消费结构

资料来源：CCISR 根据 BP2011 整理。

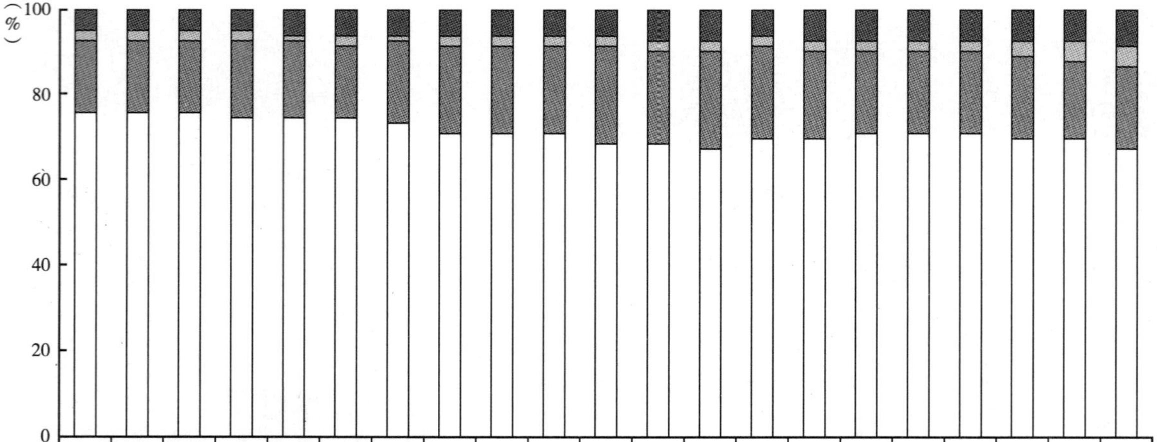

	1990年	1991年	1992年	1993年	1994年	1995年	1996年	1997年	1998年	1999年	2000年	2001年	2002年	2003年	2004年	2005年	2006年	2007年	2008年	2009年	2010年
□煤炭	5.1	4.8	4.9	5.2	5.7	6.1	6.0	6.4	6.5	5.9	6.4	7.5	7.3	6.5	6.7	6.8	6.7	6.8	7.7	7.8	8.6
■石油	2.1	2.0	1.9	1.9	1.9	1.8	1.8	1.8	1.8	2.0	2.2	2.4	2.4	2.5	2.5	2.6	2.9	3.3	3.7	3.9	4.4
■天然气	16.6	17.1	17.5	18.2	17.4	17.5	18.7	20.4	20.8	21.5	22.2	21.8	22.3	21.2	21.3	19.8	19.3	18.8	18.3	17.9	19.0
■水电、核电及风电	76.2	76.1	75.7	74.7	75.0	74.6	73.5	71.4	70.9	70.6	69.2	68.3	68.0	69.8	69.5	70.8	71.1	71.1	70.3	70.4	68.0

图 5-4　1990~2010 年我国能源消费结构

资料来源:CCISR 根据《中国统计年鉴》整理。

（二）天然气资源丰富，分布相对集中，增储上产潜力较大

《全国油气资源动态评价2010》显示，我国天然气地质资源量52万亿立方米、可采资源量32万亿立方米，我国天然气资源基础雄厚。“十一五”期间，新增探明天然气地质储量3.1万亿立方米，较“十五”增长14.8%，相继探明10个千亿立方米气田，天然气年产量942亿立方米，位居世界第6位。我国天然气分布相对集中，主要分布在陆上西部的塔里木、鄂尔多斯、四川、柴达木、准噶尔盆地，东部的松辽、渤海湾盆地，以及东部近海海域的渤海、东海和莺—琼盆地，见图5－5。目前这9个盆地远景资源量达46万亿立方米，占全国资源总量的82%；已探明天然气地质储量6.21万亿立方米，占全国已探明天然气地质储量的93%；剩余资源量40万亿立方米，占全国剩余资源量的81%。2000年以来，我国天然气探明地质储量年增4753亿立方米，进入储量增长高峰期。

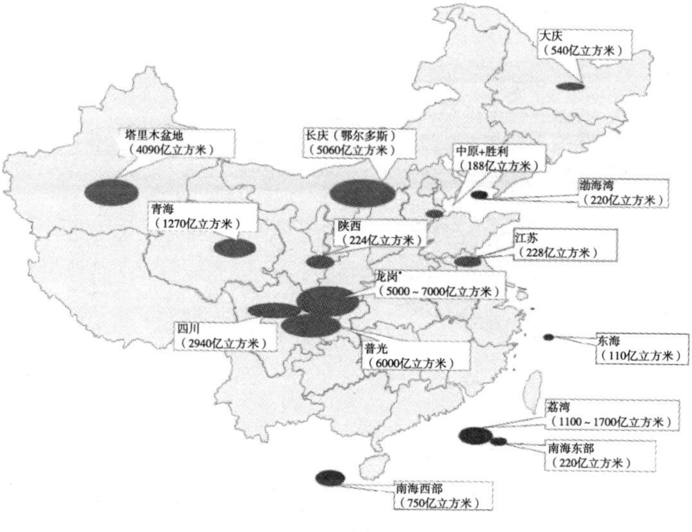

图5－5　我国天然气资源分布

*龙岗气田和普光气田的可采储量。

（三）天然气产量保持增长态势，中石油占生产主体地位

我国天然气生产企业主要有中石油、中石化、中海油，2000年以来，全国天然气产量保持着良好的增长态势，年均增长12%，产量构成见图5－6。中石油天然气产量从2000年的183亿立方米增至2011年的755亿立方米，占全国比例由2000年的69.8%增至2011年的70.63%，居主体地位，见图5－7。

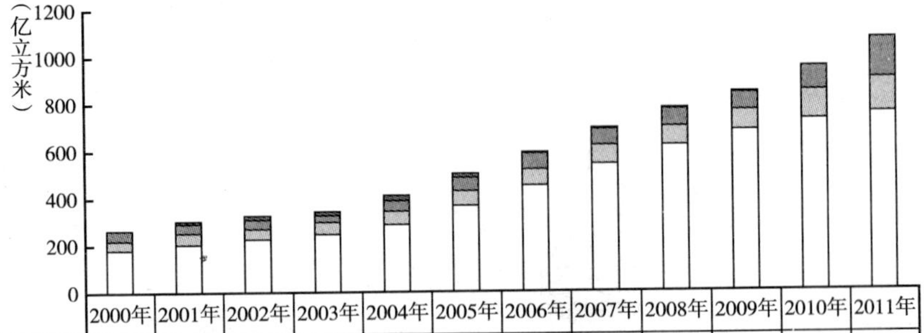

	2000年	2001年	2002年	2003年	2004年	2005年	2006年	2007年	2008年	2009年	2010年	2011年
其他	0	12	18	14	20	14	6	6	1	3	1	0
中海油	44	36	36	30	45	58	69	69	76	75	102	167
中石化	35	54	48	49	59	61	71	77	81	83	124	147
中石油	183	201	225	248	286	367	448	542	617	682	725	755

图 5-6　2000~2011 年我国天然气年产量构成

资料来源：CCISR 整理。

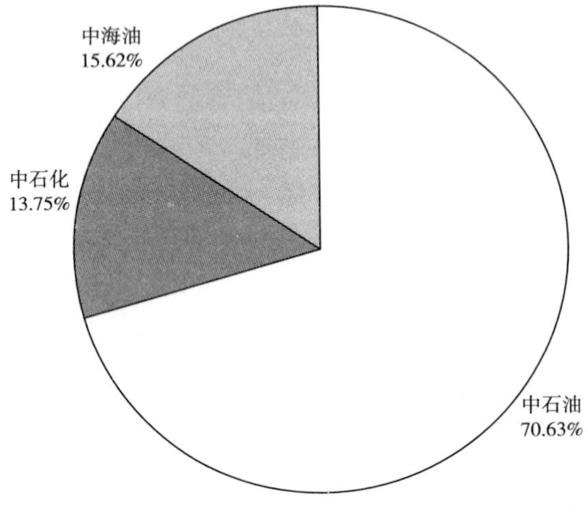

图 5-7　2011 年我国主要天然气生产企业所占比例

资料来源：CCISR 整理。

（四）天然气生产量、消费量急剧攀升，供需矛盾继续扩大

我国天然气资源丰富，随着西气东输工程的实施以及液化天然气接收站点的增多，天然气消费量占全国能源产量的比重越来越高。近年来，我国天然气生产量、消费量持续上升，2006 年以来，供需矛盾进一步扩大，已经严重呈现供不应求的局面，2010 年消费缺口已经超过 1500 万吨标准煤，进口量超过生产量的 10%，见图 5-8。

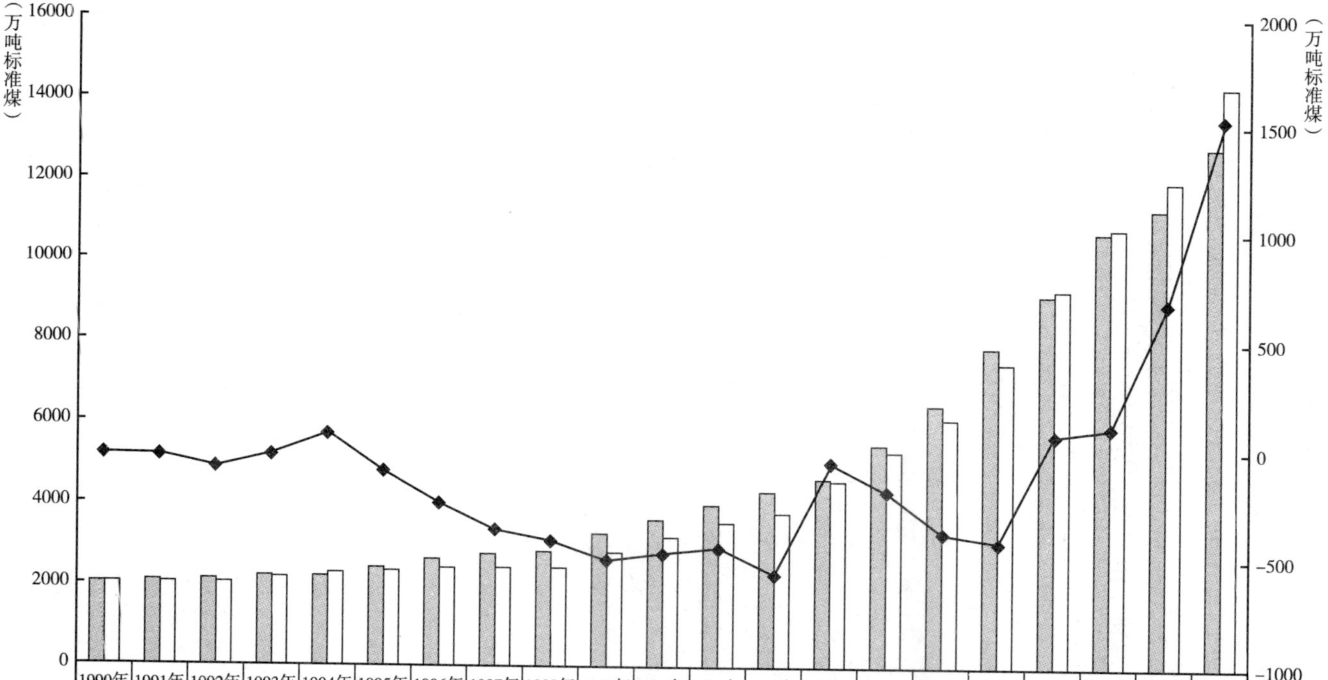

	1990年	1991年	1992年	1993年	1994年	1995年	1996年	1997年	1998年	1999年	2000年	2001年	2002年	2003年	2004年	2005年	2006年	2007年	2008年	2009年	2010年
生产总量	2078	2095	2145	2221	2255	2451	2660	2802	2856	3298	3646	4028	4369	4641	5506	6486	7893	9149	10656	11259	12767
消费总量	2072	2075	2074	2203	2332	2351	2433	2445	2451	2811	3201	3609	3826	4594	5336	6135	7501	9256	10783	11959	14297
消费缺口	-5.68	-21.2	-70.8	-17.3	76.15	-90.4	-227	-356	-405	-487	-444	-418	-542	-46.6	-169	-350	-392	107.4	127.0	699.8	152.9

图 5-8　1990~2010 年我国天然气生产量、消费量及供需缺口

资料来源：CCISR 根据《中国统计年鉴》整理。

（五）天然气进口量大幅增长，进口方式多元化

2007以年，我国天然气进口量实现较快增长，对外依存度进一步提高。随着中亚天然气管道的建成投产，我国天然气进口方式呈现多元化发展，液化天然气进口量占7成以上，管道天然气进口量约为2成多。海关统计数据显示，2011年我国累计进口天然气22581.44千吨，见图5－9，出口天然气2310.45千吨，见图5－10，主要供应港澳地区。

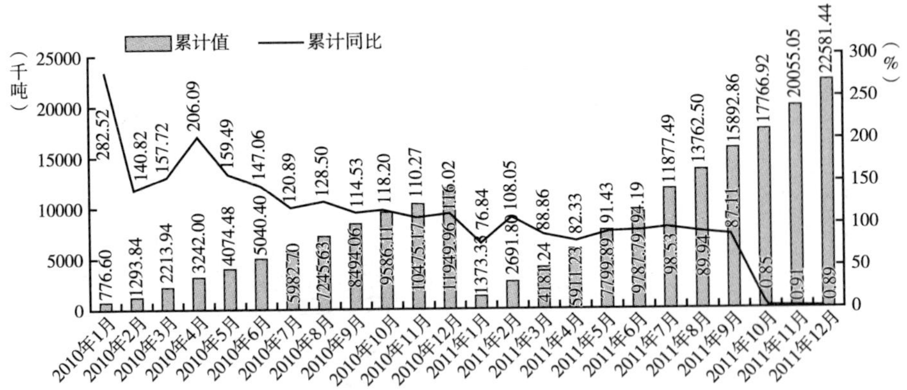

图5－9　天然气进口数量累计（月）

资料来源：Wind资讯。

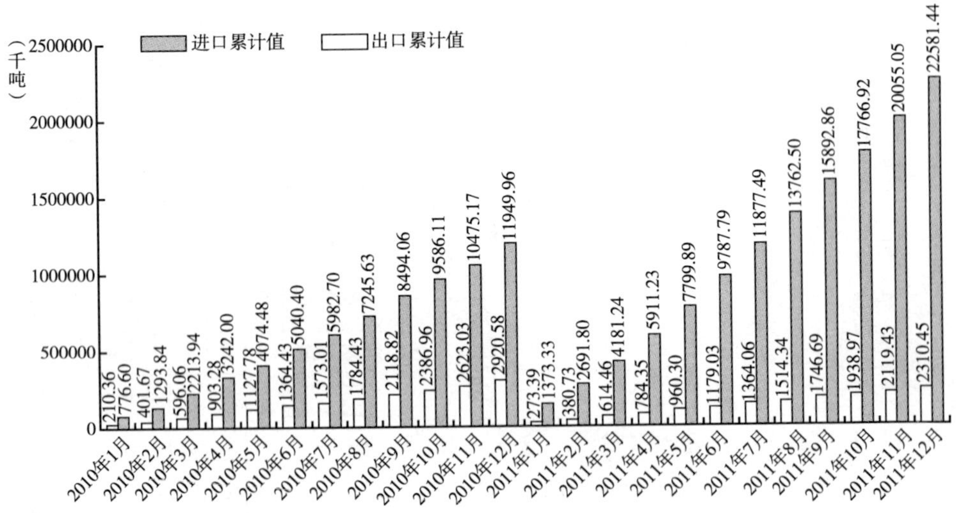

图5－10　天然气进出口数量累计（月）

资料来源：Wind资讯。

（六）天然气开采技术不断进步，上中下游整体配套开发是发展趋势

我国天然气开采技术落后于欧美等国，天然气勘探领域无论地面、地下条件均较为复杂，尽管近年我国在复杂地区的地震勘探技术方面取得了一定的成效，但仍不能完全满足勘探和开发评价的要求。我国基本形成了上中下游整体配套开发，形成符合我国天然气开采要求的气藏描述技术、钻完井工艺技术、增产改造技术、采气工艺技术、集输处理技术五项主体技术。并建立了“少井高产、备用调峰”的块状异常高压高产气藏开发模式、“井间接替、滚动开发”的低渗低丰度砂岩气藏开发模式、“防砂治水、多层合采”的多层疏松砂岩气藏开发模式以及“高压注气、保压生产”的凝析气藏开发模式四类气藏开发模式。

（七）油气骨架管网已经形成，储气库建设迅速起步

2011 年，我国西气东输二线干线投产、中俄原油管道投产、中缅油气管道开工，中亚天然气管道 C 线开工，石油管道建设成绩斐然。随着四大油气战略通道的建设，我国不但形成了 8.2 万公里的油气管网，而且增强了油气保障能力，对改善我国能源消费结构起到巨大的推动作用。西二线是我国天然气管道实现全国联网的标志性工程，以此为代表的多项建成和在建管道工程显示，2011 年，我国油气管道已经进入“网时代”。我国形成了一个西油东送、北油南运、西气东输、北气南下和海气登陆的油气供应格局，标志着我国迎来了一个全新的油气管网时代。与此同时，各地方政府加快天然气利用步伐，积极构建省内天然气管网，与煤制天然气项目配套的管道正在加紧设计和建设。随着我国天然气需求量的快速攀升，季节性峰谷差不断加大。建设一定规模的调峰能力和应急储备设施显得尤为重要。我国在“十一五”期间建设的储气库包括大港储气库群（包含 6 个储气库，储备气量 30 亿立方米，工作气量 20 亿立方米），以及京 58 储气库群（3 个库）。“十二五”的建设目标实现后，储气库工作气量将占到总销售气量的 8% 到 10% 左右。这些储气库将与管网相连，进一步保证天然气供应的稳定。

（八）天然气定价机制复杂，价格不能真实反映成本

我国天然气定价机制按照上中下游划分，分别是：①上游定价主要是研究天然气的井口价格，天然气出厂价和管输价格实行政府定价或政府指导价；②中游定价主要是研究天然气管道运输价格，分为“老线老价”和“新线新价”两个部分；③下游定价主要是研究下游用户价格，天然气管网作为公益性的基础设施，基本依赖财政补贴或通过政府收取集资费来发展，而民营资本投资天然气基础设施建设后，价格由管网设施建设费、安装费和天然气费三部分构成。

目前的定价机制存在政府控制价格的范围过宽、价格“双轨制”、不能适应市场的变化、不能如实反映生产成本和市场供求状况、没有体现双方的权利与义务、不能促进天然气供求环节的良性发展、不适应市场经济体制逐步完善的客观要求等问题，价格不能真实反映成本，影响天然气工业的发展和天然气的有效利用。

（九）非常规天然气资源丰富，为天然气行业快速发展提供物质基础，政策扶持使其发展迎来黄金时期

我国非常规天然气资源量达280.6万亿立方米，是常规天然气的5倍，见表5－1，勘探开发潜力巨大，在未来天然气产业发展中具有十分重要的地位。非常规天然气资源具有分布广、海陆相沉积兼有、储层物性复杂等特点，合理开发利用这些资源，可以很大程度地保障我国快速增长的天然气消费需求，并能就近利用，减少运输成本，取得良好的经济效益和社会效益。“十二五”以来，我国已陆续发布《煤层气（煤矿瓦斯）开发利用“十二五”规划》、《页岩气发展规划（2011～2015）》、《关于规范煤制天然气产业发展有关事项的通知》、《煤层气地面开采安全规程（试行）》等指导非常规天然气资源发展的政策标准。目前，致密气已进入规模开发阶段，煤层气、页岩气的开发利用方兴未艾，天然气水合物的研发也逐步加强，在一些领域已形成具有世界先进水平的技术。

表5－1　我国非常规天然气资源量与产能

名称	资源量（$\times10^{12}m^3$）	产能（$\times10^{8}m^3$）	备注
煤层气	36.8	25.0	鄂尔多斯、沁水盆地等
页岩气	100.0	0.3	重庆、四川、云贵等
致密气	12.0	150.0	鄂尔多斯、四川等
天然气水合物	131.8	0	南中国海、青藏高原

二　我国天然气价格定价机制

天然气价格是中央政府控制的13种商品中的一种商品，中央政府通过发改委制定天然气价格，而发改委负责制定天然气井口价、出厂价和运输价格，当地政府负责制定最终消费价格，见图 5－11。目前，出厂基准价每年由政府制定一次，而且浮动不允许超过 10%，下一年度的价格调整幅度不能超过上一年度的 8%。

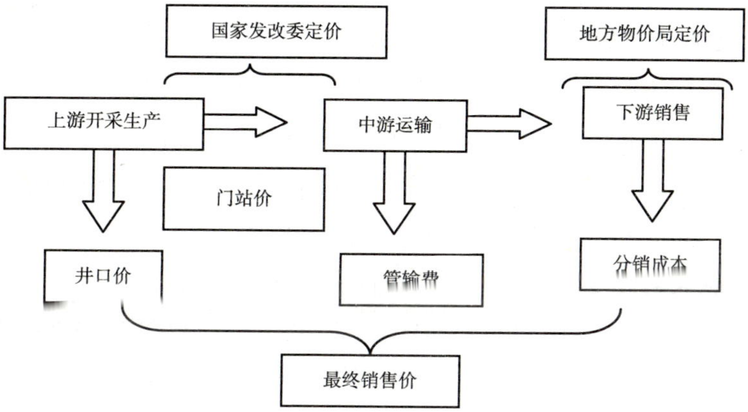

图 5－11　我国天然气现行定价方式

资料来源：国家能源局。

（一）我国天然气上游定价机制现状

我国天然气上游定价主要是研究天然气的井口价格，按照价格管理形式，天然气井口价格的演变过程可划分为两个阶段。

第一阶段（1956～1993 年）：单一的国家定价价格管理形式阶段。无论是对天然气实行分地区定价，还是制定全国统一价格，甚至实行价格“双轨制”时，其计划内、计划外的井口价格均是由国家定价。

第二阶段（1993 年至今）：国家定价，市场调节价或国家计划指导价并存的价格管理形式。1994 年，在 1992 年井口价格的基础上，再次对井口价格水平作了较大幅度的调整。重要的是，1993 年为加快企业转换经营机制，逐步向社会主义市场经济体制过渡，国家实行了企业自销天然气价格政策。同年原国家物价局下文，同意四川石油管理局自销的天然气实行市场价格。自此，天然气井口价格开始进入由国家定价和市场调节价并存阶段。1994 年 5 月以后，对企业自销天然气价格又规定了中准价，允许企业上下浮动 10%。

目前我国对天然气工业实行严格的价格监管，天然气出厂价和管输价格实行政府定价或政府指导价。以生产成本为基础定价。天然气出厂价按计划量，实行计划内和自销气两种。其中计划内的气量实行政府定价，由国务院价格主管部门制定，按用途可分为化肥用气、居民用气、商业用气和其他用气价格；计划外企业自销气量实行政府指导价，由国务院价格主管部门制定基准价格和浮动幅度，具体价格由供需双方在浮动幅度范围内协商确定。

（二）我国天然气中游定价机制现状

我国天然气中游定价主要研究天然气管道运输价格。我国天然气管道运输价格一直实行政府定价。目前我国的原油及天然气管道运输价格分为两部分：

（1）“老线老价”。由国家拨款建设的或用贷款建设但已还清建设投资借款本息的国家管道，运输价格执行国家统一运价。

（2）“新线新价”。由国内外贷款建设的新输油、气管线，采用新线新价、一线一价的管理办法，报国家价格主管部门批准后单独执行。1984 年国家实行了“利改税”、“拨改贷”政策，对于新建天然气管线实行了一线一价的政策，即按照“新线新价，老线老价”的原则执行。国家核定新管道运输价格主要按照补偿成本、合理盈利和有利于市场销售，同时兼顾用户的承受能力的原则核定。

目前我国对新建管道，管输价格主要按照补偿成本、合理盈利和有利于市场销售，同时兼顾用户的承受能力的原则核定项目建设单位是根据国家计委、建设部发布的《建设项目经济评价方法与参数》来测算管输价格水平。管输价格就是在满足行业财务基准收益率的前提下换算出来的，这一价格水平反映了项目在整个评价期所要求的最低的、平均的价格水平。

（三）我国天然气下游定价机制现状

我国天然气下游定价主要是研究下游用户价格。天然气属自然垄断行业，按照《价格法》规定，其价格实行政府定价和政府指导价管理。天然气出厂价和城市门站气价由国家发展改革委制定，居民户到户价格由省级价格部门制定，管网设施建设费（初装费、入户费）和天然气售后服务价格由当地价格部门制定并报上级主管部门审批。天然气管网作为公益性的基础设施，基本依赖财政补贴或通过政府收取集资费来发展。

民营资本投资天然气基础设施建设后，各地政府和价格部门大多数继续采取收取管网建设费（初装费、入户费）和商品气费的定价办法，具体由 3 部分构成：①管网设施建设费（初装费、开户费均为一次性收取），主要弥补固定资产投资、折旧和合理利润；②安装费，主要是小区或庭院以内的管道建设及入户安装；③天然气费，即补偿燃气公司购入燃气的成本、气损及与燃气供应有关的人力和物资成本。

在成本分摊和收费方式上有3种情况：①网建设费（含安装费）弥补固定资产投资。管网建设费、安装费合并为一个标准，气价补偿购进成本。②管网建设费弥补固定资产投资并补偿部分供气运营成本。管网建设费、安装费分开收取，气价低于购进成本。③固定资产投资由管网建设费和天然气价共同分摊。天然气价格弥补部分固定资产的投资成本。天然气价和管网建设费分摊固定成本的比例没有明确规定，庭院管网建设费的具体标准，由各市价格部门测算后报省级价格部门核定。目前，我国天然气最终销售价格实行政府定价，由省级价格主管部门制定。

（四）我国天然气定价机制存在的问题

由于仍沿用计划经济的定价模式，在天然气工业的发展时期，价格不能真实反映成本，影响天然气工业的发展和天然气的有效利用。具体来说主要是：

（1）政府控制价格的范围过宽。在天然气定价机制上，我国的天然气价格决定权限在政府，不仅对天然气的生产，而且对于管输以及销售等各个环节都实行政府定价。由于中央和地方政府的价格干预，天然气市场的价格扭曲状况已严重影响到天然气工业的快速发展。

（2）价格“双轨制”问题。天然气价格的“双轨制”曾为筹集天然气勘探开发基金，促进我国天然气工业发展发挥了积极的作用。但是，随着我国社会主义市场经济体制的不断完善，气价“双轨制”也确实存在着弊病。在“双轨制”下，供气方希望每年的计划价售气量越少越好，用户则不希望减少计划价供气量指标，供求矛盾比较突出，供需双方都希望将天然气价格“并轨”。

（3）价格机制不能适应市场的变化，不能如实反映生产成本和市场供求状况。按照目前体制，无论市场如何变化，天然气价格是相对稳定的，而用户的产品价格和可替代能源价格已放开，随市场情况而变化，如以天然气为原料的化肥、化工产品，经常出现大幅度的市场价格波动。在这种价格体制下，用户的利润随产品价格变化，时高时低。而天然气生产供应者的利润水平有相反的变化趋势。在供需双方之间没有建立起随市场变化、利益共享、风险共担的纽带，影响了生产和消费双方的积极性。政府在制定天然气价格时，很少考虑上游的资源量、气田位置与消费区域的距离、天然气埋藏的条件、天然气开采不同阶段的采气成本差异等影响天然气成本的因素。例如我国天然气价格中的井口价部分，通常实行统一价格，而我国天然气田的规模相对偏小，所以开发成本高、生产企业只能维持简单的生产和日常维护，缺乏进一步勘探开发的资金支持，生产潜力和营销积极性得不到发挥。另外，对于用户来说，气价的承受能力有限，在利用天然气时往往要与电价特别是煤价进行对比，而我国天然气价格比煤价要高很多，这使天然气市场的开发大受影响，同时也严重影响管输企业的效益。

（4）价格机制没有体现双方的权利与义务。天然气是一种特殊的商品。特别是在发展初期、管网不发达的情况下，供需双方具有相互依存、生死与共的关系，而且这种关系一经建立，就带有长期性。同时，不同的天然气资源条件和不同的用气部门对天然气供应和利用条件的要求往往有较大的差异，比如，电厂和化工厂对天然气调峰、压力等要求都不同。目前的天然气价格机制不能体现供求双方的这种差异性。

（5）价格机制不能促进天然气供求环节的良性发展。天然气供需双方必须不断增加规模，降低成本，才能不断推动天然气产业快速、健康发展，在目前的天然气定价机制下，生产成本往往成了供求双方企业要求政府调整气价的最有力“武器”，使整个天然气链产生了成本与气价之间的恶性循环，十分不利于天然气开发利用的发展。

（6）定价方法单一，不适应市场经济体制逐步完善的客观要求。

三　我国天然气产业规模情况

我国石油及天然气行业的规模处于持续扩大的状况。从企业数量，从业人员和总资产的历年数据看，基本维持了 10% ~20% 的增长速度。2010 年我国石油及天然气开采行业的从业人员达到 1049089 人，企业数量达到 333 家。行业总资产达到 16247.03 万元，见表 5 -2。

表 5 -2　2006 ~2010 年我国石油及天然气行业规模

时间	企业数量	从业人员	资产总计	增长率	负债总计	增长率
2006.11	163	860577	8053.47	20.46	3047.01	32.21
2007.11	175	894360	9954.57	23.23	4156.82	37.14
2008.11	208	937967	11610.53	19.05	5071.06	23.66
2009.11	291	1004104	14548.85	25.78	6865.46	28.74
2010.11	333	1049089	16247.03	11.01	6843.05	0.34

资料来源：根据《中国统计年鉴》整理。

从行业的增加值速度上看，在经历了2009年的-30%负增长带来的较大的影响后，2010年复苏，增长率达到38.9%。2008年行业的增加值达到高峰，为9772.99万元，2010年为9163.22万元，见图5-12。

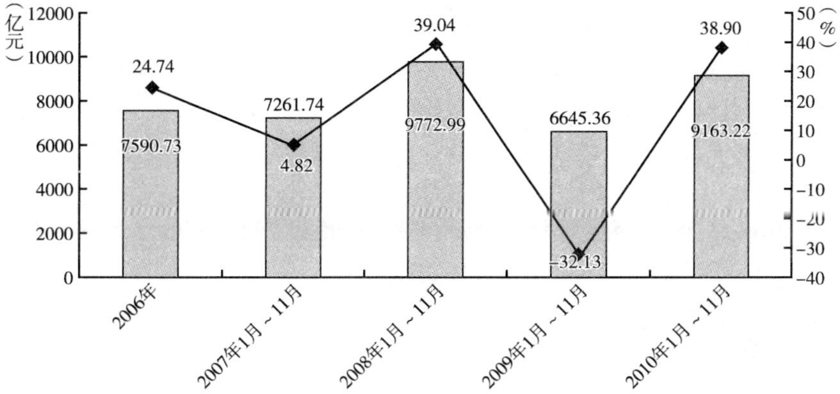

图5-12　石油及天然气行业工业增加值及其增长率

资料来源：CCISR根据《中国统计年鉴》整理。

四　我国天然气产业供给情况

2011年全国天然气年探明地质储量仍保持“十五”以来的高速增长态势，天然气勘查新增探明地质储量7659.54亿立方米，同比增长29.6%。新增探明技术可采储量3956.65亿立方米，同比增长37.6%。2011年新增探明地质储量超过千亿立方米的大气田有2个，分别为长庆苏里格和南方元坝。2011年全国新增探明地质储量大于300亿立方米的盆地有4个，其中四川盆地新增2783.70亿立方米，鄂尔多斯盆地新增2297.17亿立方米，塔里木盆地新增1083.88亿立方米，松辽盆地新增398.05亿立方米。合计新增探明地质储量6562.80亿立方米，占全国新增探明地质储量的85.7%。

在中国，三大石油公司中石油、中石化和中海油是天然气的生产商和供应商，其中，中石油是最大天然气生产商，占全国天然气生产的80%；中海油专注于海上资源，它在液化天然气业务上发展速度很快；中石化近年来在天然气勘探及生产方面发展速度很快，近年来四川普光气田的发现使其天然气产量大增。

从行政区划上看，我国天然气主要集中在新疆、四川和陕西这三个省。随着塔里木盆地的勘探和开采，新疆地区逐渐成为我国天然气的主产地。同时，陕西省的产量也出现了大幅的攀升。由于西气东输工程的实施，带动了天然气消费量的急剧上升，天然气的产量总体上呈现出明显的上升趋势。

五　我国天然气产业需求情况

（一）天然气需求的影响因素

天然气的未来需求决定于以下因素：

（1）天然气相对于其他替代能源的经济效益；

（2）经济增长和提高生活水平而带来对新能源的需求；

（3）为降低污染而减少煤炭消费的意愿。

这些因素在中国不同地区是不同的，北方资源丰富但污染严重，发达的沿海和东部地区对新能源需求强烈。这些因素还受一系列条件限制如天然气价格和替代能源的竞争力，下游市场天然气利用率、供应、基础设施等，从而决定实际消费水平。

（二）我国天然气需求情况

1. 主要消费地集中

我国天然气消费主要来自发达的三个沿海地区，珠江三角洲、长江三角洲和环渤海地区。这些地区都有在发电和居民用气方面巨大的能源需求，同时对污染的控制和措施正在进行。长江三角洲和珠江三角洲当地缺少煤炭供应，根据预测，这些地区在2020年将占全国天然气消费的2/3。图5－13为中国2010年能源需求分布情况。

从图5－13可以看出，四川、浙江、上海、广东、天津、北京、辽宁、山东等沿海地区是天然气消费的主要地区。这些地区的天然气年消费需求在2010年均超过50亿立方米。

2. 需求量显著上升

从需求增长趋势看，我国天然气的需求量呈显著上升趋势，见图5－14。虽然2008年的金融危机给需求量的增长速度带来了一定的影响，但是2010年、2011年却表现出了强劲的增长势头。随着管道建设的进展以及液化天然气接收站的陆续建成以及海上油气的发现，我国天然气的供给量将会大幅的提升，从而会带动消费量的更快增长。

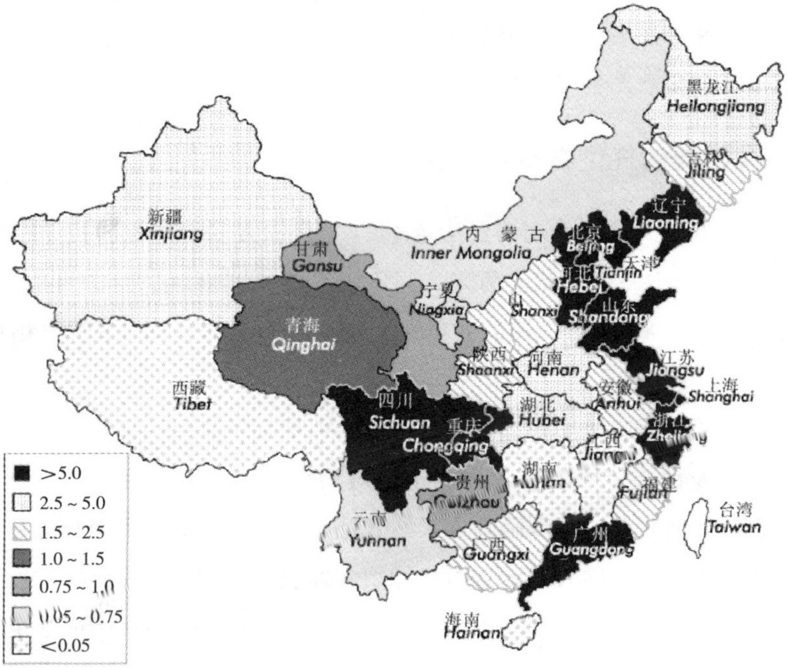

图 5－13　按地区分天然气需求

资料来源：法国 GAZDE。

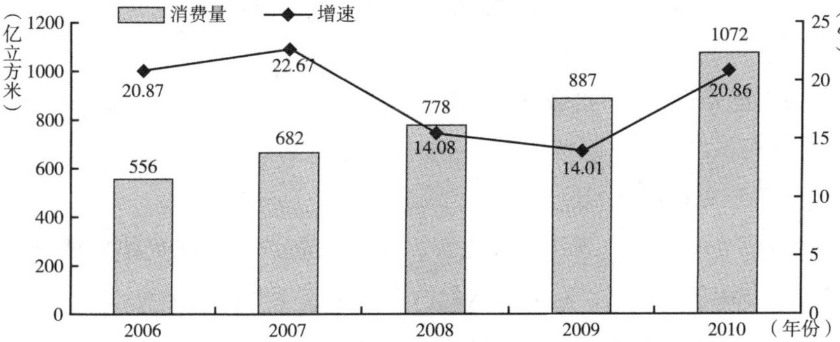

图 5－14　我国各年天然气消费量

资料来源：CCISR 根据《中国统计年鉴》整理。

3. 能源消费结构优化

为了优化能源消费结构，我国决定提高天然气能源消费，根据《十二五规划》的目标，2015年末，我国天然气消费占能源消费的比例将达到8%。天然气将继续利用于城市燃气、工业燃料、发电、化工。2010年，城市燃气、工业燃料和发电用气占整个天然气消费的2/3。

六　我国天然气供需平衡分析

2011年，我国天然气表观消费量达1307.1亿立方米，同比增长20.5%；我国天然气的进口量达313.9亿立方米，同比增长89%；出口量为32.1亿立方米，同比下降20.9%；我国天然气的对外依存度达21.56%，与2010年相比增加9.99个百分点。

天然气市场规模快速扩张，主要消费地向中东部经济发达地区集中。为防止"气荒"，国家发改委、国家能源局制定应对预案。开始主动协调油气企业，一方面加大天然气增储上产，鼓励开展天然气储备；另一方面加大液化天然气现货采购，补充国内缺口；同时，调整检修计划，加快天然气主干管网的投运进度，市场资源供应量得到有效保障。在有关各方的共同努力下，2010年冬季全国没有出现"气荒"现象。我国天然气在未来将明显表现为需求大于供给，对进口的需求将持续增长。

第三节　我国天然气产业发展环境

一　我国天然气产业政策环境

（一）重点政策解析

2011年是"十二五"规划开局之年，在新的起点上实现更好发展具有十分重要的意义。2010年以来，有关天然气产业政策，主要有以下五个。

1. 关于发展天然气分布式能源的指导意见

为提高能源利用效率，促进结构调整和节能减排，推动天然气分布式能源有序发展，2011年10月9日，国家发展改革委、财政部、住房城乡建设部、国家能源局联合下发《关于发展天然气分布式能源的指导意见》（发改能源〔2011〕2196号）。

天然气分布式能源在国际上发展迅速，但我国天然气分布式能源尚处于起步阶段。推动天然气分布式能源，具有重要的现实意义和战略意义。天然气分布式能源节能减排效果明显，可以优化天然气利用，并能发挥对电网和天然气管网的双重削峰填谷作用，增加能源供应安全性。目前，我国天然气供应日趋增加，智能电网建设步伐加快，专业化服务公司方兴未艾，天然气分布式能源在我国已具备大规模发展的条件。

《意见》指出“十二五”主要任务：初期启动一批天然气分布式能源示范项目，“十二五”期间建设1000个左右天然气分布式能源项目，并拟建设10个左右各类典型特征的分布式能源示范区域。未来5～10年内在分布式能源装备核心能力和产品研制应用方面取得实质性突破。初步形成具有自主知识产权的分布式能源装备产业体系。

《意见》制定“十二五”目标：2015年前完成天然气分布式能源主要装备研制。通过示范工程应用，当装机规模达到500万千瓦，解决分布式能源系统集成，装备自主化率达到60%；当装机规模达到1000万千瓦，基本解决中小型、微型燃气轮机等核心装备自主制造，装备自主化率达到90%。到2020年，在全国规模以上城市推广使用分布式能源系统，装机规模达到5000万千瓦，初步实现分布式能源装备产业化。

《意见》提出主要政策措施：加强规划指导；健全财税扶持政策；完善并网及上网运行管理体系；充分发挥示范项目带动作用，坚持自主创新；鼓励专业化公司发展，加强科技创新和人才培养。

2. 煤层气（煤矿瓦斯）开发利用“十二五”规划

为加快煤层气（煤矿瓦斯）开发利用，保障煤矿安全生产，增加清洁能源供应，促进节能减排，保护生态环境，国家发展和改革委员会、国家能源局组织编制了《煤层气（煤矿瓦斯）开发利用“十二五”规划》（发改能源〔2011〕3041号）。

《规划》分析了煤层气（煤矿瓦斯）开发利用现状和面临的形势，提出了未来五年我国煤层气（煤矿瓦斯）开发利用的指导思想、基本原则、发展目标、重点任务和保障措施。《规划》是指导我国煤层气（煤矿瓦斯）开发利用、引导社会资源配置、决策重大项目、安排政府投资的重要依据。

《规划》制定“十二五”目标：2015年，煤矿瓦斯事故起数和死亡人数比

2010年下降40%以上，煤层气（煤矿瓦斯）产量达到300亿立方米，其中地面开发160亿立方米，基本全部利用，煤矿瓦斯抽采140亿立方米，利用率60%以上瓦斯发电装机容量超过285万千瓦，民用超过320万户。“十二五”期间，新增煤层气探明地质储量1万亿立方米，建成沁水盆地、鄂尔多斯盆地东缘两大煤层气产业化基地。

《规划》提出，要以邓小平理论、“三个代表”重要思想为指导，深入贯彻落实科学发展观，坚持市场引导，强化政策扶持，加大科技攻关，统筹布局，合理开发，加快沁水盆地和鄂尔多斯盆地东缘煤层气产业化基地建设，推进重点矿区煤矿瓦斯规模化抽采利用，保障煤矿安全生产，增加清洁能源供应，保护生态环境。

3. 页岩气发展规划（2011~2015）

国民经济和社会发展“十二五”规划明确要求“推进页岩气等非常规油气资源开发利用”，为大力推动页岩气勘探开发，增加天然气资源供应，缓解我国天然气供需矛盾，调整能源结构，促进节能减排，规范和引导“十二五”期间页岩气开发利用，国家发展改革委、财政部、国土资源部、国家能源局联合下发《页岩气发展规划（2011~2015)》（发改能源〔2012〕612号）。

《规划》总体目标指出到2015年，基本完成全国页岩气资源潜力调查与评价，掌握页岩气资源潜力与分布，优选一批页岩气远景区和有利目标区，建成一批页岩气勘探开发区，初步实现规模化生产。页岩气勘探开发关键技术攻关取得重大突破，主要装备实现自主化生产，形成一系列国家级页岩气技术标准和规范，建立完善的页岩气产业政策体系，为“十三五”页岩气快速发展奠定坚实基础。

《规划》制定了页岩气“十二五”期间实现具体目标：（1）基本完成全国页岩气资源潜力调查与评价，初步掌握全国页岩气资源量及其分布，优选30~50个页岩气远景区和50~80个有利目标区；（2）探明页岩气地质储量6000亿立方米，可采储量2000亿立方米，2015年页岩气产量65亿立方米；（3）形成适合我国地质条件的页岩气地质调查与资源评价技术方法，页岩气勘探开发关键技术及配套装备；（4）形成我国页岩气调查与评价、资源储量、试验分析与测试、勘探开发、环境保护等多个领域的技术标准和规范。

《规划》制定了页岩气开发利用“十二五”期间的重点任务：（1）页岩气资

源潜力调查评价在全国油气资源战略选区专项中，设置“全国页岩气资源潜力调查评价及有利区优选”项目，将全国陆域划分为上扬子及滇黔桂、中下扬子及东南、华北及东北、西北和青藏五个大区，开展页岩气资源和潜力调查评价工作；（2）针对页岩气资源评价技术、页岩气有利目标优选评价方法、页岩储层地球物理评价技术、页岩气水平井钻完井技术、页岩储层改造及提高单井产量技术、产能预测、井网优化与经济评价技术、编制页岩气勘探开发技术、培育专业化技术服务公司等方面进行科技攻关；（3）确定页岩气勘探开发布局。

4. 关于规范煤制天然气产业发展有关事项的通知

近年来，国内天然气需求快速增长，激发了各地投资建设煤制天然气项目的热情，由于煤制天然气是新兴产业，国家尚未制定明确的产业政策，目前，正在进行项目示范工作。为了加强对煤制天然气产业的规范和引导，促进煤制天然气行业健康发展，根据国发〔2009〕38 号文件精神，国家发展改革委下发《关于规范煤制天然气产业发展有关事项的通知》（发改能源〔2010〕1205 号）。

《通知》界定了煤制天然气的定义：“以煤为原料，采用气化、净化和甲烷化技术制取的合成天然气。”根据我国国情，提出煤制天然气产业的发展思路：“综合考虑资源承载、能源消耗、环境容量、天然气管网、区域市场容量等配套条件，合理布局煤制天然气气源点，优先安排煤炭调出区煤制天然气项目；鼓励采用自主知识产权技术和国产化设备项目；鼓励节能节水降耗新工艺、新技术的应用，贯彻循环经济理念，做好环境保护工作；发展煤、电、气、化多联产，最大限度地提高能效；与天然气管道规划衔接，落实外输通道和天然气销售市场，大力开发和推广天然气终端高效利用方式。”并指出“在国家出台明确的产业政策之前，煤制天然气及配套项目由国家发展改革委统一核准”。

5.《煤层气地面开采安全规程（试行）》

为了加强煤层气地面开采的安全管理，预防和减少生产安全事故，保障从业人员生命健康和财产安全，根据《中华人民共和国安全生产法》等法律、行政法规，国家安全生产监督管理总局制定《煤层气地面开采安全规程（试行）》（国家安全生产监督管理总局令第 46 号），该《规程》自 2012 年 4 月 1 日起施行。

《规程》共 12 章 206 条，不仅明确了煤层气、煤层气地面开采、煤层气企业等专业术语的定义，还从一般规定、硫化氢防护、工程设计、钻井与固井、测井、射孔、压裂、排采、煤层气集输、煤层气压缩等方面对煤层气地面开采及有关设计、钻井、固井、测井、压裂、排采、集输、压缩等活动的安全生产提出了全面要求。

煤层气地面开采活动施行的其他规程、规范与《规程》相抵触的，依照《规程》执行。国家标准、行业标准对煤矿井下瓦斯抽采和低浓度瓦斯输送安全另行规定的，依照其规定。

根据《规程》，煤层气企业应当依法取得安全生产许可证，接受煤矿安全监察机构的监察。依法设立的煤矿企业地面抽采本企业煤层气应当遵守此《规程》，但不需要另行取得安全生产许可证。

《规程》要求，煤层气企业的主要负责人对本单位的安全生产工作全面负责。煤层气企业的主要负责人和安全生产管理人员应当按照有关规定经专门培训并考核合格取得安全资格证书。未经安全生产教育和培训合格的从业人员，不得上岗作业。

（二）重大事件分析

1. 页岩气探矿权招标

2011 年，经国务院批准，页岩气被列为我国第 172 个独立矿种，意味着页岩气不再受我国油气专营权的约束。2011 年 6 月 27 日，国土资源部在北京举办了首次油气探矿权的公开招标，此次招标是邀请招标，邀请 6 家国有企业参加 4 个页岩气探矿权区块的招标。据悉，页岩气探矿权第二轮招标或于 2012 年 7、8 月启动，国土资源部初步确定 20 个区块面向市场招标，招标企业暂定为 17 家。此次招标要求竞标企业注册资金不少于 3 亿元，账面资金不少于 10 亿元；具备一定页岩气开发技术条件或在页岩气技术引进方面具有优势；有一定数量的技术人员和专家团队。此次页岩气独立，为我国民营资本敞开了关闭已久的能源大门，这将十分有利于我国页岩气产业的快速发展。

2. 勘探开发全面提速

目前国内一直在持续勘探发现新的油气田资源，但是国内石油产量增速缓慢。在此背景下，在国内外开发包括煤层气、页岩气、油砂等非常规油气资源成为对传统油气资源的有效补充。开发非常规油气资源是“十二五”非常关注的重点，也是下一步将加大投资和研究力度的领域。“十二五”期间，中国石油煤层气的勘探开发将全面提速，到 2015 年要达到 40 亿立方米的规模。2010 年公司煤层气业务新增探明储量首次突破1000亿立方米，并已经形成了13亿立方米的产能规模。在页岩气方面，2010年中国石油启动了四川、云南等页岩气产业化示范区建设工作。

3. 产能过剩隐忧

随着天然气产业的发展，我国将形成多种气源并存的格局，包括常规天然气、煤层气、页岩气、进口管道气、进口液化天然气和煤制天然气等。不过，与其他类型的天然气相比，煤制天然气进入现有管网难度较大。据煤制天然气项目的布局和规模决定外输管道的建设。目前中石油针对内蒙古锡林浩特煤制气、鄂尔多斯煤制气和新疆煤制气规划了外输管道，但管网建设能否与项目建设进度相匹配，还具有不确定性。

部分煤制气项目，如大唐赤峰、大唐阜新、中海油等也在酝酿自建管网，但需要与目标市场相关单位达成长期用气协议。由于单个项目产能有限，因而自建管网的前提是项目离目标市场距离不能太远，否则，投资和运行成本将过高。

另外，随着我国天然气供应来源的不断增加，在2015年天然气供应能力可能出现过剩，而2020年将出现每年上千亿立方米的富余，但过剩的供应能力中包含了相当比例的进口管道气和进口液化天然气，而这两者的价格往往与国际油价挂钩。在当前和未来的国际油价发展趋势下，相比非常规天然气和进口天然气，煤制天然气具有成本优势，将与其争夺市场空间。

4. 天然气调价政策势在必行

2010年的天然气供应紧张局势已经在一些地方悄然显现。由于可能出现“气荒”等问题，国家发改委副主任刘铁男提醒说：“受新用户大量增加、消费需求快速增长、储气调峰能力不足，以及不确定的天气因素等影响，冬季用气高峰期保供形势不容乐观。”“随着国际、国内能源市场供求形势变化，国内天然气价格偏低的矛盾日益突出。为促进资源节约，理顺天然气价格与其他可替代能源的比价关系，引导天然气资源合理配置，决定适当提高国产天然气出厂价格，完善天然气相关价格政策和配套措施。”

5. 低碳发展政策刺激天然气行业发展

在能源结构调整的背景之下，传统能源必须为新能源让路。“十二五”我国能源战略已经从保供给为主，向控制能源消费总量转变。“合理控制能源消费总量”已写入“十二五”规划建议。在政策驱动之下，煤、电、油等传统化石能源消费将得到一定程度抑制。

二 我国天然气产业社会环境

由于过去几十年对环境的疏忽，今天中国面临着严重的环境问题，包括严重的空气污染、水污染和土地退化。中国是世界上最大的水污染国，中国国家环境保护局（SEPA）指出，国内七大河系和主要湖泊均已被污水和有毒化学物污染，土地退化每年使200万公顷的草场消失。

煤占主导地位的能源结构是导致严重污染的主要原因。据估计，煤炭燃烧向全国上空大气层排放了85%的二氧化硫、70%的烟尘和悬浮颗粒物、85%的二氧化碳和60%氧化氮。政府已采取许多行动处理与能源有关的环境问题。有一些城市，如上海和北京，都禁止市内用煤炭并强制命令将燃煤锅炉改为燃油或燃气锅炉。

当今中国的经济、能源和环境背景，非常有利于中国天然气工业的发展。一个进入“小康”的社会已经不再满足数量充足但质量低劣的能源供应，而是需要清洁而高质量的燃料。这为天然气应用的扩大提供了重要机遇。中国目前面临着严重的环境污染，其中空气污染尤为突出，已对全国造成危害，在满足降低环境污染的迫切需求面前，天然气也能发挥重要作用。

全球气候变化及其不利影响是人类共同关心的问题。工业革命以来的人类活动，尤其是发达国家在工业化过程中大量消耗能源资源，导致大气中温室气体浓度增加，引起全球气候近50年来以变暖为主要特征的显著变化，对全球自然生态系统产生了明显影响，对人类社会的生存和发展带来严重挑战。

中国是一个发展中国家，人口众多、经济发展水平低、气候条件复杂、生态环境脆弱，易受气候变化的不利影响。气候变化对中国自然生态系统和经济社会发展带来了现实的威胁。

中国高度重视应对气候变化，以节约能源、优化能源结构、加强生态保护和建设为重点，以科技进步为支撑，努力控制和减缓温室气体排放，不断提高适应气候变化能力。

中国处于工业化发展阶段，能源结构以煤为主，控制温室气体排放任务艰巨。天然气是一种洁净能源，天然气燃烧后产生的温室气体只有煤炭的1/2，石油的2/3，对环境造成的污染远远小于石油和煤炭。因此加快发展和合理利用天然气，可有效改善大气环境，促进减排目标的实现。全球气候变化将会提高天然气的需求，给天然气及液化天然气行业的发展带来了机遇。

三　我国天然气产业技术环境

（一）行业生产技术发展水平

就天然气开采技术来说，我国落后于欧美等国。又加之我国天然气勘探领域无论地面、地下条件均较为复杂，近年我国在复杂地区的地震勘探技术方面取得了一定的成效，但仍不能完全满足勘探和开发评价的要求，地震勘探技术必须作为重点发展的技术。同时，我国在钻井技术方面也需改进，今后应重点推广欠平衡钻井、水平井钻井技术等有效保护和开发气藏的钻井技术。此外，天然气藏的开发主要采用天然能量衰竭方式开采，凝析气藏主要采用循环注气方式开采，而对于未来开发中占重要地位的低渗透气藏、高压气藏、高含硫气藏、凝析气藏如何高效开发，技术上还需要加强研究。

（二）天然气净化技术发展

川渝地区是我国天然气生产的重要基地，天然气田属含硫甚至高含硫气田，90%以上天然气都含硫化氢，开发这些含硫气田，需对含硫天然气进行净化处理，使之达到GB17820－1999“天然气”标准规定的天然气的技术指标，才能成为商品气供用户使用。中石油西南油气田公司天然气研究院长期从事天然气净化技术领域的研究工作，在脱硫工艺、溶剂合成、分析测试、硫黄回收与尾气处理工艺及催化剂、基础研究等方面，具有良好的基础和优势，初步形成了一套天然气净化技术，并在生产中获得成功应用。天然气研究院已取得一些重要成果，包括高酸性天然气脱硫技术、位阻胺脱硫技术、新型物理溶剂脱硫技术、硫回收尾气选择性氧化制硫技术、硫回收尾气低温加氢技术、络合铁法脱硫技术等在技术上已取得突破，其中部分已获得工业应用，特别是甲基二乙醇胺水溶液脱硫技术、配方溶剂选择性脱硫技术、配方溶剂脱硫脱碳技术、常规硫回收克劳斯技术、硫回收亚露点技术、硫回收尾气加氢技术以及固体脱硫技术等，都已广泛应用于川渝地区天然气净化。

（三）天然气管道发展

我国已建油气管道的总长度约为6.4万千米，其中天然气管道3.2万千米。目前建设的重点天然气管道工程有川气东送、西气东输二线、永唐秦（永清—唐山—秦皇岛）、榆林—济南等管道。

川气东送管道西起四川省普光气田，东至上海，途经四川、重庆、湖北、安徽、浙江、江苏6个省市，干支线全长超过2800千米，总投资超过600亿元。川气东送管道穿越鄂西渝东山区，横贯江南水网地带，全线要建设72条山体隧道、5条长江穿越隧道。目前，山体隧道已贯通65条，5条长江穿越隧道已全部贯通。

西气东输二线工程西起新疆霍尔果斯口岸，南至广州，东达上海。管道工程包括1条干线，8条支干线，途经新疆、甘肃、宁夏、陕西、河南、湖北、江西、广东、广西、山东、湖南、浙江、江苏、上海14个省区市，干线和支干线全长9102千米。干线设计输气能力300亿立方米/年，设计压力12－10兆帕，管径1219毫米，材质为X80。西气东输二线配套建设3座地下储气库，分别为湖北云应盐穴储气库、河南平顶山含水层储气库和南昌麻丘含水层储气库，工程总投资约1422亿元。

永唐秦管道起于河北省廊坊市永清县，途经天津市武清、宝坻等县区，止于河北省秦皇岛市卢龙县，路全长320余千米，设计输气能力90亿立方米/年，设计压力10兆帕，管径1016毫米，总投资约32亿元。管道线设永清、唐山、秦皇岛3座分输站。永唐秦管道是华北天然气管网与东北天然气管网的连通管道，连接多个气源，能够实现华北地区和东北地区多气源、互补互备联合供气，有利于提高华北和东北地区供气保障程度和供气安全。

福建液化天然气项目是继广东液化天然气项目之后又一国家战略性项目。福建液化天然气项目由码头、接收站和外输管道3部分组成。接收站位于福建莆田市湄洲湾北岸的秀屿港，占地37公顷，总体规模为500万吨/年。

另外还有横琴岛—澳门天然气管道、南堡—唐山天然气管道及宁河支线、大庆—齐齐哈尔天然气管道、采育—通州天然气管道、应县—张家口天然气管道、长岭—长春—吉化管道、榆林—济南天然气管道。

这些管道都是国家天然气干线管网的重要组成部分，对于落实中国石化“天然气大发展”战略，确保向管道沿线各地稳定供气，推动地方经济发展，提高人民生活质量，改善沿线生态环境，都具有十分重要的意义。

目前，在我国的川渝、环渤海及长三角地区已经形成了比较完善的区域性天然气管网，中南地区、珠三角地区也基本形成了区域管网主体框架。我国油气管道运输仍存在一些问题：天然气管道输送能力不足，同时，地下储气库等调峰设施建设滞后，致使管道输送能力不能充分利用，管道运输技术与国外先进水平相比仍存在一定差距。

（四）液化天然气冷能利用发展

在全球能源高价格的外部环境下，液化天然气冷能利用的经济性大大提高。我国充分利用后发优势，在吸取国内外经验的基础上，进一步自主创新，开发具有自主知识产权的液化天然气冷能利用技术，促进液化天然气产业的健康发展。在经济效益、环境保护和科学研究等方面具有重大的现实意义。

液化天然气冷能利用可分为直接和间接利用两种方式。其中，直接利用包括冷能发电、深冷空气分离、冷冻仓库、制造液态 CO_2（干冰）、汽车冷藏、汽车空调、海水淡化、空调制冷以及低温养殖和栽培等；间接利用包括低温粉碎、水和污染物处理等。

（五）我国非常规天然气勘探开发技术与世界先进水平存在差距，影响天然气行业进程

非常规天然气勘探开发初期投入高，单井产量低，产出周期长，投资回收慢，极大地影响企业大规模投资的热情和开发积极性。同时，由于我国非常规天然气勘探开发技术落后于世界先进水平，影响非常规天然气产业的发展节奏和进程。

四　我国天然气产业劳动生产率

2010 年，我国天然气及液化天然气行业的人均销售收入在经历了 2009 年的负增长后，持续上涨，2010 年末同比增加 19.69%，见图 5－15。

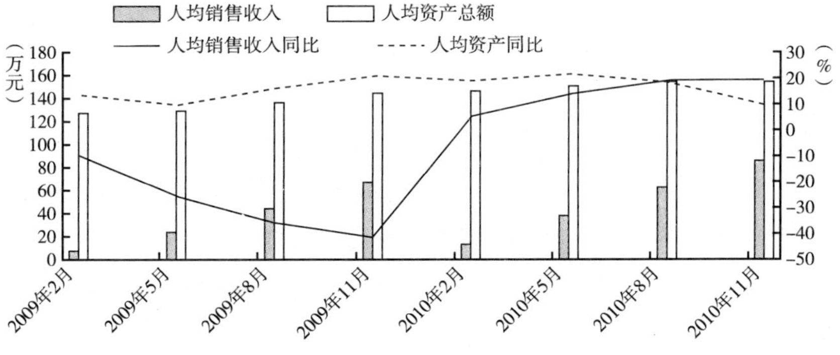

图 5－15　天然气及液化天然气行业人均销售收入及人均资产总额

资料来源：CCISR 根据国家统计局数据整理。

从人均总资产来看，我国天然气及液化天然气行业的人均水平基本维持在比较稳定的水平。但也有一些波动，具体表现为2009年人均总资产，呈现上升的趋势，最高达到21.1%。2010年表现为下降趋势，其中第四季度下降幅度最大，11月同增幅仅为9%。

综合看人均销售收入与人均总资产，可以看出，我国天然气及液化天然气行业的劳动效率呈现出逐年上升的趋势。

第四节　我国天然气产业竞争情况

一　我国天然气产业进入壁垒分析

天然气行业作为基础产业，一直受政府规制，实行国有垄断经营。从垄断的成因上来看，天然气行业的垄断有着自然垄断和行政垄断双重属性。自然垄断是指由于地理位置、行业规模等因素的影响，使得该行业在发展过程中逐渐形成垄断，是基于规模经济或专利而形成的。自然垄断行业具有规模经济性、巨大的沉没成本和公益性这三方面的特点。行政垄断是由于政府对某一行业在政策、法规等方面进行扶持，从而形成的垄断。行政性垄断具有如下特征：第一，垄断行业一般为关系国计民生的基础性行业，市场结构以行业性的寡头垄断为主，并且行业中的企业大多为国有独资或国家绝对控股；第二，企业通过法律合法性和行政合法性获得市场垄断权力，它们之间的竞争是一种低效率的竞争，表现为不计成本的重复投资和缺乏创新的经营管理。

由于巨额的初始投资和后期成本弱增性，天然气行业具有显著的规模经济效益。随着生产规模的不断扩大，企业的单位生产成本持续下降。对于天然气行业来说，企业之间的竞争会削弱规模经济的作用。这种竞争还具有不稳定性和破坏性，市场竞争会造成浪费，同时也会损害公众利益，降低社会福利。另外，天然气资源分布集中，不利于形成竞争局面。因此，天然气行业在发展过程中必然会形成自然垄断，尤其是在天然气管网输送和城市燃气等领域，这种自然垄断的性质表现得更加明显。

为了提高天然气资源的配置效率和保证国家能源供应安全，中国政府一直对天然气行业的市场结构和价格进行控制。根据经济学原理，只有当价格等于边际成本时才能使社会福利最大。然而在天然气行业中，由于成本的弱增性，企业面临的是一条持续下降的平均成本曲线，并且边际成本曲线位于平均成本曲线下方，当价格等于边际成本时企业的总收入小于总成本，即企业处于亏损状态。天然气行业的这一矛盾是市场本身无法解决的，政府必须进行价格规制，在社会福利和企业业绩之间权衡偏好。因此，天然气的进入壁垒还是相当高的。

二　我国天然气业内上市公司综合排名及各项指标排名

为了分析天然气产业的发展状况，对比分析主营业务包含天然气产品的上市企业中国石油（601857）、中国石化（600028）、中海油服（601808）、长春燃气（600333）、大通燃气（000593）、陕天然气（002267）、广汇股份（600256）、广安爱众（600979）、申能股份（600642）8 家上市公司。总资产、利润总额以及净利润的数据从 2011 年 1 月 1 日 至 2011 年 12 月 31 日，主营业务毛利的数据从 2011 年 1 月 1 日至 2011 年 6 月 3 日，对这些指标进行排名，而后进行综合排名，得出结果。

（一）总资产排名

在总资产排名中，2011 年天然气行业上市公司中排名前三的依次是中国石油、中国石化、中海油服，见表 5－3。

表 5－3　2011 年天然气行业上市公司总资产同比增长排名

单位：元，%

企业缩写	同比增长	标准分	排名
中国石油	1917528000000.00	100.00	1
中国石化	1130053000000.00	58.92	2
中海油服	65001674230.00	3.36	3
申能股份	35252534260.47	1.80	4
陕天然气	5989225615.57	0.28	5
广安爱众	3217616526.12	0.13	6
长春燃气	2598238216.56	0.10	7
大通燃气	653354364.48	0.00	8

资料来源：CCISR 根据各上市公司 2011 年年报整理。

（二）利润总额同比增长排名

在利润总额同比增长排名中，2011 年天然气行业上市公司中排名前三的依次是分别是大通燃气、申能股份、陕天然气，见表 5-4。

表 5-4　2011 年天然气行业上市公司利润总额同比增长排名

企业缩写	同比增长	标准分	排名
大通燃气	713.11	100.00	1
申能股份	1.74	1.43	2
陕天然气	1.16	1.35	3
中国石化	0.45	1.25	4
中海油服	-0.47	1.12	5
中国石油	-2.6	0.82	6
广安爱众	-7.52	0.14	7
长春燃气	-8.55	0.00	8

资料来源：CCISR 根据各上市公司 2011 年年报整理。

（三）净利润同比增长排名

在净利润同比增长排名中，2011 年天然气行业上市公司中排名前三的依次是大通燃气、广安爱众、申能股份，见表 5-5。

表 5-5　2011 年天然气行业上市公司净利润同比增长排名

企业缩写	同比增长(%)	标准分	排名
大通燃气	757.59	100.00	1
广安爱众	7.2	2.71	2
申能股份	3.66	2.26	3
中国石化	1.39	1.96	4
陕天然气	1.1	1.92	5
中海油服	-2.16	1.50	6
中国石油	-4.92	1.14	7
长春燃气	-13.74	0.00	8

资料来源：CCISR 根据各上市公司 2011 年年报整理。

（四）主营业务毛利排名

在主营业务毛利排名中，2011 年天然气行业上市公司中排名前三的依次是中国石油、中国石化、中海油服，见表 5－6。

表 5－6　2011 年天然气行业上市公司主营业务毛利排名

企业缩写	主营业务毛利(元)	标准分	排名
中国石油	202868000000.00	100.00	1
中国石化	68343000000.00	33.68	2
中海油服	2604000000.00	1.28	3
申能股份	642782191.40	0.31	4
陕天然气	383896200.00	0.18	5
长春燃气	32818323.53	0.01	6
广安爱众	22153726.46	0.00	7
大通燃气	16850200.00	0.00	8

资料来源：CCISR 根据各上市公司 2011 年年报整理。

（五）综合排名

根据总资产同比增长、利润总额同比增长、净利润同比增长、净利润增长率及主营业务毛利对行业内上市公司进行综合排名，结合天然气行业特点拟定 4 个指标的权重。总资产权重赋予 50% 的权重；主营业务毛利赋予 25% 的权重；利润总额同比增长赋予 20% 的权重；净利润同比增长赋予 5% 的权重。

在综合排名中，2011 年天然气行业上市公司中排名前三的依次是中国石油、中国石化、大通燃气，见表 5－7。

表 5－7　2011 年天然气及液化天然气行业上市公司主要指标加权排名

企业缩写	总资产标准分	主营业务毛利标准分	利润总额同比增长标准分	净利润增长率标准分	加权标准分	加权排名
中国石油	100.00	100.00	0.82	1.14	75.22	1
中国石化	58.92	33.68	1.25	1.96	38.23	2
大通燃气	0.00	0.00	100.00	100.00	25.00	3
中海油服	3.36	1.28	1.12	1.50	2.30	4
申能股份	1.80	0.31	1.43	2.26	1.38	5
陕天然气	0.28	0.18	1.35	1.92	0.55	6
广安爱众	0.13	0.00	0.14	2.71	0.23	7
长春燃气	0.10	0.01	0.00	0.00	0.05	8

资料来源：CCISR 根据各上市公司 2011 年年报整理。

第五节　我国非常规天然气产业发展

一　煤层气产业发展

（一）发展现状

2011 年全国煤层气勘查新增探明地质储量 1421.74 亿立方米，同比增长 27.5%。新增探明技术可采储量 710.06 亿立方米，同比增长 27.0%。至 2011 年底，全国累计探明地质储量 4155.69 亿立方米，同比增长 52.0%。累计探明技术可采储量 2041.06 亿立方米，同比增长 53.3%。剩余技术可采储量 2024.70 亿立方米，同比增长 53.6%。

1. “十一五”期间的主要成就

“十一五”期间，国家制定了一系列政策措施，强力推进煤层气（煤矿瓦斯）开发利用，煤层气地面开发实现历史性突破，煤矿瓦斯抽采利用规模逐年快速增长，煤矿瓦斯防治能力明显提高，奠定了进一步加快发展的基础。

（1）煤层气实现规模化开发利用。国家启动沁水盆地和鄂尔多斯盆地东缘两个产业化基地建设，实施煤层气开发利用高技术产业化示范工程，建成端氏—博爱、端氏—沁水等煤层气长输管线，初步实现规模化、商业化开发，形成了煤层气勘探、开发、生产、输送、销售、利用等一体化产业格局。重点煤层气企业加快发展，对外合作取得新进展，潘庄、枣园项目进入开发阶段，柳林、寿阳等项目获得探明储量。“十一五”期间，煤层气开发从零起步，施工煤层气井 5400 余口，形成产能 31 亿立方米。2010 年，煤层气产量 15 亿立方米，商品量 12 亿立方米。新增煤层气探明地质储量 1980 亿立方米，是“十五”时期的 2.6 倍。

（2）煤矿瓦斯抽采利用取得重大进展。国家强力推进煤矿瓦斯“先抽后采、抽采达标”，加强瓦斯综合利用，安排中央预算内资金支持煤矿瓦斯治理示范矿井和抽采利用规模化矿区建设，煤矿瓦斯抽采利用量逐年大幅度上升。2010 年，煤矿瓦斯抽采量 75 亿立方米、利用量 23 亿立方米，分别比 2005 年增长 226%、283%。山西、贵州、安徽等省瓦斯抽采量超过 5 亿立方米，晋城、阳泉、淮南等 10 个煤矿企业瓦斯抽采量超过 1 亿立方米。

（3）煤矿瓦斯防治形势稳步好转。国家加快调整煤炭工业结构，淘汰煤矿落后产能，将煤层气（煤矿瓦斯）抽采利用作为防治煤矿瓦斯事故的治本之策。加大安全投入，安排中央预算内投资150亿元，带动地方和企业投资1000亿元以上。加强基础管理工作，组织专家“会诊”，编制瓦斯地质图。落实企业主体责任，开展瓦斯专项整治，强化监管监察。煤矿瓦斯防治形势持续稳步好转，瓦斯事故和死亡人数逐年大幅度下降。2010年与2005年相比，煤矿瓦斯事故起数、死亡人数分别下降65%、71.3%，10人以上瓦斯事故、死亡人数分别下降73.1%、83.5%。

（4）煤层气开发利用技术水平进一步提高。实施大型油气田及煤层气开发国家科技重大专项，攻克了多分支水平井钻完井等6项重大核心技术和井下水平定向钻孔钻进等47项专有技术。组建了煤矿瓦斯治理国家工程研究中心和煤层气开发利用国家工程研究中心。完成国家科技支撑计划“煤矿瓦斯、火灾与顶板重大灾害防治关键技术研究”，“973”计划“预防煤矿瓦斯动力灾害防治关键技术研究”等项目，实施10项瓦斯治理技术示范工程和8项技术与装备研发，获得了煤与瓦斯突出机理的新认识，取得了低透气性煤层群无煤柱煤与瓦斯共采关键技术等一批重大成果。

（5）煤层气开发利用政策框架初步形成。国务院办公厅印发了《关于加快煤层气（煤矿瓦斯）抽采利用的若干意见》（国办发〔2006〕47号），有关部门出台了煤炭生产安全费用提取、煤层气抽采利用企业税费减免、财政补贴、瓦斯发电上网及加价、人才培养等扶持政策，初步形成了煤层气（煤矿瓦斯）开发利用政策框架。国有重点煤矿企业累计提取煤炭生产安全费用1500亿元。企业开发利用煤层气（煤矿瓦斯），中央财政每立方米补贴0.2元，2007年以来累计补贴7.2亿元。新增3家企业煤层气对外合作专营权。初步建立了煤层气（煤矿瓦斯）勘探、开发、安全等标准体系，发布了低浓度瓦斯输送和利用等行业标准。

（6）煤层气开发利用节能减排效益开始显现。煤层气（煤矿瓦斯）利用范围不断拓展，广泛应用于城市民用、汽车燃料、工业燃料、瓦斯发电等领域，煤矿瓦斯用户超过189万户，煤层气燃料汽车6000余辆，瓦斯发电装机容量超过75万千瓦，实施煤矿瓦斯回收利用CDM项目60余项。低浓度瓦斯发电开始推广，风排瓦斯利用示范项目已经启动。“十一五”期间，累计利用煤层气（煤矿瓦斯）95 亿立方米，相当于节约标准煤 1150 万吨，减排二氧化碳 14250 万吨。

（7）煤矿瓦斯防治组织领导体系逐步完善。成立了 12 个部门和单位组成的煤矿瓦斯防治部际协调领导小组，26 个产煤省（区、市）相应成立领导小组，形成了部门协调、上下联动、齐抓共管、综合防治的工作体系，研究解决了一批煤矿瓦斯防治和煤层气开发利用方面的重大问题。实行目标管理，对各产煤省（区、市）及重点煤层气企业下达年度瓦斯抽采利用和煤层气地面开发利用目标，实施季度考核通报。每年召开全国煤矿瓦斯防治现场会或电视电话会议，推广先进经验，提升防治理念，安排部署工作。举办了 10 期培训班，45 户安全重点监控煤矿企业、78 个重点产煤市以及部门负责人近 1000 人参加培训，近 6000 人到矿区学习交流。积极协调解决矿业权重叠问题，核减 5 ~ 10 年内影响煤炭开采的煤层气矿业权面积 1.1 万平方公里，协调煤炭企业与煤层气企业合作开发矿业权面积 0.8 万平方公里。

2. *存在的主要问题*

（1）勘探投入不足、风险大、投入高、回收期长。国家用于煤层气基础勘探资金少，规定的最低勘探投入标准低，探矿权人投资积极性不高，社会资金参与煤层气勘探存在障碍，融资渠道不畅，勘查程度低。目前，煤层气探明地质储量 2734 亿立方米，仅为预测资源总量的 0.74%，难以满足大规模产能建设需要。

（2）抽采条件复杂。我国煤层气赋存条件区域性差异大，多数地区呈低压力、低渗透、低饱和特点，除沁水盆地和鄂尔多斯盆地东缘外，其他地区目前实现规模化、产业化开发难度大。高瓦斯和煤与瓦斯突出矿井多，随着开采深度加大，地应力和瓦斯压力进一步增加，井下抽采难度增大。

（3）利用率低。部分煤层气项目管道建设等配套工程滞后，下游市场不完善，地面抽采的煤层气不能全部利用。煤矿瓦斯抽采项目规模小、浓度变化大、利用设施不健全，大量煤矿瓦斯未有效利用，2010 年利用率仅为 30.7%。

（4）关键技术有待突破。煤层气（煤矿瓦斯）开发利用基础研究薄弱。现有煤层气勘探开发技术不能适应复杂地质条件，钻井、压裂等技术装备水平较低，低阶煤和高应力区煤层气开发等关键技术有待研发。煤与瓦斯突出机理仍未完全掌握，深部低透气性煤层瓦斯抽采关键技术装备水平亟待提升。

（5）扶持政策需要进一步落实和完善。瓦斯发电机组规模小、布局分散，致使部分地区瓦斯发电上网难，加价扶持政策落实不到位。煤层气法律法规和标准规范尚不健全。煤层气（煤矿瓦斯）开发利用经济效益差，现有补贴标准偏低。高瓦斯和煤与瓦斯突出矿井开采成本高、安全投入大，需要国家在税费等方面出台扶持政策。

（6）协调开发机制尚不健全。煤层气和煤炭是同一储层的共生矿产资源。长期以来，两种资源矿业权分别设置，一些地区存在矿业权交叉重叠问题，有关部门采取了清理措施，推动合作开发，但煤层气和煤炭协调开发机制尚未全面形成，既不利于煤层气规模化开发，也给煤矿安全生产带来隐患。

（二）发展环境

1. 能源需求持续增长

“十二五”时期，我国经济继续保持平稳较快发展，工业化和城镇化进程继续加快，能源需求将持续增长。受资源赋存条件制约，石油天然气供需矛盾突出，对外依存度逐年攀升。煤层气（煤矿瓦斯）开发利用可有效增加国内能源供应，具有广阔的发展前景。

2. 能源结构调整加快

“十二五”时期，国家加快转变经济发展方式，推动能源生产和利用方式变革，着力构建安全、稳定、经济、清洁的现代能源产业体系，需要进一步加大能源结构调整力度。大力推进煤层气（煤矿瓦斯）开发利用，有利于优化能源结构，提高能源利用效率。

3. 安全要求越来越高

以人为本、关爱生命、构建和谐社会，要求加快安全高效煤矿建设，不断提高煤矿安全生产水平，煤矿瓦斯防治任务更加艰巨。加快煤层气（煤矿瓦斯）开发利用，强力推进煤矿瓦斯先抽后采、抽采达标，有利于从根本上预防和避免煤矿瓦斯事故。

4. 资源节约力度加大

“十二五”时期，国家确定单位国内生产总值能源消耗降低16%，对节能提出了更高要求。煤层气（煤矿瓦斯）是优质化石能源，有利于分布式能源系统推广应用，提高能源利用效率。随着技术不断进步，抽采利用率提高，可大量节约资源，提高综合利用水平。

5. 环境保护约束增强

“十二五”时期，国家确定单位国内生产总值二氧化碳排放降低17%，对控制温室气体排放提出了更高要求。煤层气（煤矿瓦斯）的温室效应是二氧化碳的21倍，每利用1亿立方米相当于减排二氧化碳150万吨。加快煤层气（煤矿瓦斯）开发，不断提高利用率，可大幅度降低温室气体排放，保护生态环境。

二 页岩气发展

（一）发展现状

1. 页岩气资源潜力

我国富有机质页岩分布广泛，南方地区、华北地区和新疆塔里木盆地等发育海相页岩，华北地区、准噶尔盆地、吐哈盆地、鄂尔多斯盆地、渤海湾盆地和松辽盆地等广泛发育陆相页岩，具备页岩气成藏条件，资源潜力较大。据专家预测，页岩气可采资源量为25万亿立方米，超过常规天然气资源。

2. 页岩气发展现状

（1）资源调查。我国页岩气资源战略调查工作虽处于起步阶段，但也取得初步进展。研究和划分了页岩气资源有利远景区，启动和实施了页岩气资源战略调查项目，初步摸清了我国部分有利区富有机质页岩分布，确定了主力层系，初步掌握了页岩气基本参数，建立了页岩气有利目标区优选标准，优选出一批页岩气富集有利区。

（2）资源管理。经国务院批准，2011年12月3日，国土资源部已发布新发现矿种公告，将页岩气作为独立矿种加强管理。针对页岩气的特点和国外成功经验，明确了“调查先行、规划调控、竞争出让、合同管理、加快突破”的工作思路；根据已选定的页岩气有利远景区和页岩气探矿权管理目标，编制了页岩气探矿权设置方案；引入了市场机制，创新了页岩气资源管理，开展了页岩气探矿权出让招标工作。

（3）勘探现状。我国页岩气勘探工作主要集中在四川盆地及其周缘，鄂尔多斯盆地、西北地区主要盆地。截至2011年底，中石油在川南、滇北地区优选了威远、长宁、昭通和富顺—永川4个有利区块，完钻11口评价井，其中4口直井获得工业气流。中石化在黔东、皖南、川东北完钻5口评价井，其中2口井获得工业气流，优选了建南和黄平等有利区块。中海油在皖浙等地区开展了页岩气勘探前期工作。延长石油在陕西延安市3口井获得陆相页岩气发现。中联煤在山西沁水盆地提出了寿阳、沁源和晋城三个页岩气有利区。截至2011年底，我国石油企业开展了15口页岩气直井压裂试气，9口见气，初步掌握了页岩气直井压裂技术，证实了我国具有页岩气开发前景。完钻两口页岩气水平井威201-H1和建页HF-1井。

（4）对外合作。2009年，与美国签署了《中美关于在页岩气领域开展合作的谅解备忘录》，就联合开展资源评估、技术合作和政策交流制订了工作计划。我国石油企业与壳牌公司签订富顺—永川联合评价协议，与挪威、康菲、BP、雪弗龙、埃克森美孚公司建立联合研究合作意向，收购了部分国外页岩油气区块权益。

3. 存在的主要矛盾和问题

（1）资源情况尚不清楚。我国具有页岩气大规模成藏的基本条件，但尚未系统开展全国范围内页岩气资源调查和评价，资源总量和分布尚未完全掌握。

（2）关键技术有待突破。页岩气勘探开发需要水平井分段压裂等专门技术，目前我国尚未完全掌握相关核心技术。

（3）资源管理机制有待完善。页岩气作为一种非常规天然气资源，需研究制定资源勘探开发准入资质和门槛，以加快其发展。

（4）地面建设条件较差。我国页岩气藏普遍埋藏较深，页岩气富集区地表地形复杂，人口密集，工程作业困难，经济性较差。

（5）基础设施需要加强。页岩气资源富集区很多集中在中西部山区，管网建设难度大、成本高，不利于页岩气外输利用和下游市场开拓。

（6）缺乏鼓励政策。页岩气开发具有初期投入高、产出周期长，投资回收慢的特点，需要制定页岩气开发的鼓励政策，加快页岩气产业化。

（二）发展形势

“十二五”时期，加快调整优化能源结构的迫切需求和天然气管网的快速发展，为我国页岩气大规模开发提供了宝贵的战略机遇。同时，我国页岩气产业化也面临一定挑战。

1. 面临的机遇

（1）北美页岩气开发技术基本成熟，为我国发展页岩气提供了借鉴。北美已形成一套先进有效的页岩气开采技术，这些先进技术的大规模应用，降低了成本，提高了单井产量，实现了页岩气低成本高效开发，为我国页岩气勘探开发引进国外先进技术提供了借鉴。

（2）天然气需求旺盛，为页岩气发展提供了良好的环境。未来十几年，中国天然气需求将快速增长，天然气需求缺口将逐渐扩大，发展页岩气具有良好的市场前景。

（3）天然气储运设施不断完善，有利于页岩气的规模开发。部分页岩气资源富集区已有管网设施，且小型液化天然气和 CNG 技术不断成熟，为页岩气早期开发和就地利用提供了技术支持。

2. 主要挑战

（1）落实资源基础任务重。我国页岩气资源潜力大，但要大规模勘探开发，尚需确定有利目标区及各地区可采资源量，工作难度高，资金投入大，实施周期长。

（2）突破关键技术尚需时日。我国页岩气开发尚处于起步阶段，关键开发技术尚未掌握，突破关键技术尚需要做大量工作。

（3）大规模、多元化投资机制尚未形成。页岩气开发初期投入较大，在投入产出效益不确定的情况下，投资规模不足将影响页岩气快速发展。

第六节　提升我国天然气产业安全对策建议

一　我国天然气产业前景展望

（一）天然气消费将继续快速增长，能源消费结构不断改善，稳定的经济基础保证天然气产业的发展

随着扩大投资、增加内需、促进增长各项措施的实施，经济快速发展，产业结构变化，大批劳动力由农村转向城市，促使城市对能源的需求将进入一个急剧增长的阶段，天然气行业的产销仍将保持较快增长。随着地区性输气管网加快建设，能源消费结构不断改善，天然气消费将继续保持快速增长，消费区域将进一步扩大，产地及周边、环渤海、长三角和东南沿海经济发达地区将成为最主要的消费区域，消费结构继续向多元化发展。我国已取得的经济成果和坚持开展的经济体制改革，已为经济的持续发展奠定了良好的基础，我国具有稳定的经济基础以保证天然气产业的发展。

（二）法律法规标准体系进一步完善，天然气行业发展迈入健康快车道

我国石油企业经营活动受到政府全面监管，监管政策会影响天然气行业的发

展，政策的变化也可能会对该行业的经营造成影响。2011 年是“十二五”规划开局之年，随着一系列政策标准相继出台，将会指导我国天然气行业健康快速发展。税费改革、行业准入、安全环保、质量标准、节能减排、价格机制等政策的进一步完善，都会对生产经营运行产生影响。

（三）天然气价格风险影响增大，定价机制改革成为必然趋势

在世界各地，大型石化和化工等企业利用低成本天然气为原料或燃料进行生产，天然气价格走高，将使其面临着窘境，丧失经济性和市场竞争力，导致天然气在工业领域的需求下降。我国特殊的天然气定价体制导致了天然气出现供需失衡，从长期来看，逐步提高天然气价格水平，理顺天然气与可替代能源的价格关系，建立与可替代能源挂钩的动态调整机制，是天然气价格改革的必然趋势。

（四）天然气供需缺口持续增大，大力发展天然气行业需警惕产能过剩风险

我国居民及工业对天然气的需求旺盛，缺口越来越大。虽然西气东输工程解决了部分需求，但很大一部分需要依靠进口。我国天然气市场已进入快速发展阶段，实际的天然气供应量将取决于液化天然气设施的发展和长输天然气管道的进程以及目前的天然气项目是否按原计划进行。随着我国天然气供应来源的不断增加，供应能力可能出现过剩。过剩的供应能力中包含了相当比例的进口管道气和进口液化天然气，这两者的价格往往与国际油价挂钩，可能存在潜在的威胁。

（五）现货贸易占整个贸易量的比重不断提高，液化天然气将成为我国进口天然气的主要来源

由于上游开发和管道建设（或液化设施）需要巨额投资，另一方面下游用户也需要供应量和价格都相对稳定的承诺以拓展下游需求。随着不同区域的供需缺口显著增加（例如欧盟和中国）以及液化天然气技术的发展，天然气输出国为了争取市场份额，必将进一步推动液化天然气行业的发展，这样会使得液化天然气在天然气贸易中的比重稳步上升，同时逐步推动天然气全球价格体系的形成。未来我国进口天然气最可靠的来源将是液化天然气市场，尤其是液化天然气现货市场。

（六）天然气区域消费影响生产，市场培育壮大势在必行

天然气行业资源潜力是其发展的一个重要因素，区域天然气储量及经济发展情况对行业的发展会产生重要影响。2010 年，四川省是我国天然气消费量最大的省份，占全国天然气消费总量的 15%；广东省是天然气消费量增长最多的省份。天然气行业的发展要考虑油气田周边地区的资源优势和天然气基础设施是否完善，对市场的培育以及壮大势在必行。

（七）常规天然气替代资源发展迅速，跨界生产现象明显，发展新能源不容忽视

近几十年，由于燃气效率提高和有利于改善环境，天然气成为新建电厂及现有老电厂燃料转换的首选。常规天然气的可替代品包括煤层气、页岩气、煤制天然气、二甲醚等，煤制天然气近年来就受到了各路资本的追捧。目前，许多国家正在大量投资研究清洁煤技术，提高煤炭的竞争力，以应对燃气发电构成的威胁，包括产煤地政府、煤炭企业、石化企业，甚至电力企业也加入其中，煤制天然气带来巨大诱惑，他们都会想从这个巨大的利益市场中分得一杯羹。

二　煤层气产业发展对策

（一）加强产业发展指导和管理

煤矿瓦斯防治部际协调领导小组发挥组织协调、综合管理职能作用，统筹煤层气产业发展规划，规范市场秩序，完善技术标准，推进重点项目建设，协调解决重大问题。健全法律法规体系，加强体制机制创新，制定煤层气产业政策、开发利用管理办法等制度，规范指导煤层气产业发展。贯彻落实《国务院办公厅转发发展改革委安全监管总局关于进一步加强煤矿瓦斯防治工作若干意见的通知》（国办发〔2011〕26号），实施煤层气（煤矿瓦斯）开发利用目标管理，季度通报，年度考核。建立煤矿企业瓦斯防治能力评估制度，落实煤矿瓦斯先抽后采、抽采达标规定，将瓦斯抽采能力、瓦斯抽采达标煤量等指标纳入煤矿生产能力核定标准。强化监管监察，严格瓦斯超限管理。

加强煤层气行业监测、统计等基础管理工作。推进支撑体系建设，为行业提供研究咨询服务。培育大型煤层气骨干企业，鼓励成立专业化瓦斯抽采利用公司，推动产业化开发、规模化利用。

（二）加大勘探开发投入

加大煤层气勘查资金投入。继续安排中央预算内投资支持煤矿安全改造及瓦斯治理示范矿井建设。提高勘探投入最低标准，促进煤层气企业加大勘探投入。引导大型煤层气企业增加风险勘探专项资金，加快重点区块勘探开发。加强对外合作管理，吸引有实力的境外投资者参与煤层气风险勘探和试验开发。鼓励民间资本参与煤层气勘探开发、煤层气储配及长输管道等基础设施建设。拓宽企业融资渠道，支持符合条件的煤层气企业发行债券、上市融资，增强发展能力。

（三）落实完善扶持政策

严格落实煤层气（煤矿瓦斯）抽采企业税费优惠、瓦斯发电上网及加价等政策。研究提高煤层气（煤矿瓦斯）抽采利用补贴标准。研究高瓦斯和煤与瓦斯突出矿井加大安全投入的税收支持政策。研究完善煤炭生产安全费用使用范围，支持涉及安全生产的煤矿瓦斯利用项目。执行国家关于高浓度瓦斯禁止排放的规定，研究制定低浓度瓦斯和风排瓦斯利用鼓励政策，提高利用率。优先安排煤层气（煤矿瓦斯）开发利用项目及建设用地。推动煤层气（煤矿瓦斯）管网基础设施建设，国家统筹规划煤层气公共主干管网建设，支持地方和企业建设煤层气专用管网，鼓励煤层气接入天然气长输管网和城市公共供气管网。

（四）加强科技创新和人才培养

继续实施国家科技重大专项、科技支撑计划、“973”计划、“863”计划，加强基础理论研究，加快关键技术装备研发，着重解决煤层气产业发展中重大科学技术问题。加强国际合作和交流，积极引进煤层气勘探开发利用先进技术。建立和完善以企业为主体、市场为导向、产学研用相结合的煤层气（煤矿瓦斯）技术创新体系。发挥技术咨询服务机构作用，统筹考虑现有科研布局，整合现有科研资源，加强煤矿瓦斯治理国家工程研究中心和煤层气开发利用国家工程研究中心等专业机构建设，提高自主创新能力，推进技术装备国产化。建立健全煤层气标准体系，加快出台勘查、钻井、压裂、集输等方面标准。鼓励高校与用人企业合作，采用订单式等培养模式联合培养煤层气相关专业人才。

（五）创新协调开发机制

建立完善煤层气和煤炭共同勘探、合作开发、合理避让、资料共享等制度。新设探矿权必须对煤层气、煤炭资源综合勘查、评价和储量认定。煤层气产业发展应以规模化开发为基础，应当规模化开发的煤层气资源，不具备地面开发能力的煤炭矿业权人，须采取合作方式进行开发。煤炭远景开发区实行“先采气后采煤”，新设煤层气矿业权优先配置给有实力的企业。煤矿生产区（煤炭采矿权范围内）实行“先抽后采”、“采煤采气一体化”。已设置煤层气矿业权但未设置煤炭矿业权，根据煤炭建设规划五年内需要建设的，按照煤层气开发服务于煤炭开发的原则，调整煤层气矿业权范围，保证煤炭开采需要。

煤炭企业和煤层气企业要加强协作，建立开发方案互审、项目进展通报、地质资料共享的协调开发机制。

三　页岩气发展对策

（一）保障措施

1. 加大国家对页岩气资源调查评价的资金投入

设立页岩气调查评价和勘查国家专项，一是开展页岩气资源调查评价和潜力评价；二是开展页岩气靶区优选和勘查技术攻关示范；三是开展页岩气地质理论研究和国际合作交流。

2. 加大页岩气勘探开发技术科技攻关

通过国家科技重大专项等，加大对页岩气勘探开发相关技术研究的支持力度，在“大型油气田及煤层气开发”重大专项中将“页岩气勘探开发关键技术”列为重点项目，增设“页岩气勘探开发示范工程”。加强国家能源页岩气研发（实验）中心和其他页岩气重点实验室建设，建立高层次人才培养和学术交流基地。鼓励国内企业及院所与国外研究机构开展勘探开发关键技术联合研究，通过引进国外技术服务和开展对外合作等，吸收借鉴国外先进成熟技术，形成具有中国特色的勘探开发核心技术。

3. 建立页岩气勘探开发新机制

加快引入有实力的企业参与页岩气勘探开发，推进投资主体多元化。同时要制定准入门槛和资质，推动矿权招投标制度、区块退出机制及合同管理，大幅度提高最低勘查投入，杜绝“跑马圈地”等现象。石油天然气、煤层气矿业权人应综合勘探开发矿业权范围内页岩气资源。页岩气勘探开发要与其他固体矿产矿业权、整装勘查区相互衔接，协调处理好矿业权重叠，确保安全生产。从事页岩气勘探开发的企业，经国土资源部前置性审查，由国家发改委报经国务院批准后，与国外有经验的公司合作，引进页岩气勘探开发技术。进一步完善页岩气勘探开发监管机制。

4. 落实页岩气产业鼓励政策

参照煤层气财政补贴政策，研究制定页岩气具体补贴政策；依法取得页岩气探矿权和采矿权的矿业权人或探矿权和采矿权申请人可按照相关规定申请减免页岩气探矿权和采矿权使用费；对页岩气勘探开发等鼓励类项目下进口国内不能生产的自用设备（包括随设备进口的技术），按有关规定免征关税；页岩气出厂价格实行市场定价；优先用地审批。

5. 完善页岩气利用配套基础设施

一是在天然气管网设施比较完善的页岩气勘探开发区，积极建设气田集输管道，将页岩气输入天然气管网。二是对于远离天然气管网设施，初期产量较小的勘探开发区，建设小型液化天然气或压缩天然气利用装置，防止放空浪费。三是根据勘探开发进展情况，适时实施建设页岩气外输管道。

（二）实施机制

1. 加强统筹协调

能源主管部门总体负责规划组织实施，其他各有关部门根据职责尽快落实各项保障措施。建立定期或不定期沟通协调机制，及时解决规划实施过程遇到的各种问题。各公司根据规划确定的目标和重点任务，落实资金和工作量，并及时上报勘探开发进展。

2. 强化规划实施监管

强化规划实施监管，建立规划实施监管机制，掌握各页岩气区块工作量和产量目标完成情况，对“十二五”目标完成较差的公司，按规定要求其退出区块面积。

3. 建立滚动调整机制

加强页岩气行业技术攻关和勘探开发进展的跟踪分析，掌握规划实施情况，适时进行规划中期评估。根据规划实施效果和页岩气行业发展实际，及时调整发展目标和科研攻关及勘探开发任务，研究制定新的保障措施。

常规能源之二次能源产业

Conventional Energy-Secondary Energy Industry

B.6
我国电力产业安全

第一节 电力产业界定

一 电力产业的内涵

电力产业是由发电、输电、变电、配电和用电等环节组成的电力生产与消费系统，是国民经济发展重要的基础能源产业，安全、稳定和充足的电力供应，是国民经济持续快速健康发展的重要前提条件。发电是将各种一次能源，如水力、火力（煤炭、石油、天然气）、原子能以及新能源（太阳能、风力、地热等）转换成电能的环节；输电指的是从发电厂或发电中心向消费电能地区输送大量电力的主干渠道或不同电网之间互送电力的联络渠道，用高压、超高压输电线路将电力从发电厂输送到各个需要的环节；而配电则是消费电能地区内将输送来的高压电通过变电转变成中压和低压电，将电力分配至用户的手中，直接为用户服务的环节；零售是将输送来的低压电出售给最终用户。

二 电力产业的属性

电力产业与生产其他商品的产业一样，其产品有生产、运输、销售和使用的过程，但又有显著的不同，它是集产、运、销为一体。电力作为广泛利用的二次能源，电能与其他能源不一样，一般不能大规模储存。电力生产过程是连续的，发电、输电、变电、配电和用电是在同一瞬间完成的，发电、供电、用电之间，必须随时保持平衡，这也是它的特殊属性。

（一）电力技术经济属性

电力不同于其他产品，它具有特殊的技术特点，这些特点造成了电力交易制度的复杂性。

1. 电力无法储存

电力无法储存或者说无法大量地储存，决定了电力生产和消费必须时刻保持完全平衡，否则将可能引起故障，触发连锁反应并导致停电。

2. 电力流向遵循特定的物理定律

电力流向何处完全遵从于物理规律，沿电阻最小的路径传输。增加一条新的线路有可能极大地改变其他地方的电流，并可能会改变电网的可用输电容量。

3. 电力特殊商品属性

电力作为生产和生活的必需品，是人们生活中不可或缺能源。随着经济迅速发展，电力总体需求还会逐步增大，部分电力的需求将会趋于刚性。

4. 电力利用效率高

电力是将一次能源转化后进行利用的二次能源。与一次能源的直接燃烧利用相比，电力不仅利用效率高，而且环境污染相对较少，是一种优质、清洁、高效、便利的能源。电气化程度已经成为衡量一个国家能源综合利用效率的重要标志，也是衡量一个国家经济发展水平高低、环境保护好坏的重要指标。

（二）电网自然垄断属性

1. 电网具有明显的技术经济特征

随着技术进步及市场范围的扩大，电力行业中，发电环节的自然垄断属性已逐步减弱，但作为电力输送环节的电网，其自然垄断属性依然明显。作为高自然垄断强度的产业环节，与其他自然垄断产业相比，电网具有以下非常明显的技术经济特征。

（1）需求不可或缺性。与其他自然垄断产业相比，电力需求具有非常明显的不可或缺性。目前，电力已经成为社会生产和人民生活的必需品，部分电力需求非常明显地表现为刚性需求，电力产品受到社会公众的广泛关注，对人民生活和社会生产影响很大。电力供给的不足甚至中断将对社会经济产生非常重要的影响。电力需求的不可或缺性在自然垄断产业最强。

（2）供给强不可替代性。电力的作用方式主要体现在动力、控制手段和照明方式等三个方面。随着工业化的完成和现代化建设的发展，电力已经完全取代机械控制，成为最重要的、不可替代的、最方便的控制手段；同时，在动力方面，随着电力的清洁、高效、优质能源形象得到认可，电力正在逐步替代其他动力方式；在照明方面，电力照明虽然可被短暂替代，但具备非常强的长期依赖性。由此可见，在可预见的期间，作为动力、控制手段和照明方式，技术进步尚不能产生电力的替代品，电力供给具有非常强的不可替代性。电力供给的强不可替代性在自然垄断产业中最强。

（3）服务广泛性。电力服务已经深入到社会经济生活的各个方面，成为现代文明的重要标志。电力不仅作为重要的基础投入深入到工业生产的各个方面，也是城市经济发展和居民生活的重要基础性产业，是促进农村发展、实现农村电气化、建设社会主义新农村的非常重要的方面。同时，为了促进社会进步和经济发展，政府也将向所有人，尤其是弱势群体和农村地区提供电力服务作为非常重要的政策目标。电力服务的广泛性强于其他自然垄断产业。

（4）高沉没成本性。电网投资具有非常强的投资专有性和沉淀性。一旦电网投资形成，输配线路和变电站等相关设备仅能用来进行电力输送，具备非常强的投资专有性；同样，电网投资形成后很难转移到其他产业，投资的沉淀性非常强。可见，电网具备高沉没成本性，且要强于其他自然垄断产业。

（5）产业环节高内部协调性。电力产业各环节具有非常明显的内部一协调性。一方面，由于电力实时平衡特性的要求，电力工业具有高度同步性，发电、输电和配电必须协调运作，否则可能严重影响系统安全；另一方面，输电和配电网络之间存在非常强的内部协调性，输电网落点将直接影响配电线路和变电站布局，同样，配电网络的坚强也是实行大容量输电的基础。电力产业环节的内部协调性要高于其他自然垄断产业。

（6）电网强正外部性。电网具有非常强的正外部性，主要体现在两个方面：首先是电源侧网络外部性。随着电网范围的扩大，连接到电网电厂的增多，大电网可以更好地实现电源结构优化，实现水火互济，使各类电厂的运行方式更具效率，同时可以减少系统备用。其次是用户侧网络外部性。大电网抗扰动能力强，可靠性更高，供电质量要优于小电网；由于不同类型、不同地区用户具备不同的负荷特性，大电网可以自然地使得整个系统负荷曲线变得更加平滑，降低总体供电成本。电网的正外部性强于其他网络在于，电网可以同时实现电源侧网络外部性和需求侧网络外部性，而其他网络通常仅具有需求侧网络外部性。

（7）高经济合理性。电网具有非常明显的高经济合理性，主要体现在两方面，首先是电网本身具有非常明显的规模经济性，电网规模的扩大可以使得单位电量的输送成本明显降低，同时，电网的范围经济性也决定了输配电网的联合运行符合效率的要求；其次是电网规模的扩大可以明显扩大市场范围，打破各种行政壁垒，有利于发电侧市场竞争的实现，有利于跨区资源优化配置。电网高经济合理性强于其他网络产业。

（8）强发展路径依赖性。一方面，由于电网具有高沉没成本性，具有明显的规模经济、范围经济、关联经济和网络经济，即使允许电网环节竞争，电网的进入壁垒也将高到不可能有新的进入者，这就决定了现有电网将对电网的未来发展产生重要影响，电网本身的发展具备强路径依赖性。另一方面，在特定资源禀赋和负荷分布的情况下，电网分布要符合能源发展战略的要求，实现跨大区、大容量电力输送，电网发展对资源禀赋和负荷分布具有明显的依赖性。

总体上看，电网的技术经济特征决定了电网具有高自然垄断强度。与电信、铁路、航空等产业相比，电网在自然垄断属性的可改变性、产业的规模经济性、范围经济性、网络经济性和公用事业性等五个方面均强于其他网络产业，电网的自然垄断强度在所有自然垄断产业中最高。

2. 电力产业总体上具有自然垄断性，但发、输、配、供电四个环节垄断强度不同

从经济特征角度看，电力产业在总体上具有自然垄断性。但发、输、配、供电四个环节具有不同程度的垄断强度。其中电力生产具有较强的可竞争性，实践证明随着技术的发展，小发电机组的发电成本也是逐渐降低的，另外电源布局的多元化安排也能确保用电的安全和可靠。输电环节由于输电电网特殊的物理特性，具有较强的自然垄断性，主要表现在规模经济、密度经济和固定成本沉淀等方面，如果两家或两家以上的企业分别建设电网，会造成低效率的重复建设。配电网是一种区域性电网，从高压电力输送网取得电力，通过变压把电压降到适宜居民和企业所需水平，输送给最终用户，其也具有比较强的自然垄断性；供电通常由该地区的配电企业垂直一体化经营，但也可以由其他企业来完成，因此具有潜在的竞争性。

第二节　我国电力产业发展环境

电力行业是支撑国民经济和社会发展的基础性产业和公用事业，电力发展周期与国民经济的发展周期趋于一致。电力产业的发展受到宏观经济、自然环境、资源禀赋、产业结构和国家政策等多方面因素的影响，而且各因素之间的关系错综复杂。

一　宏观经济对电力产业的影响

作为国民经济重要的基础产业，电力工业与宏观经济有着密不可分的关系。一方面，经济的发展要依靠电力工业提供可靠的能源支持；另一方面，电力工业的发展需要其他行业的需求拉动。因此，宏观经济发展对电力工业的稳定、健康发展具有重要的影响。

2006 年以来，中央相继出台了一系列宏观调控政策措施，使国民经济继续保持平稳快速发展，呈现出经济增长较快、质量效益提高、结构协调性增强等发展态势。据初步核算，2006 ~2010 年国内生产总值一直处于上升状态（见表 6 -1）。

表 6 -1　国内生产总值第一、二、三产业及增长情况

单位：亿元

年份	国内生产总值	增长（%）	第一产业	同比增长（%）	第二产业	同比增长（%）	第三产业	同比增长（%）
2006	216314.4	15	24040.00	7	103719.54	16	88554.88	15
2007	265810.3	19	28627.00	16	125831.36	18	111351.95	20
2008	314045.4	15	33702.00	15	149003.44	16	131339.99	15
2009	340902.8	8	35226.00	4	157638.78	5	148038.04	11
2010	401202.0	15	40533.60	13	187581.42	16	173087.01	14

资料来源：CCISR 根据《中国统计年鉴》整理。

从表6－1可以看出，除2009年受国际经济金融危机影响，国内生产总值及各个产业增速同比都出现下滑外，别的年份经济均保持15%以上的高速增长，经济增长呈现偏快迹象，而经济增长偏快对能源、资源的需求和环境压力增大。对于电力工业来说，经济快速增长带动电力需求较快增长。“十一五”期间，我国电力装机快速增长，扭转了“十五”期间全国大范围缺电局面，满足了经济发展对电力的强劲需求。2010年底，我国电源装机容量达到9.62亿千瓦，连续15年位居世界第二位；全国发电量42280亿千瓦时，同比增长15.4%，增速比上年提高9.2个百分点。2011年，全国基建新增装机将达9000万千瓦左右，全国全口径发电装机容量将超过10.4亿千瓦。

2010年，我国率先实现了经济的回升向好，受宏观经济影响，电力需求实现了较快增长，全社会用电量41923亿千瓦时，同比增长达到14.56%，是2000年以来的第二高增速。全年用电量比上年多5000亿千瓦时，是年净增用电量最大的一年。虽然电力新增装机连续5年保持9000万千瓦以上的高水平，但是增量已不能满足新增用电需求，造成电力供需形势越来越紧张。这一趋势在部分装机增长缓慢的省份如浙江、重庆有所体现，造成这些省份出现明显的装机不足，从而导致供需紧张。预计这一电力供需偏紧的趋势将在2011年以及“十二五”期间延续，给电力供应平衡造成较大压力。

此外，物价指数高企给电力生产企业带来较大经营压力。2010年下半年以来，我国居民消费价格指数持续攀升，特别是从11月份以来各月CPI基本都在5%左右，通货膨胀压力巨大。因此，2011年政府工作报告把“保持物价总水平基本稳定”放在政府工作的首要位置，但从目前来看，要将CPI控制在4%的难度仍然很大。物价指数保持高水平、通胀预期强烈对电力行业生产经营产生较大的影响。一方面，市场煤价随CPI上涨明显，给火电企业经营带来较大压力；另一方面，在物价指数高水平下，电价调整难度加大，火电企业经营举步维艰；如果再出现单边上调上网电价的情况，将造成火电、电网企业同时经营困难的情况，严重时甚至会对电力供应造成影响。

二　产业结构对电力产业的影响

2010年，全国全社会用电量41923亿千瓦时，同比增长11.09%。其中，第一产业、第二产业、第三产业和城乡居民生活用电分别同比增长5.44%、10.91%、12.25%和12.65%，详见图6－1、图6－2、图6－3、图6－4、图6－5。

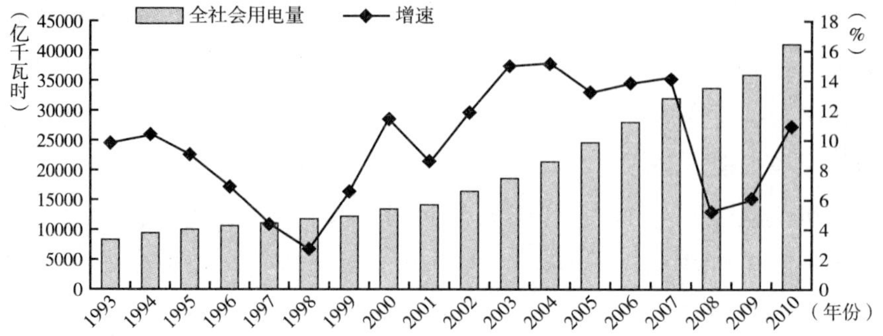

图 6－1　1993～2010 年全国全社会用电量

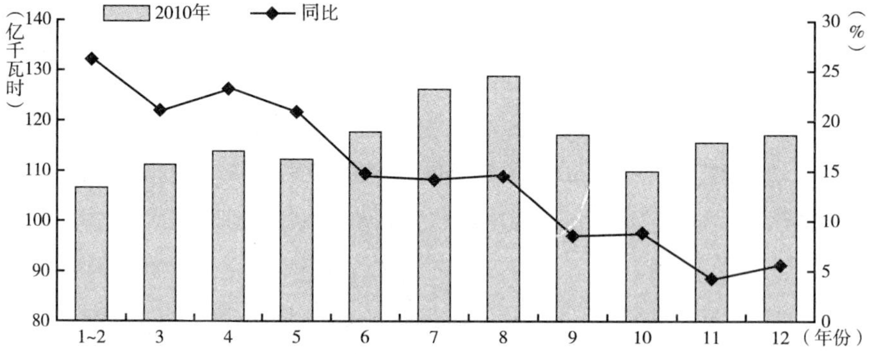

图 6－2　2010 年各月全国全社会日均用电量

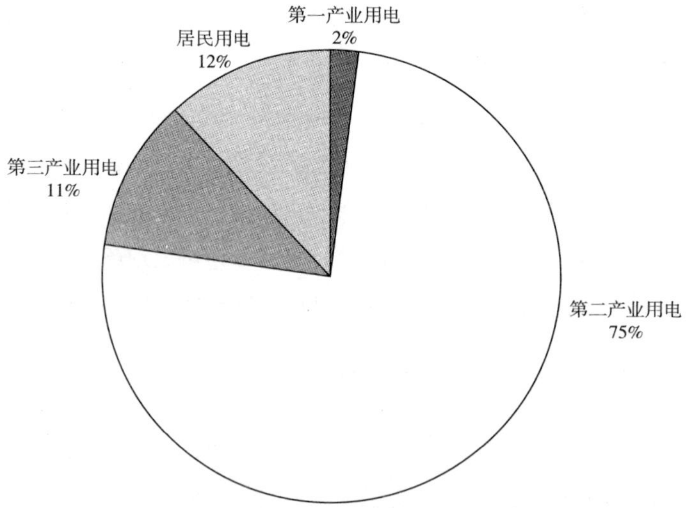

图 6－3　2010 年我国全社会用电量结构

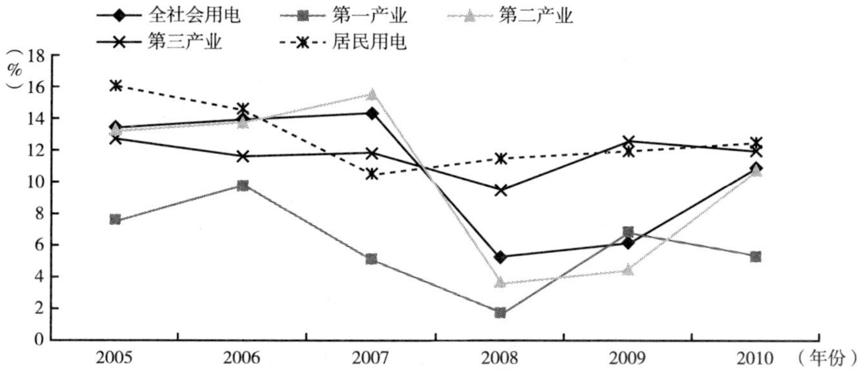

图 6-4　2005~2010 年各产业用电增速

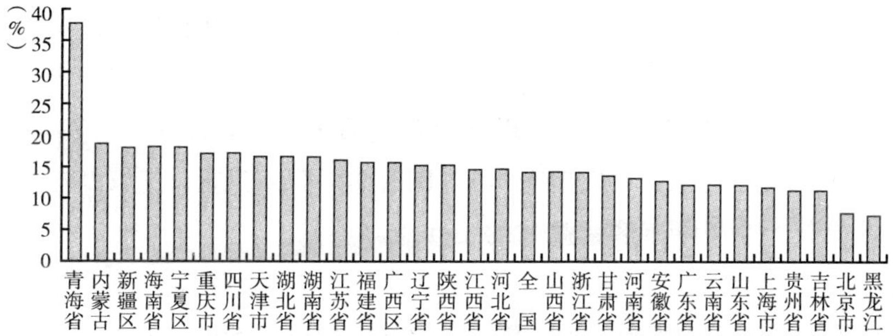

图 6-5　2010 年全国各省（区）用电增速

从上面组图可以看出，第一产业用电比重比较小，不超过 3%，并呈逐年下降上升再下降的趋势。第二产业在全国耗电总量中所占比重最大，达到 76%，用电增速与 2008 年、2009 年相比有所抬头。第三产业近几年来耗电量的绝对量和用电增速比较稳定，在 10% 左右。居民生活用电，随着经济的发展，人民生活水平的改善等增加了对电量的消费。如空调、微波炉、热水器等大功率家用电器的普及率上升迅猛，而且还有增长的潜力，使城乡居民生活用电成为用电市场新的增长点。居民用电量的绝对量和相对量都呈稳中上升的趋势。第一产业用电增速较低，第三产业和居民生活用电增速保持在 12% 左右。从区域来看，中西部大部分地区用电增速高于全国平均，而东部发达地区以及东北地区用电增速相对较低。

总之，产业结构是影响电力消费总量的重大因素。目前我国还处于工业化中后期，尚未完全实现工业化，第二产业电力消费还有较大的上升空间，必然会引起全社会电力消费总量的大幅提升。因此，第二产业必须走新型工业化道路，转变电力消耗方式，提高电力能源利用效率，以防第二产业电力消费增长带来的全社会电力消费总量的快速提升。

三 产业政策对电力产业的影响

电力产业是国民经济的基础产业，在国民经济以及人民的生活中具有无可替代的重要地位。在新中国成立以后的相当长的时间内，电力都处于一种供不应求的短缺状态，成为影响人民生活质量、制约其他产业发展的瓶颈，而且由于电力的公益事业的特性，加之电力产业产、供、销同时完成这一特点，中国的电力产业一直作为公益性事业由国家投资和管理。进入20世纪80年代，缺电矛盾已经十分突出，已经严重地制约了我国国民经济的发展和人民生活水平的提高，为了迅速解决这种矛盾，于是提出了“集资办电”的主张。随着著名的72号文件的颁布，中国开始大规模地开展集资办电，同时为了吸收投资，集资办电过程中引入了“谁投资、谁用电、谁受益”的工作思路。同时，电价出现了松动，到了1995年，经历了10年发展的中国电力工业行业终于突破了电力短缺的瓶颈，缺电的矛盾得到了有力的缓解，虽然集资办电在我国电力发展史上曾经起到积极作用，但是也带来了一些负面的影响，集资办电的电价执行的是按成本推算、一报一批式的电价政策，这造成了我国电价存在一厂一价甚至一机一价的不合理现象，不能体现市场规则的要求，电价复杂到了十分混乱的局面。

1997年1月，国家电力公司成立，电力体制改革开始进入实施阶段。国家电力公司的成立是基于原电力部提出的“公司化改组、商业化运营、法制化管理”的改革方向，其使命从一开始就是明确的：除了自身要逐步完成公司化改制，真正实现政企分开外，作为行业内最大地占据绝对主体地位的公司，还要承担协助有关部门推进电力产业改革的重任。一年后，电力部撤销，国家电力公司则颁布了“国家电力公司系统公司制改组实施方案”，确定了“政企分开、省为实体”和“厂网分开、竞价上网”的主要改革思路，并提出在2010年以后，根据条件实行发、输、配三个环节分开，建立规范有序的电力市场，在更大范围内引入竞争机制。这一方案得到了国家有关部门的认可，1998年12月，国务院办公厅转发了“国家经贸委关于深化电力工业体制改革有关问题的意见”（也称

146 号文），“厂网分开、竞价上网”试点在六省市——上海、浙江、山东、辽宁、吉林、黑龙江开始推行。

2002 年 4 月，国务院下发了被业内称为“五号文件”的《电力体制改革方案》。方案指出“十五”期间电力体制改革的主要任务是：“实施厂网分开，重组发电和电网企业；实行竞价上网，建立电力市场运行规则和政府监管体制，初步建立竞争、开放的区域电力市场，实行新的电价机制；制订发电排放的环保折价标准，形成激励清洁电源发展的新机制；开展发电企业向大用户直接供电的试点工作，改变电网企业独家购买电力的格局；继续推进农村电力管理体制的改革。”随后，电力行业进行了大规模的分拆和重组，形成了两大电网公司和五个大发电集团的新格局。

2003 年，国家印发了《电价改革方案》，2004 年，东北和华东区域电力市场开始模拟运行。2005 年 3 月，国家发改委出台了《上网电价管理暂行办法》、《输配电价管理暂行办法》和《销售电价管理暂行办法》，这一系列的活动标志着我国电力体制改革正在向其最核心的问题——电价体制改革逐步推进。国务院在 2007 年下发了《关于“十一五”深化电力体制改革的实施意见》，在肯定“十五”期间电力体制改革成果的同时，对“十一五”期间深化电力体制改革提出意见：“十一五”期间前两年，集中精力处理厂网分开遗留问题，巩固厂网分开成果，稳步实施主辅分离改革，推进区域电力市场平台建设和大用户与发电企业直接交易，推进电价改革，对输配电业务实行内部财务独立核算，开展输配分开和农村电力体制改革研究。“十一五”期间后三年，进一步完善区域电力市场，落实电价改革方案，适时开展输配分开改革试点和深化农村电力体制改革试点等工作。

2008 年进行“大部制”改革，我国电力行业形成了目前的管理体制：按照决策、执行和监督“三权分立”的指导思想，国家能源委员会、能源局和电监会三大管理机构分别行使决策权、执行权和监督权，合理划分各自之间的职责，实现各司其职、各负其责、相互配合，既避免了职能的相互交叉和掣肘，又使其相互制约，形成权力制衡与良好的监督运行机制。按照该架构，电力行业三大管理机构的管理职能如下：国家能源委员会负责研究拟定国家能源发展战略，审议能源安全和能源发展中的重大问题，统筹协调国内能源开发和能源国际合作的重大事项。国家能源局为国家发改委管理的国家局，主要职责包括划入原国家能源领导小组办公室职责、国家发改委的能源行业管理有关职责，以及原国防科学技术工业委员会的核电管理职责等。具体包括：拟定能源发展战略、规划和政策，提出相关体制改革建议；实施对石油、天然气、煤炭、电力等能源的管理；管理国家石油储备；提出发展新能源和能源行业节能的政策措施；开展能源国际合作。国家电力监管委员会根据国务院授权，行使行政执法职能，依照法律、法规统一履行全国电力监管职责。具体包括：负责全国电力监管工作，建立统一的电力监管体系，对国家电力监管委员会的派出机构实行垂直领导；研究提出电力监管法律法规的制定或修改建议，制定电力监管规章，制定电力市场运行规则；参与国家电力发展规划的制定，拟定电力市场发展规划和区域电力市场设置方案，审定电力市场运营模式和电力调度交易机构设立方案等。中国电力企业联合会是全国电力行业企事业单位的联合组织，非营利的社会经济团体，业务主管是国家电力监管委员会。

近年来，我国电力工业快速发展，但电源结构不合理，燃煤发电，特别是能耗高、污染重的小火电机组比重过高，成为制约电力工业节能减排和健康发展的重要因素。因此，从 2005 年开始，国家在大力发展水电、可再生能源发电的同时，不断加快小火电关停工作的脚步。同时，由于可再生能源发电具有发电容量小、发电量少、发电成本和上网电价较高、项目分布较为分散等特点，特别是风电还存在着发电不稳定的弊端，使电网企业在项目接入上缺乏积极性。国家政策的出台规范了电网企业对可再生能源项目的电量收购，有利于保障可再生能源电量的上网销售，推动可再生能源行业的发展，加快电源结构向节约型、环保型的方向转变。

根据国家节能减排工作的要求，国家环保总局对四大电力集团和 4 个行政区域的建设项目实施“区域限批”，标志着国家第三次环保风暴的开始。此后，发改委和环保总局发布政策，对作为二氧化硫和其他污染物重要排放者的燃煤火电行业加强了环保减排的监管力度。这样不但有利于提高电厂安装脱硫设施的积极性，而且对于确保完成今年及“十一五”期间燃煤机组安装脱硫设施的任务，实现减排目标具有至关重要的作用。同时此项措施的出台有利于促进企业提高烟气脱硫设施建设质量、投运率和脱硫效率，真正使减排措施落到实处。

在电力市场交易监管方面，国家电监会下发的关于《新建发电机组进入商业运营管理办法》规定了新建的发电机组进入商业运营的条件和程序、调试运行期上网电量的结算等的规范，维护了电网企业和发电企业的合法权益，促进电网和并网发电机组安全稳定运行。综合以上因素，随着宏观经济增速的放缓，电力需求增速虽有所回落，但仍将维持高水平的增长，有利于电力行业收入和利润进一步走强。

2010 年，受经济结构调整和节能减排等因素影响，电源和电网投资自 2002 年以来首次出现双降。全国电源工程完成投资 3641 亿元，比上年下降 4.3%，占全部电力投资的 51.64%，比重再次超过电网投资所占比重。全国电网工程完成投资 3410 亿元，比上年降低 12.53%，占全部电力投资的 48.36%。在 2011 年的政府工作报告中，明确提出要积极发展新能源和可再生能源、加强智能电网建设，推动新能源汽车取得实质性进展，启动新一轮农村电网改造，这些都为电力行业发展和电力投资保持一定的增长奠定了坚实的基础。2011 年，电力投资将继续保持较大规模，预计全年电力工程建设投资完成额 7500 亿元左右，其中电源工程建设投资 4000 亿元左右，电网工程建设投资 3500 亿元左右。

四 煤炭开发对电力产业的影响

煤炭的生产与消费直接影响着整个国民经济的运行和电力工业的运行。我国占全球煤炭产量的 39.4%，作为煤炭生产大国，2000～2010 年原煤生产总量一直占据能源生产总量 70% 以上，而煤炭消费也一直占据能源消费总量的 65% 以上。其中，我国的电力生产中有 70% 以上是使用煤炭作为主要能源，而火电机组的大量投产也使这一比重持续增加。

同时，由于差别电价实施范围的扩大和实施力度的增强，高耗能行业中的低效率、高污染企业的比重将减小，电力消费结构优化，电力均价将有所提升，电力行业整体获利能力增强。但是，煤价上扬将继续增加火电生产企业的生产成本，在不考虑煤电联动的前提下，电力生产业利润水平将受到较大影响。总体来看，预计电力供需形势将达到较为宽松的平衡。但由于电网输电能力有限、电煤供应和来水偏枯等不确定性因素的存在，还会发生短时段、局部性的电力供需不平衡。

（一）国内原煤供应总量同比增加

根据国家统计局数据，2010 年，全国原煤产量 32.4 亿吨，同比增长 8.9%。根据海关统计，全年进口原煤 1.65 亿吨，同比增长 31%；出口原煤 1903 万吨，同比下降 15%；全年净进口原煤 1.46 亿吨，比上年多 4300 万吨。考虑国内生产和净进口数量，全年国内原煤供应总量32.86亿吨，比上年增加3.08亿吨。

（二）电厂耗煤稳步增长

2010年一季度，由于水电减发与迎峰度冬高峰用电负荷重合，火电发电量增长较快，全国重点电厂日耗煤量持续在历史高点。二季度，由于水电出力逐步增加，导致火电发电量略有减少，月耗煤总量逐月减少。三季度，迎峰度夏期间，全国极端高温天气导致全国用电量环比增加、火电出力加大，增加了电厂耗煤量。四季度，水电进入枯水期，电煤消耗环比增加，12月份，日均耗煤达到369.2万吨/天，同比增长7.6%。2010年，全国重点发电企业累计供煤120054万吨，同比增加2.4亿吨，同比增长25.5%；耗煤118403万吨，同比增加2.00亿吨，同比增长20.3%。

（三）电煤价格同比上升且高位波动

2010年，随着国内电煤需求大增、电煤市场价格也大幅上涨。全年秦皇岛市场电煤价格在700～820元/吨之间波动，除12月份与上年同期基本持平外，前11个月价格均同比上涨超过100元/吨。各大发电集团公司煤价上涨幅度仍然很大，2010年，五大发电集团到厂标煤单价同比上涨均超过90元/吨，同比增幅均超过10%。2011年，虽然国家要求重点电煤合同保持不变，但是占电煤市场60%以上的电煤市场价格却稳定在高位，造成煤、电价格严重倒挂，2011年1～3月份火电行业利润仅有25亿元，且集中在部分有优惠政策的外资电厂以及重点电煤合同保障很好的个别电厂，火电亏损面和亏损额大幅上升。

近年来，虽然由于煤矿安全整治力度加大，部分小煤矿停产，在一定程度上对煤炭产量存在影响，但煤炭固定资产投资增速过快，在建项目生产能力很大，并且很快能够进入市场，产能增长依旧明显。总体来看，虽然2008年初经历了严重的冰雪灾害，造成了煤炭供应的短时紧缺的状态，但是总体来说国内煤炭市场供需基本平衡，保证了电力工业的正常发展。

五　金融环境对电力产业的影响

我国电力行业的投资资金来源主要包括国家预算内资金、国内贷款、利用外资、自筹及其他资金等。从2003～2009年电力行业投资资金来源看，自筹资金规模（5259.3亿元）和占比（47.16%）最大，其次是国内贷款（规模4298.5

亿元，占比38.54%），两者的比重占全部资金来源的85.7%左右。近几年，电力行业利用外资规模持续下降，所占比重从2004年的3.6%下降到2009年的0.64%，下降了2.96个百分点，这表明电力行业投资对外资的依赖性很小。自筹及其他资金则保持持续上升趋势，从2004年的48.09%上升到2009年的54.3%，上涨6.21个百分点，这表明社会投资对电力行业的影响力越来越强，见表6－2。

表6－2　2004～2009年电力行业投资资金来源

单位：亿元

年份	资金来源总计	其中：				
		国家预算内资金	国内贷款	利用外资	自筹资金	其他资金
2004	4998.1	192.19	2222.4	180.06	2067.11	336.4
2005	6437.3	255.8	2966.7	136.1	2697.4	381.3
2006	7290.3	313.8	3386.7	81.4	3045.8	462.5
2007	7940.4	476	3463.4	81.1	3451.7	468.1
2008	9328.7	533	3874.2	71.1	4352.7	497.7
2009	11152.3	727.5	4298.3	71	5259.3	796.1

资料来源：《2010年中国固定资产投资统计年鉴》。

电力产业建设具有建设周期长、投资额大的特点，由此带来投资风险大（由于未来不确定性）、短期投入产出率低（由于回收期长）的特点，虽然它作为基础产业外部效益很明显，但作为准公共物品的提供者，这些外部收益不能计入其产品或服务的价格，而且电力作为整个社会生产体系中的“上游”，其价格受到严格管制，使得电力产业盈利水平受到一定限制，电力产业价格和投资回报的风险将加大。2010年下半年以来，利率和准备金率上调加大了电力企业融资难度。对于资产负债率普遍较高（五大发电集团已经超过82%）的电力企业来说，准备金率上升、负债率高将使得电力企业从银行贷款的难度加大，利率上升也会造成其财务费用快速增加，经营更加困难。

另一方面，电力产业属于国民经济支柱行业，具有经营发展稳定、自身信用高的特点，各商业银行仍将电力企业作为投放贷款的优质客户。2010年，从商业银行与电力企业签署战略合作协议的内容看，可再生能源建设和电网建设成为各银行信贷业务争夺的热点，见表6－3。

表 6-3　2010 年以来各主要商业银行电力行业营销情况

银行	合作单位	合作内容	时间
工商银行	中国水电股份公司	签署了全面战略合作协议。工行将把中国水电股份公司作为重要的战略合作伙伴,大力支持中国水电股份公司业务发展	2010.08
	赞比亚国家电力公司	就赞比亚输变电线路建设项目签署 2.85 亿美元的贷款协议,贷款期限长达 15 年,由中国新疆特变电工股份有限公司负责实施	2011.05
开发银行	尚德电力和天合光能公司	签署框架协议,中期内总计可获得国开行 800 亿元(约合 117.2 亿美元)的贷款	2010.04
	三峡集团公司	2010~2015 年期间,国开行将向三峡集团公司提供 500 亿元和 40 亿美元的融资额度,支持其开发大型水电、风电等新能源项目以及海外业务方面	2010.11
建设银行	龙基电力集团	建设银行向公司提供人民币 280 亿元的信贷额度,为公司在未来 5 年内新建 100 家生物质能发电厂的计划提供资金	2010.03
	南方电网	第三次签署战略合作协议。根据协议,建设银行继续为南方电网提供 800 亿元的授信额度。双方将在综合融资、资金管理、债务管理、外汇业务、投资银行业务等方面展开战略合作	2011.05
农业银行	北京能源投资集团有限公司	签署"银企战略合作协议",农行对京能集团的授信额度由上年度的 140 亿元增至 200 亿元	2010.05
	中广核集团	农行及下属机构将为集团提供总计 1500 亿元的融资总量支持,涵盖核电、风电、太阳能等清洁能源项目融资、现金管理、结算业务、企业理财服务等方面	2011.03
中国银行	中国水利电力对外公司	中行将为中水电公司提供总额 100 亿元等值人民币的本外币授信安排,满足中水电公司在"走出去"过程中遇到的境内外保函、配套贸易融资产品、规避汇率风险、美化财务报表、变现应收账款等各类需求	2010.01
	国家核电集团	签署合作协议,双方将在现金管理、资金业务和投资银行业务等方面开展全面合作	2010.07
进出口银行	中核集团	共同做好海外核电项目,促进我国核电"走出去",共同推动海外铀资源开发,共同支持我国核电工程建设	2010.09
银团贷款	山东能源集团	中国工商银行、中国农业银行、中国银行、中国建设银行四大国有银行,向山东能源集团提供总额 2200 亿元的授信额度和更加便捷、高效、多元的金融服务	2011.04

资料来源:中经网整理。

六　技术进步对电力产业的影响

科学技术是第一生产力,是推动人类文明进步的革命力量。电力工业是技术密集型产业,电力科技进步是推动电力工业发展的强大动力。回首中国电力工业的发展历程，无论是发电机组容量的增大，还是电网电压等级的提高，每前进一步都离不开电力科技的支撑与贡献，每一次重大飞跃都离不开电力科技的重大突破与变革。

（一）火电技术

2010年2月，国内自主研发的等离子体无油点火及稳燃技术已在国内500余台30万千瓦以上和新建燃煤发电机组上成功应用，机组容量占全国火电机组装机容量的1/3，标志着我国成为唯一掌握等离子体无油点火及稳燃技术并进行大规模工业化应用的国家，该技术将对节约和替代燃油、降低传统燃煤机组一次性燃油配套工程的投资，带来显著的经济和社会效益。同年12月，宁夏灵武电厂二期工程百万千瓦机组建成投产，成为世界上首台百万千瓦超临界空冷发电机组项目。此次投产机组节水率高达80%，设计发电煤耗居世界先进水平，项目同步建设脱硫和脱硝装置，表明我国在空冷机组技术方面取得了突破性进展。还有世界上首台60万千瓦超临界循环流化床锅炉已在四川白马电厂安装建设，这是截至目前世界上参数最高、容量最大的循环流化床锅炉，标志着我国的循环流化床锅炉技术走在了世界的前列。

（二）水电技术

2010年，黄河流域大坝最高、装机容量最大、发电量最大的水电站—青海拉西瓦水电站一期5台机组全部投产并网发电，该电站采用了国内目前单机容量最大的70万千瓦水轮发电机。世界首台单机容量80万千瓦水轮发电机组在中国第三大水电站——向家坝水电站吊装成功，向家坝水电站左岸坝后和右岸地下电站各安装4台单机额定容量80万千瓦的水轮发电机组，全部由中国水电集团在现场制作完成并通过100%合格率验收出厂，表明我国已攻克了80万千瓦大型水电站机组安装、组件埋地、工地现场制作等世界难题。

（三）核电技术

2010年，我国首台自主开发的百万千瓦级核电站全范围模拟机在福建宁德核电站通过性能测试，正式投入使用。全范围模拟机是核电站工程建设主路径的关键设备，全范围模拟机融合了反应堆工程、热能动力、仪控、数字计算机等诸多领域的高新技术。宁德核电站全范围模拟机的研制成功，标志着我国核电在自主设计、自主制造、自主建设、自主运营的道路上又迈出了重要一步，在我国核电发展史上具有里程碑的意义。

（四）风电技术

2010年，上海东海大桥10万千瓦海上风电示范项目风电场全部34台华锐风电SL3000风电机组，顺利完成海上风电场项目240小时预验收考核。上海东海大桥10万千瓦海上风电项目是亚洲首个海上风电并网项目，预计未来年发电量可达2.6亿度。该项目第一次采用自主研发的3兆瓦离岸型机组、第一次采用海上风机整体吊装工艺、第一次使用高桩承台基础设计等，为我国在海上建设风电场积累了宝贵经验。2010年10月，首轮海上风电特许权项目招标完成，标志着海上风电进入规模化开发、商业化推广阶段。

（五）电网技术

随着电力工业的发展，我国电网将成为世界上最庞大、最复杂和技术最先进的电网，拥有世界上最大规模的电站——三峡电站（最终装机将达22.4吉瓦）；世界上最大的电源基地——西南水电基地（外送规模将达70吉瓦左右）；拥有世界上平均海拔最高的750千伏电网；拥有自主研发、设计和建设的云南—广东±800千伏特高压直流输电和向家坝—上海±800千伏特高压直流输电示范工程；构成以特高压交直流为骨干网架的国家电网，形成世界上最大规模的远距离输电；形成世界上规模最大的同步电网（华北—华中—华东同步电网）；是世界上直流输电规模最大的国家；形成了国家、大区和省3级电力市场；按国家、大区、省、地（市）、县5级调度。随着电力技术水平的大幅提高，先进的继电保护装置、变电站综合自动化系统、电网调度自动化系统以及电网安全稳定控制系统的广泛应用，大大地促进了电力产业的发展。

此外，科技进步还有力地提升了电力管理现代化水平，提高了电力运行效率。1949年，我国的供电煤耗为1130克/千瓦时，线损率为22.35%，2010年这两个指标已经分别下降到355克/千瓦时和6.12%。可以说，如果没有电力科技进步的有力支撑，就很难有今天我国电力产业发展的良好局面。

七　自然环境对电力产业的影响

自然灾害主要包括气象灾害、地质灾害、人为造成的灾害，自然灾害会给各种企业带来直接损失，电力需求、电力有效供给能力和输配电能力会因此而降低；电煤的生产、运输与供应也将受到影响。气温的变化主要包括温度和湿度，高温天气对电力需求的变化影响很大，最高温度和湿度对电力需求的影响降水幅度很大。在水电比重高的地区如果降水量不足，就会影响电力的供给；此外，大洪、大涝、大旱等异常状况的出现对电力需求产生正反两方面的影响，同时洪涝和干旱灾害又直接影响农业灌溉和排水，对电力的需求也有影响。

综合以上因素，随着宏观经济增速的放缓，电力需求增速虽有所回落，但仍将维持在高水平的增长，有利于电力行业收入和利润进一步提升。同时，由于差别电价实施范围的扩大和实施力度的增强，高耗能行业中的低效率、高污染企业的比重将减小，电力消费结构优化，电力均价将有所提升，电力行业整体获利能力增强。但是，煤价上扬将继续增加火电生产企业的生产成本，在不考虑煤电联动的前提下，电力生产业利润水平将受到较大影响。总体来看，预计电力供需形势将达到较为宽松的平衡。但由于电网输电能力有限、电煤供应和来水偏枯等不确定性因素的存在，还会发生短时段、局部性的电力供需不平衡。

第三节　我国电力产业竞争力

目前，电力产业由发电企业、输电企业、供电企业，以及电力承装（修、试）企业等多种企业组成，并且都在电力系统中发挥着非常重要的作用。

一　发电企业

2010 年，发电环节继续呈现多元化的市场竞争格局。从电力生产企业（电厂）角度看，全国有 6000 千瓦级以上各类发电厂 4600 家左右。这些电厂多属于不同的发电集团，随着“上大压小”的实施和竞争的加剧，发电环节集中度越来越大。截至 2010 年底，五大发电集团公司合计装机容量 47353 万千瓦，占全国总装机容量的 49.00%，比上年增长 12.50%，比重比上年提高 0.85 个百分点。

二　输电企业

输电环节具有自然垄断性质。2010 年，全国从事省级及以上输电业务的企业共计 39 家，其中省级输电企业 32 家，新成立内蒙古东部电力公司负责蒙东地区输电业务。按照规模划分，国家电网公司为跨区域超大型输电企业，业务范围覆盖 26 个省（区、市），主要负责三峡电力输送以及部分跨区电力输送，是世界上规模最大的输电企业；中国南方电网有限责任公司为跨省的区域性输电企业，业务范围覆盖5个省（区）；内蒙古电力公司是地方国有输电公司，主要负责内蒙古西部地域输电业务。

三　供电企业

供电企业是指在一个特定区域内从事配电和售电业务的企业。这类企业数量众多，类型和层次也较为复杂。2010年，全国地（市）、县两级供电企业共计3171家，其中地（市）级供电企业431家，县级供电企业2740家。这些企业经营形态多样，大部分不是独立法人企业。按所有制划分，主要有中央所有、地方国有、私营、股份制等多种类型；按照经济管理形式可划分为直管、代管、独立经营等类型，同时还存在“自发自供”以及“转供电”等特殊业务类型。

四　数据包络分析

在市场经济条件下，企业是市场竞争的主体，企业只有通过竞争才能求得生存与发展。随着电力体制改革的深入，电力市场的建立和日趋完善，电力企业在面临着机遇的同时，也面临着严峻的挑战。因此，分析电力企业竞争能力，根据2006～2010年的电力数据，运用数据包络（DEA）模型分析电力企业竞争能力，对电力产业安全进行评价有着重要意义。

目前测度效率的方法很多，本文根据需要使用非参数估计的数据包络分析（Data Envelopment Analysis，DEA）方法。DEA即数据包络分析，是著名运筹学专家A. Chares和W. W. Cooper等学者在“相对效率评价”概念基础上发展起来的一种新的系统分析方法。1978年A. Chares，W. W. Cooper和E. Rhodes等人首先给出的第一个DEA模型C^2R，这一模型是用来评价决策单元（DMU）的效率。其目的就是构建出一条非参数的包络前沿线，有效点位于生产前沿上，无效点处于前沿的下方。假定有n个DMU，每一个单元使用k种投入要素来生产m种产出，第j个DMU的效率即是求解以下线性规划问题：

$$\min E$$

$$s.t.\begin{cases}\sum_{j=1}^{n}\lambda_j y_j - y_0 \geqslant 0\\ Ex_0 - \sum_{j=1}^{n}\lambda_j x_j \geqslant 0\\ \lambda_j \geqslant 0\end{cases}$$

经过求解，第 j 个决策单元的效率分值即为 E，且 $E \leqslant 1$。按照 Farrell（1957）的观点，当 $E=1$ 时表明这一点处于生产前沿上，是完美的技术效率；如果 $E<1$，则存在 $1-E$ 的技术效率损失。

DEA 需要通过线性规划识别处于前沿的点，作为非效率决策单元改进的目标。如图 6－6 所示，处于前沿面的决策单元的最大化产出已标准化为 1，相应地能源和其他投入要素也通过与产出相除的标准化处理。C_1 和 D_1 是有效率的决策单元，它们构成了最优前沿，与之对应 A_1 和 B_1 是非效率的。效率分值 E 对于 A'_1 和 B'_1 分别为"OA_1/OA_1'"和"OB_1/OB_1'"，随之便产生一个问题，即 A_1 是否是有效率的？DEA 通常构建的是分段线性前沿，由于分段线性前沿可能与坐标轴平行而导致松弛，在 A_1 点保持产出不变，能源投入可以进一步减少 A_1C_1，即投入松弛。因此，对于决策单元 A'_1 达到最优技术效率的潜在能源投入应为 $OA'_1 \times E - A_1C_1$，进而将各决策单元的潜在能源投入量与实际投入量的比值界定为能源效率。

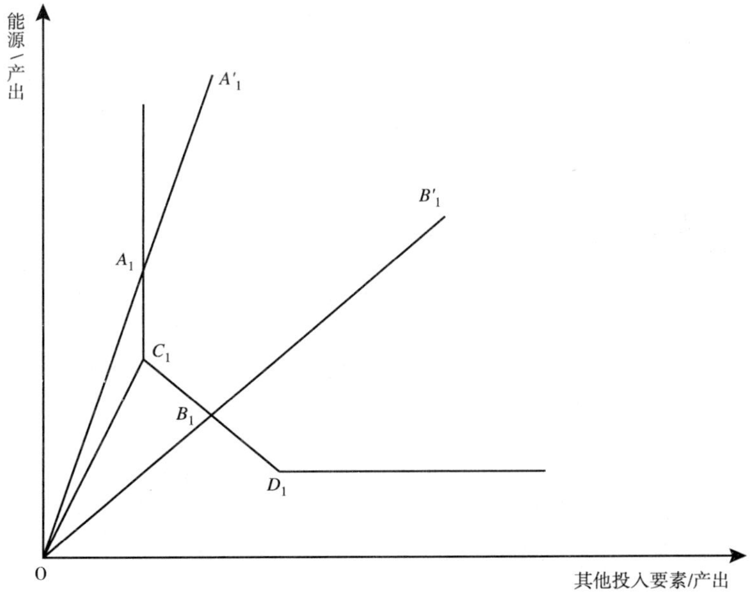

图 6－6　规模报酬不变 DEA 模型

五　Malmquist 指数测度

Malmquist 指数被广泛用于投入—产出方面的分析，尤其在评价某行业有效性的动态变化以及某地区的生产率变化趋势的研究领域里得到了大量运用。

Malmquist 指数在投入—产出分析中之所以被广泛运用是因为其有一些较好的性质：在构造 Malmquist 指数时并不需要投入与产出的价格变量；不必事先对研究主体的行为模式进行假设（如成本最小化或利润最大化的假设等）；更重要的是，可以分解为几个有意义的指数的乘积，从而能得到更为细致的动态分析结果。具体说来，它能被分解为两个部分，一部分是技术进步，另外一部分是技术效率的改善，这个拆分对发展中的转型国家是非常有意义的，因为像中国这样一个制度转型没有完成又在发展中的经济体肯定有很多效率问题，因此全要素生产率不应该仅包含技术进步，还应包含效率的提高。

基于数据包络分析（DEA）方法的 Malmquist 指数方法，它是用 Shepherd 提出的距离函数定义的，目前较少应用于中国数据。Malmquist 指数是一个数量指数，它是距离函数的比值，为简要描述 Malmquist 指数，首先讨论距离函数。

若在考虑投入确定条件下，描述产出可扩展性的产出距离函数。假设向量 N 表示投入量，$X=(X^1, X^2, \cdots, X^N)$，向量 M 表示产出向量 $Y=(Y^1, Y^2, \cdots, Y^N)$ 技术集

$$GR = \{(X,Y):X \in \mathbf{R}_+^N, Y \in \mathbf{R}_+^M\} \qquad (6-1)$$

对于所有投入向量，用 $P(X)$ 表示可行产出集：

$$P(X) = \{Y:(X,Y) \in GR\}; \qquad (6-2)$$

产出集和技术集之间的关系可以表示为：

$$GR = \{(X,Y):X \in \mathbf{R}_+^N, Y \in P(X)\} \qquad (6-3)$$

产出距离函数在多产出情形最小值可能无法得到，比较严格的定义需要使用“下确界”（infimum）来代替最小值，产出距离函数应该表示为：

$$D_0(x,\mu) = \mathrm{in}_\theta f\,\theta \succ 0:(Y/\theta) \in P(X) \qquad (6-4)$$

$$\text{或 } D_0(x,\mu) = \mathrm{in}_\theta f\,\theta \succ 0:(Y/\theta) \in GR \qquad (6-5)$$

为导出 Malmquist 指数，假定已有 t 和 $t+1$ 两个时期的投入产出数据，用 (X^t, Y^t) 和 (X^{t+1}, Y^{t+1}) 分别表示时期 t 和 $t+1$ 的投入产出量。结合图 6－7 可知，t 时期技术 T^t 为参照的 Malmquist 数量指数定义为：

$$M^{t}(X^{t},Y^{t},X^{t+1},Y^{t+1}) = \frac{D^{t}(X^{t+1},Y^{t+1})}{D^{t}(X^{t},Y^{t})} = \frac{od/oe}{oa/ob} \tag{6-6}$$

$$M^{t+1}(X^{t},Y^{t},X^{t+1},Y^{t+1}) = \frac{D^{t+1}(X^{t+1},Y^{t+1})}{D^{t+1}(X^{t},Y^{t})} = \frac{od/of}{oa/oc} \tag{6-7}$$

仿造 Fisher 理想指数的构造方法，可运用式（6－6）和式（6－7）的几何平均值，作为度量 t 时期到 $t+1$ 时期生产率变化的 Malmquist 生产率指数 M（$t+1$），即

$$M(t+1) = \left[\frac{D^{t}(X^{t+1},Y^{t+1})}{D^{t}(X^{t},Y^{t})} \times \frac{D^{t+1}(X^{t+1},Y^{t+1})}{D^{t+1}(X^{t},Y^{t})}\right]^{\frac{1}{2}} = \left[\frac{od}{oe} \times \frac{ob}{oa} \times \frac{od}{of} \times \frac{oc}{oa}\right]^{\frac{1}{2}} \tag{6-8}$$

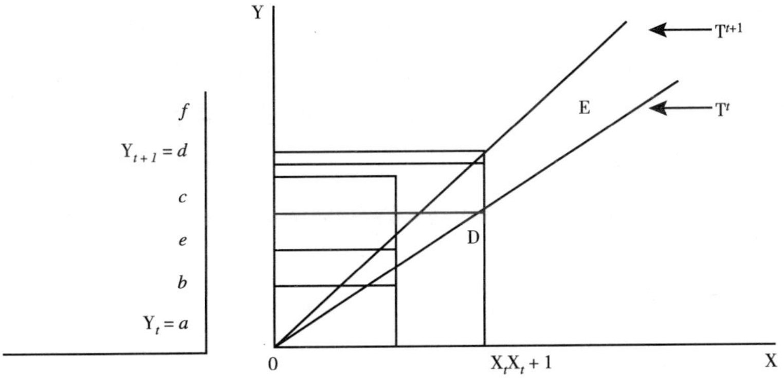

图 6－7　产出角度的 Malmquist 生产率指数

式（6－8）可进一步写成：

$$\begin{aligned} M(t+1) &= \left[\frac{D^{t}(X^{t+1},Y^{t+1})}{D^{t}(X^{t},Y^{t})} \times \frac{D^{t+1}(X^{t+1},Y^{t+1})}{D^{t+1}(X^{t},Y^{t})}\right]^{\frac{1}{2}} \\ &= \left[\frac{od}{oe} \times \frac{ob}{oa} \times \frac{od}{of} \times \frac{oc}{oa}\right]^{\frac{1}{2}} \\ &= \frac{od/of}{oa/ob} \times \left[\frac{of}{oe} \times \frac{oc}{ob}\right]^{\frac{1}{2}} \end{aligned} \tag{6-9}$$

式（6－9）中的第一项度量了 t 到 $t+1$ 时期效率的变化。第二个是带有平方根的项，度量生产技术边界的推移程度时，全要素生产率变化中技术变化的部分。一般情况下，这两项也可以分别表示如下：

$$EFFCH = \frac{D^{t+1}(X^{t+1},Y^{t+1})}{D^{t}(X^{t},Y^{t})} \tag{6-10}$$

和

$$TECH = \left[\frac{D^{t}(X^{t+1},Y^{t+1}) \times D^{t}(X^{t},Y^{t})}{D^{t}(X^{t},Y^{t}) \times D^{t+1}(X^{t},Y^{t})}\right]^{\frac{1}{2}} \qquad (6-11)$$

这个指数小于1，则表明生产率恶化。反之则表明生产率水平提高。构成Malmquist全要素生产率指数的某一变化比率大于1时，表明其是生产率水平提高的源泉，反之则是导致生产率水平降低的根源。

六 数据处理

考察样本为电力产业中7个主要电力企业集团，时期跨度为2006～2010年。电力企业集团的装机总容量、资产总额作为投入、产出采用营业收入总额、发电量两个指标，数据来自2007～2011年度的《中国行业年度报告系列之——电力》和《各企业集团年报》计算整理见表6－4。根据Onfront软件包，可以计算得到7个电力企业集团2006～2010年间的竞争力得分，见表6－4、图6－8。

表6－4　2006～2010年电力企业集团竞争力得分

企业名称	2006年	2007年	2008年	2009年	2010年
华能集团	0.98	1	0.91	0.88	1
大唐集团	0.97	1	0.92	0.90	1
华电集团	0.88	1	0.91	1	0.92
国电集团	1	1	1	0.94	0.95
中电投集团	0.96	0.94	0.85	0.90	0.99
粤电集团	1	1	1	1	1
申能电力	1	1	1	1	1

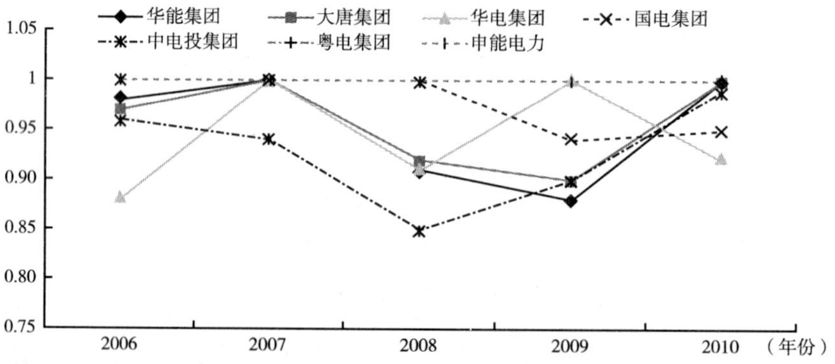

图6－8　2006～2010年电力企业集团竞争力得分变化趋势

电力企业集团竞争力得分最高的粤电集团、申能电力处于前沿曲线上；竞争力得分最低的是中电投集团。从上面测算的竞争力得分的变化趋势来看，除国电集团后期下降外，大唐集团、华能集团、中电投集团符合“平稳波动，再上升”的特征。

集团竞争力得分的转折点出现在2008年，这可能与当年发生全球经济危机有关，中国经济遭到重大打击，发电机组闲置率高，另外可能是煤炭价格持续高涨，火电业务亏损所致，迫使电力企业集团竞争力不断下降，见表6－5、图6－9。总体上看五大企业集团竞争力得分彼此接近，互有高低，相反市场化程度较高的粤电集团和申能电力竞争力得分一直处于前沿曲线上，这说明五大集团的竞争力还有提升空间。

表6－5　2006～2010年电力企业竞争力 Malmquist 指数及其分解表

企业名称	2006～2007年			2007～2008年			2008～2009年			2009～2010年		
	mi	ec	tc	mi	ec	tc	mi	ec	tc	mi	ec	tc
华能集团	0.97	1.02	0.95	0.99	0.91	1.08	0.98	0.96	1.03	1.13	1.14	0.99
大唐集团	0.96	1.02	0.93	0.91	0.92	0.99	0.92	0.98	0.94	1.09	1.11	0.98
华电集团	1.07	1.14	0.94	0.99	0.91	1.08	0.93	1.10	0.85	0.90	0.92	0.97
国电集团	0.91	1	0.91	1.24	1	1.24	0.75	0.94	0.8	0.99	1.10	0.98
中电投集团	0.92	0.97	0.94	0.90	0.91	0.99	1.08	1.06	1.02	1.09	1.10	0.99
粤电	0.91	1	0.91	1.15	1	1.15	0.93	1	0.93	0.96	1	0.96
申能	0.84	1	0.84	1.25	1	1.25	1.09	1	1.09	1.02	1	1.02

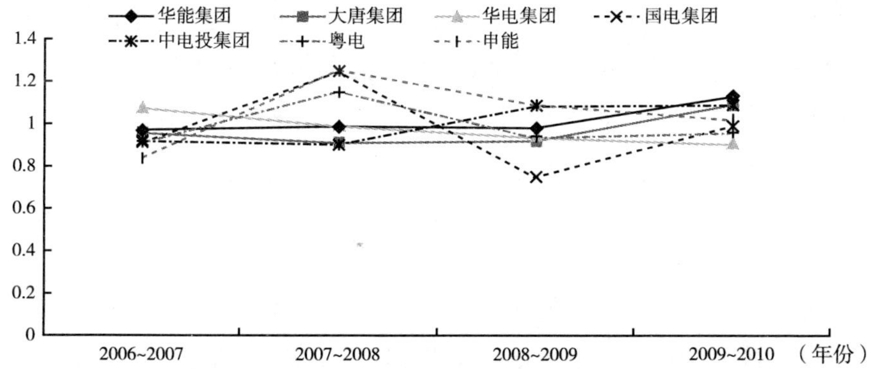

图6－9　2006～2010年电力企业集团全要素生产率指数变化趋势

利用Onfront软件包，计算2006～2010年7大电力企业集团竞争力规模效率指数、技术进步指数和全要素生产率指数得分如表6－5所示，在计算期内电力企业集团竞争力得分的规模效率变动指数和技术进步变动指数都处于先上升、然后下降、再上升的趋势，全要素生产率缓慢增加，对比分析可以发现，除申能电力的技术进步变动指数增幅一直高于规模效率变动指数外，其他6大电力企业集团的技术进步变动指数增幅明显低于规模效率变动指数，这说明6大电力企业集团竞争力的进步更多地依赖于规模效率，同时也说明5大集团的市场化程度不够，技术效率有待进一步提升。

企业规模是影响企业竞争力的重要因素之一。以上研究发现电力企业竞争力主要体现在规模优势上。目前，我国已经初步建立了一些在国际舞台上初露头角的大企业，在参与国际竞争、提升国际竞争力方面发挥了一定的作用。2011年世界500强企业中中国内地企业就有61家榜上有名。中国华能集团公司、中国国电集团公司、中国大唐集团公司、中国国家电网公司、中国南方电网有限责任公司等都在其中。虽然，自然垄断产业的运营企业在参与国际竞争、提升国际竞争力方面发挥了重要的作用。但是，必须清醒地看到，我国自然垄断运营企业与国外巨头相比，在实力、能力、经验、优势等方面还存在很大差异。技术进步不显著、市场容量大、经济效率低的三个因素迫使我国电力产业必须打破垄断引入竞争，从而提升国际竞争力。

七　电力企业竞争效率的收敛性分析

企业之间的生产技术差距越大，落后企业就越有可能利用技术扩散吸收先进企业的技术，从而能够以更快的速度增长，缩小与领先企业的差距，所以技术扩散能够促进企业收敛。对此，本文使用β收敛模型考察电力企业竞争效率是否存在收敛的变化趋势，其计量模型如下：

$$\ln[(x_Y^t - x_Y^0)/x_Y^0] = \alpha + \beta \ln(x_Y^0) + \varepsilon_Y^t, Y = 1,2,\cdots,N;\ t = 1,2,\cdots,T$$

其中，x_Y^t表示第Y个企业在t时期的Malmquist指数及其分解指数。如果β值为负，则说明各企业的竞争效率存在收敛的趋势，反之则存在发散的趋势。本文用SPSS15.0版软件进行计算，结果如表6－6所示。

表 6－6　各企业竞争效率 β 收敛检验结果

	规模效率变动指数 ec	技术进步变动指数 tc	全要素生产率 mi
常数项 α	1.25* (2.31)	0.89 (1.12)	1.03* (2.46)
β	－1.08** (－5.93)	－1.14 (－2.97)	－1.07** (－6.83)
调整后的 R^2	0.9	0.83	0.96

注：括号中为 t 值，* 和 ** 分别代表通过 5% 和 1% 检验。

从表 6－6 可以看出，各个企业的竞争效率确实存在收敛现象，即落后企业可以通过技术扩散获取更大收益。表现为 β 系数显著，通过检验。尤其是 Malmquist 指数的 β 系数通过 1% 检验，说明收敛性较强。所以电力企业需要进一步深化体制改革，提高市场化程度，以更好地促进电力企业竞争效率的提高。

第四节　我国电力产业控制度

产业控制度是指外部经济变动对一国经济产生影响的程度以及一国经济变动对外部经济产生影响的程度。电力产业控制度是反映电力产业受跨国因素影响的情况，评价指标主要有三个。

一　产业进口对外依存度

该指标反映国内产业的生存对进口的原材料、零部件等的依赖程度。它可用国内当年进口的原材料、零部件数额与产业当年的总产值或总销售额之比来衡量。产业进口对外依存度越高，产业受跨国影响越大，产业的生存安全度就越低。

二　产业出口对外依存度

该指标反映国内产业的生存对产品出口的依赖程度。它可用国内当年出口额与产业当年的总产值或总销售额之比来衡量。产业出口对外依存度越高，产业受跨国影响越大，产业的生存安全度就更低。

三　产业资本对外依存度

该指标反映国内产业的生存对外国资本的依赖程度。它可用当年末国内产业国外资本存量与产业总资本存量之比来衡量，电力产业对外依存度见表 6－7。如果产业资本对外依存度高，一旦外资撤离而又没足够的资本及时注入，将危及产业的生存安全度。

表 6－7　电力产业对外依存度数据

单位：%

年　份	2006	2007	2008	2009	2010
产业进口对外依存度	0.47	0.32	0.89	1.1	1.8
产业出口对外依存度	0.52	0.86	0.88	0.91	1.3
产业资本对外依存度	0.31	0.28	0.56	1.2	1.7

随着国民经济的迅速增长，对能源的需求也必然日益旺盛，我国电力产业对外依存度日渐提升已是人们预料之中的事情。从表 6－7 可看出，产业进出口对外依存度和产业资本对外依存度逐年增加，产业控制度主要评价指标都没超过2%，因此，可以说我国电力产业对外依存度还是比较低的，产业的生存安全度相对较高。

第五节　我国电力产业控制力

产业控制力是指在开放条件下，基于创新技术、标准等竞争优势而形成的国际竞争力所产生的本国资本对某产业的国际控制能力。产业控制力主要是指对产业核心技术、标准和品牌的控制。不能只是停留在通常理解的股权控制上，股权的控制只是表象，若是只重视外资与国内资本谁的股份大，那就忽视了问题的实质。如上海大众 51% 绝对控股的合资股权构架，成为中国汽车界股权构架的标准模式，但即使是改动桑塔纳轿车的一个门把手也必须经德方同意。另外，产业控制力是指在开放条件下，本国资本对相关产业世界范围内市场的控制程度，不局限于国内市场。产业控制力的强弱取决于外资与本国资本对国内产业控制程度来反映。在全球化的今天，即使一国资本对本国产业具有控制力，也不能说明该产业具有安全性。

我们选取的外资市场控制率、外资技术控制率、外资股权控制率和外资对品牌的控制情况等4个指标对我国电力产业控制力进行分析。本文利用《中国工业企业数据库（1998～2007）》、《中国科技统计年鉴》（1999～2009）和《2009中国统计年鉴》数据。

一　外资市场控制分析

外商投资的重要目的之一是为了扩大市场份额，实现对东道国市场的控制。21世纪以来外商为了实现这一目的，加强了对我国的电力产业并购，谋求在产业内的垄断地位。分析FDI对我国产业市场的控制程度，可用外商直接投资电力行业实际使用额来衡量。电力行业实际使用额越大，产业安全受影响的程度越大。

二　外资技术控制分析

对外商而言，保持技术垄断性比市场更重要。尽管我国国内关于中国的FDI技术溢出效应文献绝大多数反映了我国正向的FDI技术外溢效应，但是在明确考虑制度变迁效应的情况下，我国FDI技术溢出效应并不显著，我国企业的技术进步，主要是由于我国近30年市场化改革引起的制度变迁，特别是民营经济的成长对内资企业生产率的明显促进作用，以及外资企业其自身要素生产率的提高。所以，FDI在技术方面的影响主要表现为对技术的控制。

从技术角度反映外资对国内产业控制情况的指标是外资技术控制率。单个企业的外资技术控制率与国产化率之和为1。因而，可以首先通过国产化率计算单个企业的外资技术控制率，然后将单个企业的外资技术控制率按产值加权平均，即可计算出产业的外资技术控制率。由于数据限制，用电力行业外资企业拥有发明专利数占国内大中型企业总体的百分比表示外资技术控制率。外资技术控制率越高，产业发展安全受影响的程度越大。

三　外资股权控制分析

外资进入电力行业的策略往往是先与国内重要企业合资，利用转移价格，提高由其投入的投入品（如原材料）价格，造成合资企业亏损的局面，然后再提出“增资扩股”。中方因缺乏资金，外资股权占比提高，获得绝对控股权，甚至于变成外资独资企业。

外资股权控制率是从股权角度反映外资对国内产业控制的程度。用电力行业的“外商资本”加“港澳台资本”之和与“实收资本”和的百分比表示。

四 电机、电气设备及其零件进口额

在这里，我们用电机、电气设备及其零件进口额来衡量国外产品国内市场的控制。电机、电气设备及其零件进口额越大，产业发展安全受影响的程度越大。

在这里我们引用上节的数据包络分析法，把外商直接投资电力行业实际使用额、外资技术控制率、电机、电气设备及其零件进口额作为输入指标，见表6－8，把对外直接投资电力行业净额、电机、电气设备及其零件出口额作为输出指标，进行DEA分析，产业控制力得分结果见表6－9。

表6－8 控制力评价输入、输出指标

年份	外商直接投资电力行业实际使用（亿美元）	外资技术控制率（%）	外资股权控制率（%）	电机、电气设备及其零件进口额（亿美元）	对外直接投资电力行业净额（亿美元）	电机、电气设备及其零件出口额（亿美元）
2006	12.8	4.8	6.2	2189.66	11.8	2274.76
2007	10.7	3.6	4.5	2568.29	15.1	3002.63
2008	16.9	2.7	4.8	2665.15	13.1	3420.83
2009	21.1	4.1	4.6	2437.27	4.68	3011.19
2010	21.2	4.9	3.6	3143.15	10.1	3887.55

表6－9 控制力DEA估算结果

—	2006年	2007年	2008年	2009年	2010年
评价值	0.92	1	1	0.96	1
控制力	很强	很强	很强	很强	很强

从市场控制、技术控制、股权控制、产品控制四个角度，经DEA估算结果可以看出，电力产业国有控制程度很强，目前电力产业安全程度比较高。

我国电力工业利用外资始于1979年，世界银行提供贷款建设云南鲁布革水电站，成为中国电力行业利用外资的首例。经过30多年的发展，利用外资的规模不断扩大，利用外资的方式和渠道逐步多样化，从而弥补了国内电力建设资金的不足和国产发电设备供应能力的缺口。

外商直接投资中国电力项目近年来发展较快，也是电力工业利用外资的重要形式之一。十几年来，世界各地的投资者、企业家纷纷以各种形式直接投资于中国的电力行业。其投资特点为：

（1）以中外合资、中外合作、外商独资、特许权 BOT、境外发行股票或债券、盘活存量等多种多样的投资形式利用外资项目。

（2）投资来源国（地区）主要集中在中国香港、美国和德国，因此资金来源比较集中在个别地区和国家。

（3）在广东、福建、海南等沿海发达地区外商投资较多，中西部地区则相对较少，因此外商投资项目所在地区分布不均。

（4）外商投资项目中水电、火电比例严重失调。其原因主要是水电建设投资量大，建设周期长，相对风险较大。

但是，从总体上看，我国电力产业在利用外资方面还存在一些问题。如利用外资规模偏小，由于国内建设资金的不足，目前利用外资的规模又偏小，仍不能满足国民经济和社会发展对电力的需求。

第六节　维护电力产业安全对策建议

通过以上分析表明，我国电力产业仍处于大发展时期，电力产业发展处于比较安全状态。随着我国经济的快速发展，对电力的需求逐步增大，如何能够长期确保电力产业的经济安全，就显得尤为重要。根据以上对电力产业的分析，得出以下几点建议。

一　深化电价体系改革，理顺价格机制

一千瓦时电从电厂发出来到最终用户手中，要经过发电、输电、配电、售电 4 个环节。其中，电厂将电卖给电网之后，要缴纳一笔“过路费”，最终电被送到千家万户家中。这三者的价格分别是上网电价、输配电价、销售电价。由于机制不合理的矛盾非常突出，“一厂价”，甚至“一机价”的上网电价，一直没有独立的输配电价，交叉补贴严重的销售电价，共同构成了“世界上最复杂的电

价机制”。电价改革已经酝酿许久，但推进屡遭阻力，两次煤电联动也未能从根本上解决煤电矛盾，煤与电的价格矛盾已经影响到我国的电力供应、社会和谐、电力行业和经济社会的可持续发展，电力产业呼唤一场全局性的根本变革。

（一）实行煤电价格联动机制

实施煤电价格联动有利于理顺当前的煤、电价格关系，促进煤炭、电力行业的协调发展，缓解煤电价格矛盾。对于电力企业来说，实施煤电价格联动机制也有积极效应。煤电价格联动机制有利于推动电力工业改革步伐，促使电力企业提高效益，走可持续发展道路。改变以往电价的成本上升无约束，市场无竞争，价格难以控制的形成机制，节约了资源，提高了效率。由于提高了上网电价，有效地缓解了煤价上涨带来的成本压力，增加了电力企业的经济效益。同时，鼓励煤电联营，加快煤电基地建设。国家可设立专门的煤电联营的协调组织，破解“煤电顶牛”僵局，引导推进煤电联营、一体化；加大力度整合煤炭产业，提高央企对煤炭资源的控制力。

（二）建立上网电价和销售电价的形成机制

在发电厂引入竞争机制，实现“厂网分开、竞价上网”，建立上网电价的形成机制。初期发电侧上网电价可采取政府定价与市场现货定价的双轨定价模式，即部分电量由政府定价，部分电量由市场定价。政府定价主要是从宏观上合理核定成本和利润，在具体定价方法上考虑各类成本项目的同时，参考电侧容量和电量在系统中的作用，综合确定合同电量电价。对于容量效益不明显的电厂，应以其变动成本为主核定合同电量电价。

（三）建立输配电价机制

电价改革是电力体制改革和电力市场化改革的核心内容，输配电价改革是电价改革的关键。目前我国电网处于发展阶段，为适应电网快速发展的需要，吸引更多投资，采用基于成本的成本加成法核定输配电价较为合宜。当电网处于成熟阶段，为使电网提高效率，降低成本，发挥价格机制的激励作用，可以采用基于业绩的价格上限法或收入上限法制定输配电价。要制定合理的输配电价，重要的是要确定合理的输配电成本。合理的输配电价形成机制应包含以下主要内容：统一、公开、透明的定价原则。有利于公平竞争和向市场化发展，有利于政府监管，社会监督；合理的电价水平能保证电网经营企业的简单再生产和扩大再生产，使电网有自我发展能力，并能引导资金向电网投入；完善的电价调控和风险防范机制及电价平衡制度是调节电价水平和防范风险的有效措施；政府精干的管制机构，观念和手段的创新，使监管内容、形式、方法都能适应和促进电力工业改革和发展的需要。

（四）推行分时电价机制

分时电价是国际上普遍采用的电价形式，是指用户在不同的时间用电支付不同的电价。分时电价包括分季电价和峰谷电价。对用户实行分时电价，可以保证各类用户合理地分摊发电和供电费用，减少用户之间的交叉补贴，降低电网的最大负荷，提高电力设备利用效率，优化电力资源配置，提高电能利用效率。政府部门和电网经营企业应积极主动推行分时电价制度。为了鼓励电力用户削峰填谷，缓解用电高峰缺电局面，国家发展改革委按照国务院的部署，在全国各电网普遍实行了分时电价制度。

（五）实行阶梯电价机制

居民生活阶梯电价是指将现行单一形式的居民生活电价，改为按照用户消费的电能量分段定价，用电价格随用电能量增加呈阶梯状逐级递增的一种电价定价机制。它将城乡居民每月用电能量按照满足基本用电需求、正常合理用电需求和满足较高生活质量用电需求，划分为三个档次，电价实行分档累进递增。第一档电能量按满足居民基本用电需求确定，电价维持较低水平；第二档电能量反映正常合理用电需求，电价逐步调整到弥补电力企业合理成本加合理收益的水平；第三档电能量，体现较高生活质量的用电需求，电价反映资源稀缺状况和环境损害成本。在满足居民基本生活用电需求的基础上，对超过基本的部分，通过合理的价格进行调控，使得电价能够反映用户负荷增加对电力系统增加供应成本的影响。

（六）完善可再生能源电价机制

发展可再生能源对调整能源结构、增加能源供应、减排和环境效益、促进经济发展都有特殊意义，以及考虑到可再生能源产品的特殊性，我国对可再生能源电力采用特殊的促进政策，在一定的时期内建立和实施政府定价机制。2006 年我国已经确定建设可再生能源发电项目上网电价制定办法。但是国家政策扶持力度还远远不够，如绿色能源企业的高投入和高成本不能为企业带来利润，成为制约中国绿色能源发展的瓶颈问题。以《可再生能源发电价格和费用分摊管理试行办法》为例，其中第六条规定：“风力发电项目的上网电价实行政府指导价，电价标准由国务院价格主管部门按照招标形成的价格确定。”由于招标定价实际上是以“出最低价者为中标者”的标准来定价的，导致中标的上网电价远低于合理范围，可再生能源的投资几乎没有盈利的可能性，这导致大批资金不得不撤离，长远来看必将给我国可再生能源产业发展带来更严重的伤害。所以政府应该借鉴德国等国的做法，对可再生能源产业的发展给予明确、具体的优惠政策，确保参与可再生能源研发、生产的企业略微盈利，促使企业更积极地投入到可再生能源产业中。建立政府管理与公众参与、社会制衡相结合的可再生能源立法及执行机制。

二 大力发展核电，水电、风电等可再生能源发电，优化电力结构

（一）大力发展核电

核电是经济性好、可规模化发展的重要绿色能源之一，在负荷中心规划建设核电机组，有利于减少环境污染，减轻煤炭运输压力，对满足地区电力需求增长、保障能源供应安全具有重要意义，必须安全高效地发展核电。加快制定颁布核电安全技术标准，明确核电准入门槛，健全核电安全机制。优先采用先进安全核电技术，在核电站设计、制造、建设、运行、退役的全过程中，建立高标准质保体系和核安全文化体系。坚持压水堆—快中子增殖堆/高温气冷堆—核聚变堆技术路线。全面掌握第三代核电工程设计和设备制造技术，加快发展三代核电后续项目，尽快实现我国先进压水堆的自主设计、自主制造、自主建设和自主运行目标。加快开工建设高温气冷堆示范工程，开工建设快中子增殖堆示范电站。组织核聚变技术攻关，争取走在世界前列。统一技术标准体系，加快实现核电设备制造国产化。在消化吸收国外标准的基础上，结合国情，逐步建立、完善与国际接轨的我国核电技术标准体系。抓住引进第三代核电技术建设自主化依托工程和第二代改进型机组批量发展的机遇，对技术难题进行定点联合攻关，实现设计、制造一体化的生产模式，提高核电成套设备制造技术和能力。理顺核电发展体制，加快推进市场化、专业化进程。发挥市场机制，推行多业主、专业化，逐步增加核电建设控股业主数量。理顺核电投资、建造和运营机制，大力推行核电设计、工程管理和运行维护的专业化发展。培育广泛参与、公平竞争、健康有序的建设市场。做好核电人力资源规划，加快核电人才队伍建设。加强科技研发平台建设，建立产学研用相结合的技术创新体系。建立立足国内、面向国际的核燃料

循环体系。成立国家级核燃料公司，加快构筑适应国内外两种资源、两个市场的核燃料循环体系。加大国内铀资源勘探力度，增加资源储备，加强与国外铀资源勘查与开发的合作，完善铀产品贸易体系，建立国内生产、海外开发、国际铀贸易三渠道并举的天然铀资源保障体系。加快乏燃料处理设施建设，尽快形成相适应的能力，完善核燃料循环工业体系。

（二）积极发展水电

水电是供应安全、成本经济的可再生的绿色能源，替代燃煤发电的安全性、经济性和灵活性都很高，需要放在优先开发的战略位置。实行大中小开发相结合，推进水电流域梯级综合开发。加快水电流域规划和勘测设计，保证水电基地连续滚动开发。继续加快开发十三个水电基地，重点开发四川、云南和青海境内的大型水电基地电站，积极开展西藏境内河流水电流域规划、前期工作，适时开工建设。积极开发中小型水电站，促进能源供应结构优化，促进水电资源在更大范围内优化配置。促进绿色和谐开发。在河流规划、勘探设计、施工建设和投产运行全过程落实和强化生态环境保护，做到同步规划、同步建设和同步运行。结合区域、河流的生态环境和移民实际，进一步优化调整河流开发规划方案，适度控制高坝大库容水电站布局。成立国家级移民管理机构，统筹全国水电移民管理协调工作，负责装机容量在1000万千瓦以上的水电基地、100万千瓦以上水电站以及跨省水电站移民的协调管理工作。逐步推广移民先行政策，体现以人为本的发展理念，使地方经济和人民群众真正从水电开发中受益。扩大资源配置范围。重视水电基地消纳市场研究，在满足本地区电力需求的基础上，合理地将水电输送到市场需求空间大、电价承受能力高的东中部地区消纳。重视西南地区水电季节性电能消纳研究，依靠价格和市场机制，扩大消纳范围，最大限度减少弃水。加强水电输电规划研究，加快输电通道建设，促进电源电网协调发展。加强水电开发管理，合理开放水电投资市场，鼓励市场竞争，促进水电基地加快开发。实施走出去战略，积极推动周边国家水电资源开发和向我国送电。加快抽水蓄能电站发展。把抽水蓄能电站纳入电力系统进行统筹优化和规划布局，研究制定促进抽水蓄能电站健康有序发展的投资模式和定价机制，加大抽水蓄能开发力度，提高电力系统运行的经济性和灵活性，促进可再生能源发电的合理消纳。

（三）积极发展风电等可再生能源发电

非水可再生能源开发要在充分考虑经济社会的电价承受能力和保持国内经济

的国际竞争力的条件下积极推进。要积极推进技术较成熟、开发潜力大的风电、太阳能发电和生物质发电等可再生能源发展；加快分布式可再生能源发电建设，解决偏远农村地区用电问题；促进可再生能源技术和产业发展，提高可再生能源技术研发能力和产业化水平，力争2020年我国风电技术处于世界领先水平，2030年我国太阳能技术处于世界领先水平。

1. 积极发展风电

根据中国气象局普查成果，全国陆地离地面10米高度的风能资源总储量为43.5亿千瓦，技术可开发量约为3亿千瓦，海上可开发利用的风能约7.5亿千瓦。我国风能资源丰富的地区主要分布在“三北”（华北北部、东北、西北）及东南沿海地区。其中，“三北”地区是我国最大的成片风能资源丰富带，包括东北三省、河北、内蒙古、甘肃、宁夏、新疆等省区近200公里宽的地带，具有建设大型风电基地的资源条件；东部沿海风能资源丰富带主要包括山东、江苏、上海、浙江、福建、广东、广西、海南等省（区、市）沿海近10公里宽的地带；此外，在我国内陆如河南、湖北、湖南、重庆、江西、云南、贵州等省份的一些河谷、山区、湖区存在一些孤岛式分布的风能资源丰富区域，适合建设零星小型风电场。风电开发要实现大中小、分散与集中、陆地与海上开发相结合，通过风电开发和建设，促进风电技术进步和产业发展，实现风电设备制造自主化，尽快使风电具有市场竞争力。在“三北”（西北、华北北部和东北）地区发挥其资源优势，建设大型和特大型风电场，要同步开展开发、外送、消纳研究，统一规划。

2. 促进发展太阳能发电

我国幅员广阔，太阳能资源十分丰富。从全国太阳年辐射总量的分布来看，西藏、青海、新疆、内蒙古中部和西部、甘肃、宁夏、四川西部、山西、陕西北部、河北、山东、辽宁、吉林西部、云南中部和西南部、广东东南部、福建东南部、海南岛东部和西部等广大地区的太阳辐射总量大。截至2009年底，我国太阳能发电容量为30万千瓦，主要分布在北京、上海、广东、内蒙古等地区。发挥太阳能光伏发电适宜分散供电的优势，在偏远地区推广使用光伏发电系统或建设小型光伏电站，解决无电人口的供电问题，重点地区是西藏、青海、内蒙古、新疆、宁夏、甘肃、云南等省（区）。在城市的建筑物和公共设施配套安装太阳能光伏发电装置，扩大城市可再生能源的利用量，并为太阳能光伏发电提供必要的市场规模，重点在北京、上海、江苏、广东、山东等地区开展城市建筑屋顶光伏发电。为促进我国太阳能发电技术的发展，做好太阳能技术的战略储备，在甘肃敦煌、青海柴达木盆地和西藏拉萨（或阿里）建设大型并网型太阳能光伏电站示范项目，在内蒙古、甘肃、青海、新疆等地选择荒漠、戈壁、荒滩等空闲土地，建设太阳能发电示范项目。

3. 因地制宜发展生物质能及其他可再生能源发电

生物质能发电包括农林生物质能发电、垃圾发电和沼气发电。我国每年农作物秸秆产量约7亿吨，薪材年产量约2亿吨，相当于5亿吨标煤，据初步测算，约有1亿多吨秸秆和薪材可用于生物质能发电。在粮食主产区建设以秸秆为燃料的生物质发电厂，或将已有燃煤小火电机组改造为燃用秸秆的生物质发电机组。在大中型农产品加工企业、部分林区和灌木集中分布区、木材加工厂，建设以稻壳、灌木林和木材加工剩余物为原料的生物质发电厂。在规模化畜禽养殖场、工业有机废水处理和城市污水处理厂建设沼气工程，合理配套安装沼气发电设施。合理利用地热资源，在具有高温地热资源的地区发展地热发电，研究开发深层地热发电技术。积极推进海洋能的开发利用。

三　加大新技术的投入与应用，提高电力产业竞争力

科技是第一生产力。应当进一步加大对电力科技创新的引导和投入，促进新技术、新设备、新材料、新工艺的推广和应用，注意引进、消化、吸收国外的先进技术，以信息化建设为手段，提高电力行业管理水平，促进能源节约和有效利用，保障国家能源安全和经济安全。

（一）大力开发洁净煤技术

燃煤发电是我国电力的主体。提高电力产业竞争力，实现国家提出的节能减排目标，缩小与发达国家间的差距，就要采取有力措施，加快洁净煤发电关键技术的研发与推广。

我国洁净煤发电技术装备市场是世界上最大的市场，是一个市值达万亿元的“巨大蛋糕”。因此，应从以下3个方面入手大力发展洁净煤技术。

1. 建立洁净煤发电技术国家实验室

我国虽有多个洁净煤技术研究机构，但人员分散，经费有限，设备落后，难以形成高水平、可持续的IGCC和CCS技术研发基地。为了搞好洁净煤重大技术

攻关，科研人员和企业强烈呼吁国家尽快成立国家洁净煤实验室。建立政府支持、以企业为主体、IGCC 和 CCS 示范项目为基地，产学研相结合的研发平台，加快洁净煤技术的创新，加快科研成果向企业转化，缩小我国与发达国家的差距。

2. 支持洁净煤发电技术的示范与应用

发达国家政府对洁净煤发电技术开发投入了大量资金推进洁净煤技术的示范与应用。如美国的洁净煤发电技术计划已投资 71 亿美元，其中政府资助比例约为 35%。日本政府每年为“新阳光计划”拨款 570 多亿日元。这一做法既可推进研发，又可通过示范检验产品质量、性能，还可宣传普及和推广。我国可借鉴这一做法，设立专项资金，支持洁净煤发电技术的示范与应用。在示范技术完成的基础上，促进先进技术的工程化、产业化。要加快示范电站项目的核准建设，要用新技术改造现有燃煤电厂，淘汰落后生产能力。

3. 用财税政策鼓励洁净煤发电技术的产业化和市场化

由于洁净煤发电技术研发本身是重要的创新源，并且具有溢出效应，因此政府应通过财税政策鼓励产学研打破行业界限，开展合作，利益共享，风险共担。同时对研发和采用先进技术的企业给予税收优惠、低息贷款等激励政策，促进洁净煤发电技术的推广应用。充分运用税收政策对应用洁净煤发电技术的示范项目，给予关税、增值税和所得税减免等优惠，对商业化的洁净煤发电技术项目提供低利率贷款。为购买国产设备提供融资支持，扶持本国技术和装备的研发与升级。在上网电价方面，综合考虑污染物排放的折价，给予全电量上网的扶持政策，促进洁净煤发电技术发挥更大的社会效益和生态效益。

（二）推进电网智能化

智能电网是将现代先进的传感测量技术、通信技术、信息技术和控制技术等深度应用于电网，形成先进技术与物理电网高度集成的现代化电网，实现电力行业的大变革。智能电网具备强大的资源优化配置能力和良好的安全稳定运行水平，能有效缓解我国能源资源和生产力分布不平衡的矛盾，显著提高用户供电可靠率；能够实现大规模集中与分散开发模式并存的清洁能源大规模开发利用，促进资源节约与环境保护；能够带动相关产业发展，提升民族装备业技术水平和国际竞争力。我国智能电网发展应以坚强的网架为基础，以通信信息平台为支撑，以智能调控为手段，包含电力系统的发电、输电、变电、配电、用电和调度六大环节，覆盖所有电压等级，实现“电力流、信息流、业务流”的高度一体化。

1. 发电智能化

用先进的发电厂控制、监测、状态诊断和优化运行控制技术，强化厂网协调和机网协调，提高电力系统安全经济运行水平，开展“数字化电厂”技术研究与示范，加快专家管理系统应用，全面提升发电厂的运行管理水平。

2. 输电智能化

在各级电网协调发展的坚强电网基础上，逐步实现输电环节勘测数字化、设计模块化、运行状态化、信息标准化和应用网络化，全面实施输电线路状态检修和全寿命周期管理，建设输电设备状态监测系统，广泛采用柔性交流输电技术。

3. 变电智能化

变电环节逐步实现全站信息数字化、通信平台网络化、信息共享标准化、高级应用互动化，电网运行数据全面采集和实时共享，支撑电网实时控制、智能调节和各类高级应用，贯彻全寿命周期管理理念，加快对枢纽及中心变电站进行智能化改造。

4. 配电智能化

采用先进的计算机技术、电力电子技术、数字系统控制技术、灵活高效的通信技术和传感器技术，实现配电网电力流、信息流、业务流的双向运作与高度整合，构建具备集成、互动、自愈、兼容、优化等特征的智能配电系统，提高配电网灵活重构、潮流优化和接纳可再生能源的能力。加快微网技术示范推广，满足分布式发电接入要求，提高配电网可靠性。

5. 用电智能化

构建智能用电服务体系，实现营销管理的现代化运行和营销业务的智能化应用；开展基于分时电价等的双向互动用电服务，实现电网与用户的双向互动，提升用户服务质量，满足用户多元化需求。推动智能家电、智能用电小区和电动汽车等领域的技术创新和应用，改善终端用户用能模式，提升用电效率，提高电能在终端能源消费中的比重。

6. 调度智能化

适应智能电力系统运行安全可靠、灵活协调、优质高效、经济环保的要求，构建涵盖电网年月方式分析、日前计划校核、实时调度运行等三大环节的调度安全防线，实现数据传输网络化、运行监视全景化、安全评估动态化、调度决策精细化、运行控制自动化、厂网协调最优化，研发建设具有国际领先水平、自主创新的一体化智能调度技术支持系统，形成一体化的智能调度体系。

2002年电力体制改革后，组建了国家电力监管委员会，在本轮国务院机构改革中，批准设置了由国家发展和改革委员会管理的国家能源局。这种政监分设的管理体制已被世界多个国家普遍采用并发挥了重要作用，我国的金融行业也采用了这种模式，虽然在初期也遇到了不少问题，但实践证明，随着体制机制以及职能的逐步理顺和完善，成效日益显著。但从近年来电力管理与监管的情况看，和金融行业监管初期遇到的问题十分类似，仍有许多需要完善的地方，尤其是电力管理和电力监管的能力建设都需要进一步加强。

政府管电能力的有效提升，需要完备的法律、标准体系，需要有效的工作机制和手段，需要健全的组织机构和高素质的专业人才队伍。同时，要进一步明晰能源管理部门、监管机构的职责，能源主管部门在保障宏观层面的“大安全”方面，负责制定和实施国家宏观能源战略，加强电力基础设施的建设和改造，建设和完善市场；在转变电力发展方式方面，负责深化电力市场化改革，推进电力科技创新，加快已建电力项目的升级改造；同时负责制定电力普遍服务政策等。电力监管机构应重点负责微观层面的“小安全”，加强电力系统日常运行监管，部署和督促电力企业加强安全管理，完善应急预案；建设和监管发电市场，重点加强电网垄断环节监管；实施电力调度、环保设施运行监测；组织实施电力普遍服务政策等。电力管理部门和监管机构均应按职责认真扎实做好相关工作，加强协调、密切配合，共同促进电力健康可持续发展。

新能源产业

New Energy Industrial Security

B.7 我国风能产业安全

第一节 风能产业界定

风能产业的产业链是包括风电设备制造业、风电开发企业以及与之配套的风电服务业等综合性很强的产业体系。风电设备制造业是风能产业的基础，风电设备制造业由风电机组整机制造业和零部件制造业等配套组成。零部件制造业包括发电机、叶片、风塔、齿轮箱、轴承、风机控制系统、轮毂等制造行业。风电服务业包括研发机构、标准检测认证体系、行业协会、咨询机构等。风能产业的产业链见图 7－1。

风机产业的产业链基本上就是上游的零配件、中游的风电机组制造业和下游的风电开发商以及相关服务行业，其代表企业见表 7－1。

第二节 我国风能产业发展现状

一 风能资源丰富，分布广泛

我国幅员辽阔，海岸线长，风能资源丰富。2010 年 5 月 11 日，国家能源局

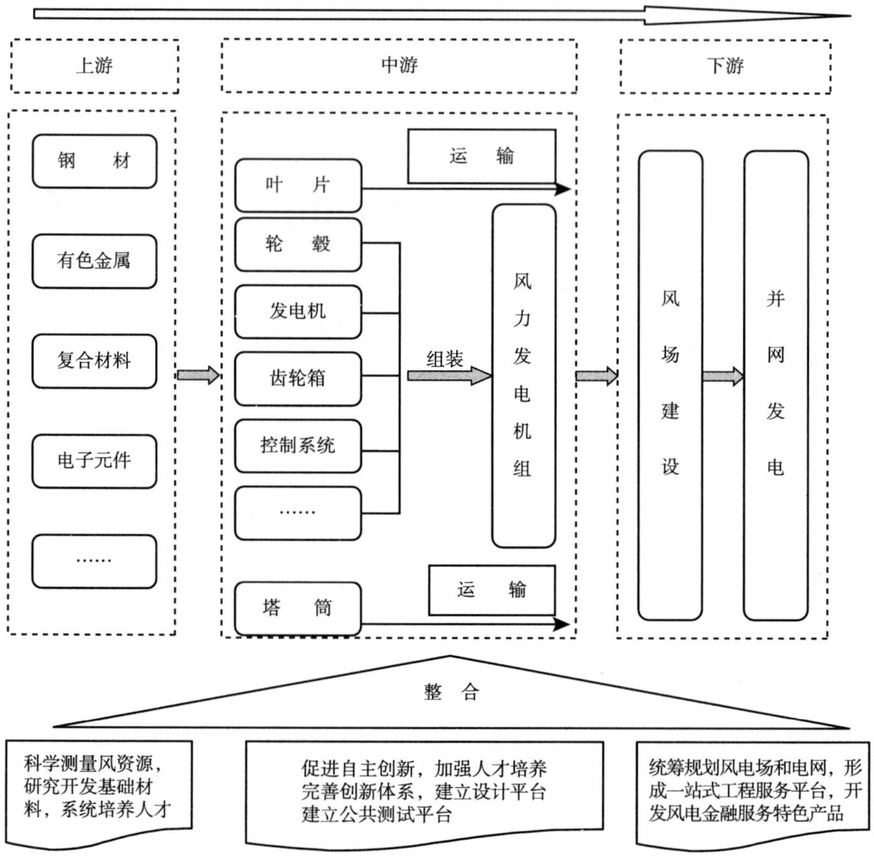

图 7－1　风能产业的产业链

表 7－1　风电机组产业链各环节代表企业

序号	名称	代表企业
1	风电机组	金风,华锐,东汽,维斯塔斯,歌美飒,GE,苏司兰
2	发电机	兰电,永济,湘潭,南车,ABB,西门子,Emerson
3	叶片	LM, Abeking, Euros,惠腾,上玻院,中复,中能
4	塔架	上海泰胜电力机械设备有限公司,中国石油天然气建设集团第七公司金属结构厂,青岛武晓集团,中国石油燕山石化,甘肃长城电力设备有限公司,南京江标集团
5	齿轮箱	南高齿,重齿,杭齿,Flender Hansen
6	轴承	SKF,FAG,TIMKEN,洛阳轴承厂,瓦房店轴承厂,天马轴承
7	电控系统	科诺,许继,南瑞,合肥阳光,MITA Windtec
8	风电开发商	华能,大唐,国电,华电,中电投等

重新修订了陆上、海上风电资源，中国气象局风能太阳能资源评估中心通过400个专业测风塔收集数据，并利用数值模拟评估系统，针对高度为50米、风功率密度大于300瓦/平方米的地区，测算出了中国陆地和海上风电的潜在开发量分别为23.8亿千瓦和2亿千瓦（海上风电测算的是水深2～25米的风能资源）。

我国的风能资源分布广泛，其中较为丰富的地区主要集中在东南沿海及附近岛屿以及北部（东北、华北、西北）地区，内陆也有个别风能丰富点。

（1）沿海及其岛屿地区风能丰富带。沿海及其岛屿地区包括山东、江苏、上海、浙江、福建、广东、广西和海南等省（自治区、直辖市）沿海近10公里宽的地带，年风功率密度在200瓦/平方米以上，风功率密度线平行于海岸线。

（2）北部地区风能丰富带。北部地区风能丰富带包括东北三省、河北、内蒙古、甘肃、宁夏和新疆等省（自治区）近200公里宽的地带。风功率密度在200～300瓦/平方米以上，有的可达500瓦/平方米以上，如阿拉山口、大阪城、辉腾锡勒、锡林浩特的灰腾梁、承德围场等。

（3）内陆风能丰富区。在两个风能丰富带之外，风功率密度一般在100瓦/平方米以下，但是在一些地区由于湖泊和特殊地形的影响，风能资源也较丰富。

（4）近海风能丰富区。东部沿海水深5～20米的海域面积辽阔，但受到航线、港口、养殖等海洋功能区划的限制，近海实际的技术可开发风能资源量远远小于陆上。不过在江苏、福建、山东和广东等地，近海风能资源丰富，距离电力负荷中心很近，近海风电可以成为这些地区未来发展的一项重要的清洁能源。

二　风能新增装机产量及装备制造能力居世界首位

2010年我国风能产业发展领跑全世界，增速超过100%，累计装机居世界第二位，新增装机居世界第一位，装备制造能力居世界第一位，新增装机和风机产量都约占世界的1/3。风电发展的布局没有发生大的变化，内蒙古雄踞榜首，龙源（国电）、大唐和华能稳居三甲。风电装备制造业三个梯队分布明显，华锐、金风和东电坐稳了第一把交椅，第二梯队的明阳、联合动力及湘电等开始发力，企图与第一梯队一争高下。受国际风电发展大型化的趋势的驱使，我国大型风电企业也开始进入风电装备大型化的竞争，华锐、金风、湘电、上海电气、明阳等都在开发5兆瓦及其以上的风电装备，企图在新一轮技术竞争中有所表现。

2010年度五大发电集团风电发展整体提速，当年新增和累计装机均已超过全国总装机的50%，分别达到了54.8%和54.4%。五大集团平均增速超过了113.4%，超过全国平均水平111.4%2个百分点。五大发电集团中华电增长最快，增速高达279.9%，居全国所有风电开发商之首。国电和大唐虽然保住第一和第二把交椅，但是增速明显降低。五大电力中的中电投增速最慢，勉强保住了第八的位置。

三 风电领域成为能源投资热点

2010年风电领域成为能源投资商的热土，从风电开发商的分布来看，更向能源投资企业集中，2010年能源投资企业风电装机在已经建成的风电装机中的比例已高达90%，其中中央能源投资企业的比例超过了80%，五大电力集团超过了50%。其他国有投资商、外资和民企比例的总和还不到10%，地方国有非能源企业、外企和民企大都退出，仅剩下中国风电、天润等少数企业在苦苦挣扎，当年新增和累计在全国中的份额也很小。

2010年，我国投资风电的资金有891亿元，风机产量超过1900万千瓦，形成的工业附加值高达1900亿元，直接服务于风电设计制造、安装调试、运行管理等的行业则提供了接近15万人的就业机会，同时还拉动了钢铁、水泥、复合材料和交通运输业以及检测认证、咨询服务、金融保险等相关产业的发展，发挥重要的作用。

四 海上风电开始起步与部署，未来大有作为

2010年的亮点是海上风电，30多台3兆瓦的风机开始安装与调试。我国海上风电发展虽有所进展，但是与欧洲相比仍处于开发的初级阶段。海上风电对于我国而言是一个新生事物，在大规模开发之前，基础设计、施工、设备以及运行方面的关键技术是很大的挑战。为此，中国科技部在“十一五”期间，拨出专门资金支持有关单位开展近海风电关键技术研发。

中国第一个海上风力发电场——上海东海大桥海上风电场项目，由中电国际、中国大唐、中广核、上海绿色能源组建的项目公司——上海东海风力发电有限公司进行风电场的建设、管理及运行维护工作。东海大桥海风电场项目总投入30亿元，计划安装34台华锐风电科技有限公司制造的3兆瓦风力发电机组，总

装机容量为10.2万千瓦，年上网电量2.5851亿千瓦时，将满足上海约20万户普通家庭一年的用电量。此外，联合动力、上海电气、明阳和湘电都在不同的地区进行了海上风电项目的实验。

五 “十二五”期间发展目标

稳定陆上风电运行，积极开发海上风电。“十二五”期间，风电发展的战略任务是：突破风电关键技术，强化产业体系建设。着力在以下关键技术领域取得突破：大功率风电机组总体优化设计、风电机组关键零部件的智能化加工和质量控制、风电与电网相互影响评估、风电并网高压直流输电技术、风电场大规模蓄能、大功率海上风电机组研发、海上风电机组基础设计和施工、海上风电机组运输与安装等风能产业关键技术。加紧制定风电行业标准，规范制造业的发展，提高我国风机的质量。主要发展目标和建设重点如下：

（1）到2010年，全国风电总装机容量达到500万千瓦。重点在东部沿海和“三北”地区，建设30个左右10万千瓦等级的大型风电项目，形成江苏、河北、内蒙古3个100万千瓦级的风电基地。建成1～2个10万千瓦级海上风电试点项目。

（2）到2020年，全国风电总装机容量达到3000万千瓦。在广东、福建、江苏、山东、河北、内蒙古、辽宁和吉林等具备规模化开发条件的地区，进行集中连片开发，建成若干个总装机容量200万千瓦以上的风电大省。建成新疆大阪城、甘肃玉门、苏沪沿海、内蒙古辉腾锡勒、河北张北和吉林白城6个百万千瓦级大型风电基地，并建成100万千瓦海上风电。

第三节 我国风能产业发展环境

一 风能产业政策环境

在产业起步阶段由政府扶持是世界上比较通行的做法。除了《中华人民共和国电力法》明确提出国家鼓励和支持利用可再生能源发电外，最近又进一步在政策和法律方面给予了风电更多支持，为风电的开发利用提供了良性的发展空间。

（一）重点政策解析

1. 可再生能源相关法规标准条例

2005 年 2 月 28 日公布的《中华人民共和国可再生能源法》（中华人民共和国主席令第三十三号），从 2006 年 1 月 1 日正式实施，构建了一个比较完整的可再生能源法律的系统框架，结束了我国可再生能源发展无法可依的历史。在这部法律中，通过减免税收、鼓励发电并网、优惠上网价格、贴息贷款和财政补贴等激励性政策来激励发电企业和消费者积极参与可再生能源发电。对风电而言，《中华人民共和国可再生能源法》无疑为其长远发展提供了必要的法律保障。

随后颁布的配套法规《可再生能源发电有关管理规定》（发改能源［2006］13 号）对发电企业和电网企业的责任等方面作了明确阐述，《可再生能源发电价格和费用分摊管理试行办法》（发改价格［2006］7 号）则在电价的制定和费用分摊等方面作了具体规定，指出风力发电项目的上网电价实行政府指导价，电价标准由国务院价格主管部门按照招标形成的价格确定。

《中华人民共和国可再生能源法》及其相关法律的颁布，在风电等可再生能源发展的过程中具有里程碑意义，它不但把风电的发展列入法律法规作为一项长期的政策来执行，而且同时也加强了法律的实际操作性，提升了风电的战略地位。

2. 可再生能源中长期发展规划

根据《可再生能源中长期发展规划》，到 2010 年和 2020 年，可再生能源在能源消费中的比重分别达到 10% 和 15%，大电网覆盖地区非水电可再生能源发电在电网总发电量中的比例达到 1% 和 3% 以上。权益发电装机总容量超过 500 万千瓦的投资者，所拥有的非水电可再生能源发电权益装机总容量应分别达到其权益装机容量的 3% 和 8% 以上。

（二）重大事件分析

2009 年底，中国政府在哥本哈根大会上，对国际社会做出了非化石能源满足 2020 年 15% 能源消费需求的政治承诺，这个目标与随后提出的 2020 年单位 GDP 二氧化碳排放强度较 2005 年减少 40% ～45% 的目标一起，成为我国近中期国民经济社会发展的约束性指标，从而对未来清洁能源的发展规模和节奏提出了空前的期望与要求，也是对风电发展的又一次重新定位。

科技部于 2010 年 10 月 4 日发布的《中国 2010 发展中的清洁能源科技》报告称，中国将风力发电作为调整能源结构、应对气候变化的主要替代能源之一。

二　产业投融资环境

我国风能产业金融环境影响因素主要有投资规模、增值税转型影响、融资渠道等方面。

（一）投资规模

由中国工业节能与清洁生产协会公布的《2010中国节能减排产业发展报告》显示，2010年，中国风力发电新开工重大施工项目378个，项目总投资额高达近3000亿元。根据国家能源局统计，2010年全国电源工程建设完成投资3641亿元，其中，风电891亿元。根据国家最新的能源规划，2020年前国家将在新能源领域增加5万亿元投资，其中风电占1.5万亿元。

2011年3月18日，中国可再生能源学会风能专业委员会公布了2010年风能产业的统计数字，2010年中国（不包括台湾地区）新增安装风电机组12904台，装机容量18927.99兆瓦，年同比增长37.1%；累计安装风电机组34485台，装机容量44733.29兆瓦，年同比增长73.3%，见图7-2。2010年中国已成为世界第一大利用风力发电的国家，新增风电装机容量、累计风电装机容量均居全球第一位。

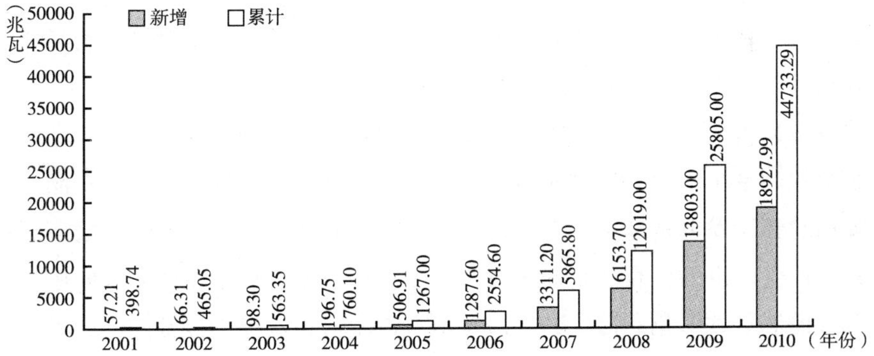

图7-2　我国风电装机容量发展状况

资料来源：CCISR根据《2010年中国风电装机容量统计》（中国可再生能源学会风能专业委员会）。

（二）增值税转型影响

目前全国增值税转型会影响地方政府的投资积极性，可能对风能产业的发展带来消极影响。增值税转型是指由生产型增值税转为消费型增值税，即企业购入设备的金额允许从销售额中扣除。从国家层面而言，全国增值税由生产型转向消费型，针对第二产业的机器设备实施税前抵扣，可为风电开发企业减轻税收负担。但这对地方财政而言，意味着大笔减收。

（三）融资渠道

目前风电场投资一般资本金占项目投资总额的20%～30%，其余需要融资。由于风能产业总体趋势是处于高速增长时期，金融环境较好，融资渠道较多。在保增长背景下，信贷环境对于国家鼓励发展的风能产业来说较为宽松，政府甚至可能出台有利于风电行业的信贷政策；相对于大型发电企业的投资规模，风电投资占比较小，融资难度较小；风电场融资渠道的多元化，如利用集团平台担保融资、国际贷款、股权融资等。

三　风能产业技术水平

国内企业风电机组制造企业基本掌握了1兆瓦级风机制造技术，正在向掌握多兆瓦级风机制造技术进军；永磁直驱技术具有相对竞争优势，发展态势良好；国内关键零部件产品技术水平明显提高，供应能力明显增强。

国内风电整机研发基础比较薄弱，除了少数厂商或研究机构能够自主研发外，其余厂商技术基本上来源于技术许可证或购买设计。自主设计能力还比较薄弱，在设计经验方面和国外仍有一定差距。

兆瓦级以上风电机组配套的轴承、变流器、变桨距系统处于小批量生产阶段，整机控制系统国内处于试制阶段，这些产品仍主要依赖进口国外产品。重要部件如齿轮箱、发电机基本以自主研发为主，可靠性有待提高。叶片的研制技术有的是从国外引进的，有的是通过自主研发获得，处于自主设计初级阶段。金属结构部件的制造技术相对简单，一般是由整机制造企业提供技术图纸，委托国内的金属加工企业制造，如基座、塔筒、法兰、轮毂等。

四　风能产业成本构成

影响风力发电成本的主要因素包括：风力发电机组成本、基础及配套设施、使用寿命、风力资源、运行可靠性、电网吸纳性、年维修及管理费、税金等。风力发电成本的一般占比如图7－3所示。

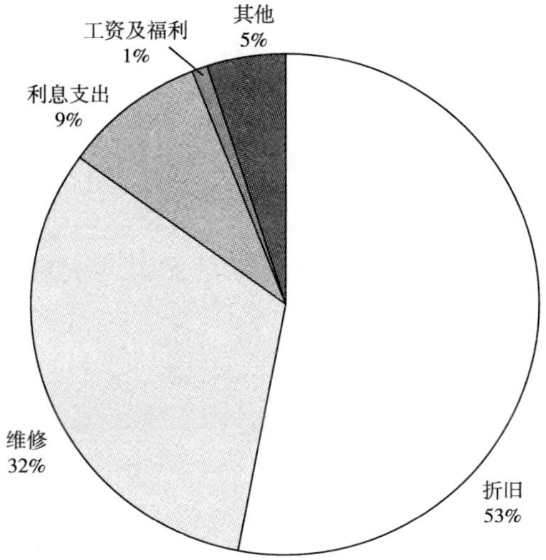

图 7-3　风能产业成本构成

资料来源：北京大学环境经济与政策研究组、恒州博智风能研究中心整理。

与煤电相比，风电的成本要高 33% ~60%。风电成本高的原因在于：首先，固定资产折旧费高；其次，发电系数低；例如与煤电相比，风力发电的固定资产折旧费是煤（20% ~22%）的 1 倍多，但发电系数只相当于煤电的 1/2。主要原因是风能的密度和分布差异大等物理因素的影响。

五　风电对环境影响

可再生能源是清洁无污染、可再生的能源，而风电又是可再生能源中最具竞争力、最有发展前途的能源生产方式。任何事物都具备两面性，风力发电在能够产生巨大环境效益的同时，也可能对环境产生一些负面影响。这些影响主要表现在噪声、视觉影响、候鸟迁徙、电磁辐射等。但与其他常规发电方式相比，风电在上述方面的影响是很小的，或是可以避免的。

第四节　我国风能产业竞争力

一　市场价格变化

2004 ~2008 年，由于市场竞争的因素，我国风电机组的售价不断攀升，从

2004 年 4 月的平均价格 4800 元/千瓦，上升到 2008 年初的 6200 元/千瓦。自 2008 年下半年开始，我国风电机组的市场售价出现下降趋势，尤其是进入 2009 年，风电机组的市场售价迅速走低（见图 7－4）。在 2010 年底已经突破 4000 元/千瓦，达到 3850 元/千瓦左右，同时国内单机装机容量逐渐提高，具有进一步加强风电企业整合的可能性。我国风电整机价格的快速下降严重削弱了风电设备制造企业的利润，风电设备企业发展速度在 2010 年突然放缓。

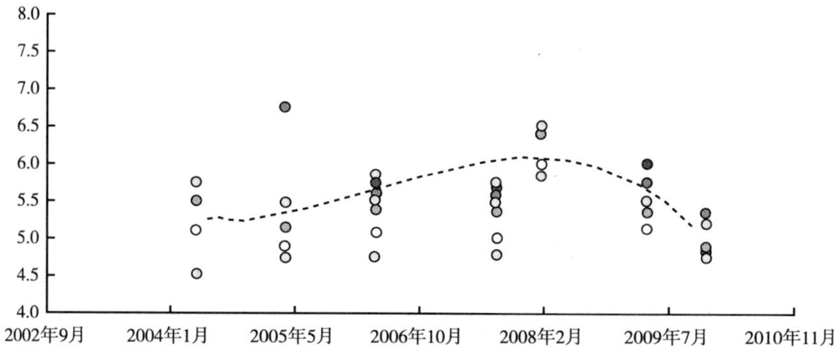

图 7－4　国内风电机组市场价格走势

资料来源：根据 CWEA 资料整理，以上数据参考了特许权和大型风电项目招标中 1.5 兆瓦机组的投标报价（不含塔筒）。

目前，欧洲风电装机成本在 1350 欧元/千瓦左右，以 8.8 元/欧元的汇率进行换算，国外风电装机成本价格在 11800 元/千瓦左右，而目前我国风电的装机成本在 4000 元/千瓦左右，其成本竞争优势支持我国风电机组出口。

二　风能产业的竞争情况

截至 2010 年底，作为全球最大的风电整机生产国，我国已有 100 多家整机商，有样机下线的就有近 90 家。此外，还有风电设备零部件制造企业上百家，叶片生产厂 50 余家，塔架制造厂 100 余家。越来越多的企业进入风能产业，风电装备市场的竞争也越发激烈，风电设备生产企业正面临着新的行业洗牌。

（一）按产业链分析风能产业竞争

利用“五力模型”，分析中国风能产业的竞争情况（见图 7－5）。

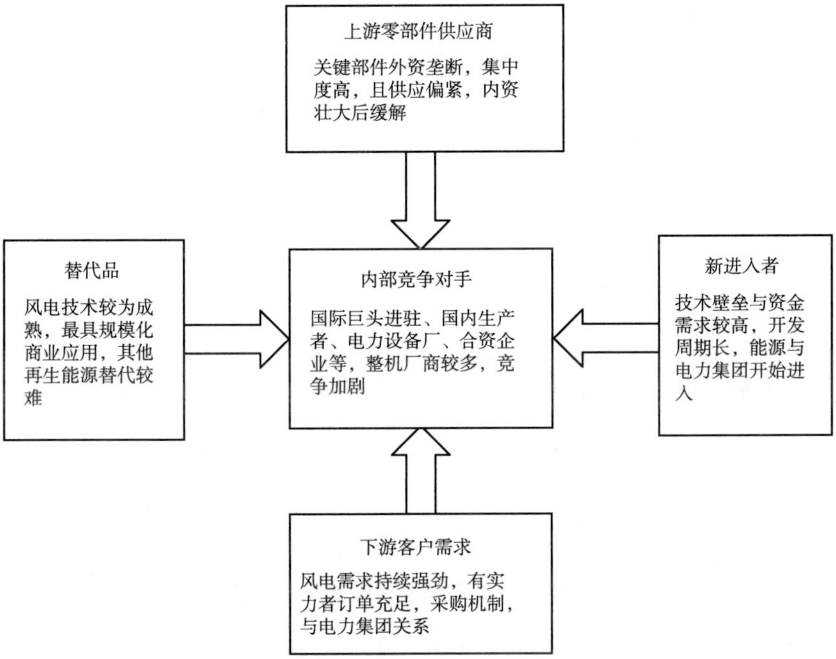

图7－5　风能产业竞争力分析图

从图7－5可以分析得出中国风能产业的竞争状况。

1. 总体竞争环境

全球著名的整机制造企业都在逐渐向产业链上游延伸，向垂直一体化发展。Vestas、Gamesa、Suzlon等不但制造整机，同时也都生产部件，为自己生产的整机做配套。这种趋势可以最大限度地降低制造成本，避免遭受零部件供应能力的限制，同时可以大大提高自己的综合实力和市场竞争力。

据GWEC发布的《全球风能统计2010》，2010年全国新增和累积风电装机容量分别为16500兆瓦和42287兆瓦，全球排名均为第一；2010年，全球每2台新安装的风电机组，就有将近一台在中国。按照规划，到“十二五”末期，以每年1000万千瓦以上的新增装机速度计算，我国风电装机将达到9000万～1亿千瓦，到2020年中国风电装机也将达到1.5亿千瓦。

虽然风电市场空间非常广阔，但在未来一段时间内将会有一大批民营风电设备制造企业被挤出这个领域。从2008年以来，风电整机千瓦招标价基本以每年1000元的速度下降，行业平均利润率只有3%～4%，随着竞争的进一步加剧，那些无市场、无技术、无资本优势的三无风机企业，被整合的命运将不可避免。同时，按照国际行业规律，一台风电机成本完成回收最快也要4~7年，在国内估计要在10年以上，所以很多企业会出现成本还没有收回前就已经不存在了的情况。目前，国内五大国有电力集团基本上都在风电领域有投入，以前没有参与进来的国有企业，现在也都开始涉足。

2. 上游的竞争

风能产业其上游行业主要是钢铁行业，钢铁行业在我国是比较成熟的行业，因此不存在供不应求或者无法采购的情况，但钢铁价格的走势对公司的原材料成本有一定影响。

主要原材料价格大幅波动的风险：最近三年，企业风机塔架生产中钢材成本占产成品成本的比重分别为68.97%、57.74%和56.75%。由于招标及销售合同签订到采购合同签订之间有一定的时间，原材料价格波动使得企业面临成本波动的风险。虽然企业采取了以销定产的经营模式，尽可能锁定原材料成本，但依然不能全部抵消原材料价格波动对利润的影响。

3. 下游的竞争

行业的下游客户为国内外各类风电投资商和大型电力集团。这些风电投资商和大型电力集团往往既投资风电，又投资火电、水电等其他电源，其投资方向和投资重点的调整会影响市场需求。进入21世纪以来，全球风能产业从探索阶段逐渐走向成熟，无论是制造商、开发商，还是运营商，都有明显的国际化、大型化和一体化的趋势。国际上风电设备制造企业之间频频发生并购重组事件，一些巨型国际电气设备制造企业也加入风电行业，导致国际风电制造业集中度（以前几家企业的市场占有率之和来表示）不断上升，市场竞争日趋激烈。

4. 国外的竞争

有些外国品牌的风电机组制造商在中国注册了独资的子公司，如丹麦的Vestas（维斯塔斯风力发电设备（中国）有限公司）、西班牙的Gamesa（歌美飒风电（天津）有限公司）、印度的Suzlon（苏司兰能源（天津）有限公司）、德国的Nordex（Nordex（北京）风力发电工程技术有限公司）和美国的GE Energy（通用电气能源（沈阳）有限公司）；还有的成立了合资公司，如德国的REpower（瑞能北方风电设备有限公司）、湖南湘电等，均在中国建立了整机总装和部件生产设施，而值得一提的是，他们制造的产品中中国制造部件的采用比例正在逐步增加。

（二）按行业分析风能产业竞争

1. 风电机组整机制造业

2010年已有86家企业进入风电机组整机制造行业，其中国有、国有控股公司39家，民营制造企业24家，合资企业9家，外商独资企业10家。根据企业的产品产业化落实程度，大致可分为以下五种类型，具体情况见表7－2。

表7－2　2010年我国风电电机组整机制造企业情况

产品产业化落实程度	企业名称	2009年产能（兆瓦）	2010年产能（兆瓦）
产业化落实程度很好，已具备大批量生产兆瓦级机组能力	华锐风电科技有限公司	3490	4386
	新疆金风科技股份有限公司	2270	3735
	东方汽轮机有限公司	2030	2623
产业化落实程度好，已具备批量生产兆瓦级机组能力	国电联合动力技术有限公司	768	1643
	广东明阳风电技术有限公司	748.5	1050
	上海电气风电设备有限公司	274	597
	湖南湘电风能有限公司	454	507
	沈阳华创风能有限公司	163	486
	重庆海装科技发展有限公司	—	383
	株洲南车时代风电公司	127	335
	江阴远景能源科技有限公司	136	250
	浙江华仪风电有限公司	119	162
	银星	—	154
	浙江运达风力发电工程有限公司	261	129
	三一电器	119	162
	北重汽轮电机	—	106
	山东长星风电设备有限公司北重汽轮电机	—	100
产业化落实程度一般较好，已具备小批量生产能力	江苏新誉风力发电设备有限公司、南通航天万源安讯能风电设备制造有限公司、瑞能北方风电设备有限公司、汉维、保定惠德风电工程有限公司、保定天威风电科技有限公司等		
正在进行样机试验或整机设计、试制工作，产业化工作有待进一步落实	上海万德风力发电股份有限公司、江西麦德风电公司、潍坊瑞奇能风电公司、广东风盈风电公司等59家		
已有成熟的设计制造技术，已能在国内大批量制造风力机总机或部件的国外独资企业	维斯塔斯风力发电设备（中国）有限公司	608	892
	歌美飒风电（天津）有限公司	276	595
	通用电气能源（沈阳）有限公司	322	210
	苏司兰能源（天津）有限公司	293	199

（1）产业化落实程度很好，已具备大批量生产兆瓦级机组能力的风电机组制造企业，有3家，它们是：华锐风电科技有限公司、新疆金风科技股份有限公司、东方汽轮机有限公司，这三家企业已经具备了每年2000台以上兆瓦级风电机组的供货能力。

（2）产业化落实程度好，已具备批量生产兆瓦级机组能力的风电机组制造企业，有14家，它们是：国电联合动力技术有限公司、广东明阳风电技术有限公司、上海电气风电设备有限公司、湖南湘电风能有限公司、沈阳华创风能有限公司、重庆海装科技发展有限公司、株洲南车时代风电公司、江阴远景能源科技有限公司、浙江华仪风电有限公司、银星、浙江运达风力发电工程有限公司、三一电器、北重汽轮电机、山东长星风电设备有限公司北重汽轮电机，这14家企业已经具备了每年百台以上兆瓦级风电机组的供货能力。

（3）产业化落实程度一般较好，已具备小批量生产能力的风电机组制造企业有6家，包括：江苏新誉风力发电设备有限公司、南通航天万源安讯能风电设备制造有限公司、瑞能北方风电设备有限公司、汉维、保定惠德风电工程有限公司、保定天威风电科技有限公司等公司。

（4）正在进行样机试验或整机设计、试制工作，产业化工作有待进一步落实的风电机组制造企业，包括上海万德风力发电股份有限公司、江西麦德风电公司、潍坊瑞奇能风电公司、广东风盈风电公司等59家。

（5）已有成熟的设计制造技术，已能在国内大批量制造风力机总机或部件的国外独资企业，包括：维斯塔斯风力发电设备（中国）有限公司、歌美飒风电（天津）有限公司、通用电气能源（沈阳）有限公司、苏司兰能源（天津）有限公司4家。

2. 风电机组零部件制造业

目前我国风电零部件制造业逐步成熟，已形成涵盖叶片、齿轮箱、发电机、变桨偏航系统、轮毂、塔架等主要零部件的生产体系，风电设备制造和配套部件专业化产业链正逐步形成。但部分关键配套实力与国际先进水平仍存在差距，如控制系统、风电轴承产品等，相关研发和制造实力有待进一步增强。

（1）发电机。受风电市场需求的拉动，国内主要发电机生产企业均启动了新型大容量风电用发电机的研制并逐步扩大生产能力。主要企业有：中国北车集团山西永济电机厂、兰州电机有限责任公司、中国南车集团株洲南车电机股份公司、大连天元、东风电机、南洋电机、北京北重等。生产风电专用发电机的外资企业有威能极公司、Vestas 公司、Gamesa 公司等。

(2) 叶片。叶片制造企业在国内已有 80 多家，其中已经批量生产的企业有：中航（保定）惠腾风电设备有限公司、连云港中复连众复合材料集团、中材科技、天津 LM 公司、中能风电设备有限公司、上海玻璃钢研究院、北京玻璃钢研究院等企业。此外，明阳电气、东方汽轮机、国电联合动力、Vestas、Gamesa 等风电机组整机制造商自建叶片生产厂，满足本企业需求。目前，国产风电机组叶片已经能够满足国内风能产业发展的需要。

(3) 风塔。我国生产塔筒的制造企业较多，完全能够满足国内风能产业发展的需要。生产风塔的企业有：上海泰胜、青岛武晓、天顺（苏州）金属制品公司等；

(4) 齿轮箱。目前，国内为大型风电机组配套生产主齿轮箱的企业主要是重庆齿轮箱有限责任公司、南京高速齿轮制造有限公司和威能极风力驱动（天津）有限公司，均可实现 1.5 兆瓦以下齿轮箱的批量生产，3 家企业的合计市场占有率在 80% 左右。此外，华锐重工、德阳二重、太原重工等企业也在生产风电齿轮箱，其中华锐重工为华锐风电做配套，具有较高的产能。

(5) 轴承。风电机组轴承的制造企业有：洛阳轴承集团技术中心有限公司、瓦房店轴承集团有限责任公司、浙江天马轴承厂和徐州罗特艾德回转支承有限公司等。这些公司已在小批量生产 1.5 兆瓦和 2 兆瓦风电机组主轴轴承，产品正处于小批试应用阶段。目前，中国大部分风电机组制造公司还在采购国外 SKF 和 FAG 公司的产品。在偏航、变桨轴承供应商中，除了上述厂家以外，增加了大连冶金轴承、洛阳心能轴承、洛阳汇工、浙江人本、洛阳心强联轴承、上海联合滚动轴承和连云港雷德曼等厂家。目前，我国风电机组轴承短缺的情况已经得到缓解，但是，对于 2 兆瓦以上的风电机组来说，轴承仍是制约机组产能的因素之一。

(6) 风电机组控制系统。风电机组控制系统的制造企业有：深圳禾望电气、北京科诺伟业能源科技有限公司、合肥阳光电源有限公司、北京清能华福风电技术有限公司、天津瑞能电气、景新电气、国电龙源电气（保定）、江苏大全、九洲电气等 10 多家企业。目前国产风电机组控制系统处于小批量生产或试应用阶段，已能完全满足一部分国内风电整机配套的需要，但国内市场上需求的大部分风电控制系统仍需从外资公司购买，其中 ABB. AMSC-Windtec（美国超导）、Converteam（科孚德）等是最主要的风电机组控制系统供应商。风电机组控制系统的研制是国内风电设备制造业中最薄弱的环节。目前一些整机制造企业、发电机制造企业及大学和研究所正在针对兆瓦级变速恒频风电机组引进或研制控制系统。主要有北京科诺伟业、新疆工学院、南瑞集团、许继电气、合肥阳光等。

（7）其他配套部件生产企业。生产偏航轴承、回转支承的企业有：瓦轴集团、洛轴集团、徐州罗特艾德、天马集团等。生产铸造件（基座、轮毂）企业有：一汽锡柴、德阳东汽、华锐重工、秦川机床厂等。我国塔筒、轮毂、机舱等部件的制造企业较多，完全能够满足国内风能产业发展的需要。

3. 风电开发商

近几年来，我国风电场建设加快，已经进入大规模开发时期。到 2010 年底，我国已有 20 多家大型企业积极参与千万千瓦级风电基地建设和其他风电场开发工作。此外，许多中小企业也投入到中小型风电场的建设中。概括起来，我国风电开发商主要有五种类型。

（1）中央电力集团。它们是国电、大唐、华能、华电和中电投。它们在中国累计风电装机容量和新增装机容量市场中，都占到了 60% 以上的市场份额。

（2）中央所属的能源企业。神华集团、中海油、中广核和中节能等都属于这类企业，它们在中国累计风电装机容量和新增装机容量市场中，都占到了 13% 以上的市场份额。

（3）省（直辖市、自治区）所属的电力或能源企业。例如：京能、河北建设、宁夏发电集团、鲁能、福建投资和粤电等都属于这类企业。这类企业数量多，在地方拥有一定的资源，在各地风电场开发中，业绩显著。它们在中国累计风电装机容量和新增装机容量市场中，约占 8% 左右的市场份额。

（4）港资和民营企业。如：中国风电、香港建设新能源和天润投资等。

（5）外资企业。如：汉能、宏腾能源等。

相对前三类开发企业，后两类企业所进行的风电场项目较少，规模也不大。

我国风电场主要运营商的业绩，详见表 7－3、表 7－4。

表 7－3　我国主要风电场运营商 2009 年新增装机业绩

序号	企业名称	装机容量(兆瓦)	市场份额(%)	序号	企业名称	装机容量(兆瓦)	市场份额(%)
1	国电龙源	2600.4	18.8	11	天　润	309.75	2.2
2	大　唐	1739.85	12.6	12	中国风电	295.5	2.1
3	华　能	1644.75	11.9	13	河北建设	160.4	1.2
4	华　电	1230.05	8.9	14	国　投	151.5	1.1
5	中广核	854.45	6.2	15	中水电	148.5	1.1
6	京　能	797.5	5.8	16	宁夏发电	143.5	1.1
7	国　华	590.25	4.3	17	中　闽	130	0.9
8	中节能	400.25	2.9	18	深能北方	129	0.9
9	中电投	319.67	2.3	19	鲁　能	102.5	0.7
10	华　润	309.75	2.2	20	宏腾能源	100	0.7

表 7－4　我国主要风电场运营商 2009 年累计装机业绩

序号	企业名称	累计装机容量（兆瓦）	市场份额(%)	序号	企业名称	累计装机容量（兆瓦）	市场份额(%)
1	国电龙源	5500.6	21.3	7	京　能	1152.25	4.5
2	大　唐	3389.25	13.1	8	中电投	913.87	3.5
3	华　能	2811.55	10.9	9	中节能	722	2.8
4	华　电	1520.8	5.9	10	宁夏发电	511.7	2.1
5	国　华	1448.3	5.6	11	中国风电	485.25	1.9
6	中广核	1347.5	5.2	12	河北建设	406.7	1.6
其他	5580.03						21.6
总计	25805.3						100

4. 风电服务业

自 2005 年《可再生能源法》颁布以来，我国风电市场和制造业快速发展，逐步完成了量的跨越，进入质变阶段后，包括支撑风电发展的研发机构、标准体系、咨询服务和行业中介机构等在内的风电服务业也破除发展较为缓慢的局面，在日益兴旺的产业需求下，逐步有了新的提升和发展，其总体现状是：

（1）标准检测认证体系。各伴随着我国风能产业发展，产品检测、认证的能力也已经逐步培养起来。包括鉴衡认证中心、中国船级社、中国质量认证中心在内的相关机构，检测手段得到完善，专业队伍逐步形成，有关的研发、测试、认证能力也不断得到提升。除此之外，一些国际认证机构也趋之若鹜，在中国设立办事机构，以提供检测、认证等方面的服务。就此趋势看来，业界对于因检测认证体系的完善而带动的风能产业总体水平提升的这一必经阶段充满了期待。

（2）行业协会。从我国可再生能源产业的发展历程来看，各类行业协会，如中国资源利用协会可再生能源专业委员会、中国可再生能源学会以及风能太阳能等各专业委员会等，在可再生能源的法律起草、规划研究、政策制定等方面，都发挥了重要的影响力和促进作用，并且当产业发展出现政策调整需求时，都与决策部门进行了有效的沟通，如风电特许权价格水平的合理性、产能过剩等问题。这种市场与政策、企业与政府之间的相互作用，是一个成熟产业所必须具备的。在风能产业发展中，行业协会在信息交流等方面的作用较为显著。但另一方面看来，由于整个行业在短短5～6年时间内出现跳跃式发展，市场竞争较为激烈，包括风能在内的新能源行业协会在行业自律、知识产权保护、资质认定等还未能担当起更多的责任。然而，自从2009年国务院对风电整机制造给予产能过剩的严厉警示之后，质量控制、服务管理以及标准制定等方面得到整个行业的关注，使得行业协会在此方面能够发挥的功效也逐步扩大，这表明风电制造业正日益成熟，逐步接近稳定发展阶段。

（3）咨询机构。与风电制造和市场如火如荼的局面不同的是，我国风电乃至新能源领域的咨询服务业还处于起步阶段，处于薄弱环节。鉴于行业需求，咨询服务除了信息收集、分析、整理之外，还应涵盖行业展望、政策环境、企业战略、资金筹措等多方位的内容，而目前活跃在这一领域的公司，多以跨国咨询服务机构为主，或由多家国内机构联合完成各类咨询需求的服务，具备综合素质的有实力的机构并不多见。随着资本的不断进入以及行业逐步走向成熟，风能行业咨询服务的市场需求将逐步增多，也必将吸引更多机构的参与。

三　产业国际竞争力

风能产业竞争力主要从风电机组装机容量和技术来分析比较。风电机组装机容量分别从中国生产的风电机组在全球和中国装机容量中所占份额进行分析比较。技术竞争力主要从风电机组技术掌握程度来评价风能产业竞争力。

（一）重点企业生产的风电机组在全球装机容量所占份额

根据丹麦BTM咨询公司对全球电力集团2010年的统计资料，2010年全球累计装机容量，龙源电力集团公司凭借6969兆瓦的风电装机容量，成为全球第三大风电运营商，排名较2009年的全球第五前进了两名。全球风电累计装机容量排名第一的是西班牙的 Iberdrola Renovables 公司，装机 12136 兆瓦；排名第二的是美国的 NextEra Energy Resources 公司，累计装机容量 8298 兆瓦。2010 年全球新增装机容量，西班牙的 Iberdrola Renovables 公司新增装机容量 1786 兆瓦；美国的 NextEra Energy Resources 公司新增装机容量 754 兆瓦；龙源电力新增 2127 兆瓦，如表 7－5所示。在全球风电装机容量前三甲企业中，龙源电力的装机容量增速最快。

表 7－5　2010 年全球风电装机容量前三名企业装机情况

公司名称	Iberdrola Renovables	NextEra Energy	龙源电力
累计(兆瓦)	12136	8298	6969
新增(兆瓦)	1786	754	2127

资料来源：BTM 统计资料。

（二）重点企业生产的风电机组在中国装机容量所占份额

2010 年，新增装机容量进入中国市场前十名的国产品牌为 8 家，国际品牌有 2 家，相应的市场份额是 79.5% 和 7.8%，；累计装机容量进入中国市场前十名的国产品牌为 7 家，国际品牌有 3 家，相应的市场份额是 70.5% 和 14.5%，详见表 7－6、表 7－7。国产品牌在国内所占比例进一步加大。

表 7－6　2010 年我国新增风电装机排名前 10 家企业市场份额

序号	企业名称	新增装机容量(兆瓦)	所占比例(%)
1	华锐	4386	23.2
2	金风科技	3735	19.7
3	东汽	2624	13.9
4	联合动力	1643	8.7
5	明阳风电	1050	5.5
6	Vestas	892	4.7
7	上海电气	598	3.2
8	Gamesa	596	3.1
9	湘电风能	507	2.7
10	华创风能	486	2.6
前十名		16516	87.3
其他企业合计		2412	12.7
总计		18928	100.0

资料来源：CCISR 根据《2010 年中国风电装机容量统计》（中国可再生能源学会风能专业委员会）。

表 7-7 2010 年中国累计风电装机前 10 名机组制造商

序号	企业名称	累计装机容量(兆瓦)	所占比例(%)
1	华锐	10038	22.4
2	金风科技	9078.85	20.3
3	东汽	5952	13.3
4	Vestas	2903.6	6.5
5	联合动力	2435	5.4
6	Gamesa	2424.3	5.4
7	明阳风电	1945.5	4.3
8	GE	1167	2.6
9	湘电风能	1089	2.4
10	上海电气	1073.35	2.4
前十名		38107	85.0
其他企业合计		6626.69	15.0
总　计		44733.29	100.0

资料来源：CCISR 根据《2010 年中国风电装机容量统计》（中国可再生能源学会风能专业委员会）。

（三）技术竞争力

1. 叶片企业

在风电的诸多主要部件中，叶片的门槛相对较低，近年来随着整机的旺销，很多企业进入叶片制造领域，预计现已超过 50 家。随着技术的成熟、竞争的加剧，行业的暴利时代已经过去。未来国内风电叶片市场将加速集中，技术、规模与成本的优势将使得大多数市场份额被集中到少数几个寡头企业手里，生产叶片的主要公司有中材科技、中复连众和中航惠腾等。

2. 齿轮箱

目前，齿轮箱国产化率很高，基本能满足国内风电整机的配套。越来越多的风电整机制造商出于成本考虑，把开发重点放到变速恒频风机上，其采用直驱的方式，可以不安装齿轮箱。变速双馈风力发电机组因其技术目前更为成熟仍占市场主导地位，并不会立刻退出市场，在相当长的时间内，双馈发电与直驱发电将同时存在。双馈在 3 兆瓦以下具有装机成本优势，而现在企业关注的是一次性投资成本，因此双馈还是具有一定的竞争优势，未来双馈和直驱在 3 兆瓦以下将平分市场，而目前永磁直驱市场占有份额不足 25%，因此，永磁直驱具有 2 倍于风电行业的发展速度。

3. 轴承

近三年来，国产风电轴承逐渐形成了规模化、系列化生产，主要企业有瓦轴、天马、洛轴、徐州罗特艾德、轴研科技、方圆支承和西北轴等，不仅基本满足了国内的需求，而且也成为国外一些风电设备厂家的主供应商。国内风电轴承企业的产能主要集中在偏航轴承和变浆轴承上，3 兆瓦以下风电设备配套轴承均可批量生产，国产替代率已达到 80% 以上。但对于主轴轴承和增速器轴承还是基本依靠进口，国内只有部分企业逐步介入，产量较小。偏航轴承和变桨轴承由于技术含量较低，进入厂家较多，已经逐渐显露出供大于求的趋势，市场竞争的加剧将快速拉低相关企业的盈利能力，风险较大。目前，风电轴承寡头垄断竞争格局已经形成，毛利率的下滑态势也已逐步显现。相对而言，技术壁垒更高的主轴轴承和增速器轴承，国内企业还无法大规模自主生产，进口的依赖度仍较高，国内少数几家企业开始逐步介入，竞争还不充分。相关主要公司有湘电股份、天马股份和方圆支承等。

4. 变流器

实际应用中的风电变流器主要分为两种，分别用于直驱式风机和双馈式风机，目前，变流器是风电设备中少数尚未实现大规模国产化的核心部件之一，外资品牌的国内市场占有率超过 96%，而毛利率在 60% 以上，未来进口替代的空间仍非常广阔。市场容量的扩大与进口替代的提速共同推动风电变流器行业的高速成长。较高的技术壁垒成就了风电变流器产品较强的盈利能力，正因如此，国内不少企业紧锣密鼓地展开了相关产品的设计研发。据了解，已有数家企业在风电变流器的研发上取得了较大的进展，我们预计包括海得控制在内的一些国内企业在实现量产后，相关业务的毛利率能够达到 55% 以上的较高水平。

5. 海上风电技术研发

我国海上风电发展虽有所进展，但是与欧洲相比仍处于开发的初级阶段。海上风电对与中国而言是一个新生事物，在大规模开发之前，基础设计、施工、设备以及运行方面的关键技术是很大的挑战。为此，中国科技部在“十一五”期间，拨出专门的资金支持有关单位开展近海风电关键技术研发。

第五节　我国风能产业依存度及控制力

一　产业依存度

产业对外依存度主要是指产业在出口、进口、资本等方面的对外依赖程度。

（一）进口依存度

中国风电的快速发展激发了设备制造商的热情，目前已经有一套比较健全的风机制造供应链，包括几乎所有主要部件的制造生产基础设施，市场整机设备的国产化率已经达到70%～80%的较高水平。从零部件方面看，国内已形成涵盖叶片、齿轮箱、塔架、发电机等核心零部件的生产体系，主要零部件供求紧张状况得到较大缓解，但受技术水平制约，轴承和控制系统等关键部件的供应仍然存在一定的缺口，还依赖进口。

（二）出口依存度

从2007年以来，中国一些风电机组整机制造企业就开始开拓海外市场，2008年实现零的突破。2010年，先后有保定惠德、金风科技、浙江华仪、江苏新誉、明阳风电、北重京城新能源5家企业向外国出口了风电机组整机13台共计15.55兆瓦（见表7－8）。2010年我国出口量比2009年增长了8.8倍，而2011年的订单较2010年出口增长了6.3倍，并且金风科技等中国风电机组制造商已经在国外建立分厂。目前尽管风电机组整机出口量不大，但是中国大型风电机组已经走进国际市场，这是一个重要的开端，中国大型风电设备出口量呈现逐年增加态势。

表7－8　2010年我国风电机组出口情况

序号	企业名称	台数	容量(兆瓦)	出口国家
1	金风科技	6	4.5	古巴
2	浙江华仪	3	4.5	智利、白俄罗斯
3	江苏新誉	2	3	美国、泰国
4	明阳风电	1	1.5	美国
5	北重京城新能源	1	2.05	美国
总　计		13	15.55	—

资料来源：CCISR根据《2010年中国风电装机容量统计》（中国可再生能源学会风能专业委员会）。

二　产业控制力

风能产业控制力主要是反映外资对一国风能产业的控制程度及由此给产业的生存和发展安全造成的影响。它主要反映外资对市场、品牌、技术、经营决策权等方面的控制程度。

（一）外资企业对市场控制程度

2005年以前，国外品牌在中国风电市场占据主导地位，市场份额达70%以上，2010年下降到11.3%左右。而相对应的国产品牌的新增市场份额从2004年的25%，上升到2010年的86%。

（二）外资品牌控制程度

为鼓励国内风电制造业的发展，2005年发改委发布的“风电设备国产化率要达到70%以上，不满足设备国产化率要求的风电场不允许建设”的规定，曾经拥有中国市场的外国品牌企业有24家，大多数已经退出，保留下来的不到10家。虽然国际品牌在中国市场竞争中处于劣势，但一些优秀的国际品牌仍然呈现出了不可小觑的竞争优势。截至2010年底，在我国风电整机制造商累计市场份额中，排在前五位的分别是华锐、金风、东汽、Vestas和联合动力，其中有一个是国际品牌；排在6~12位的分别是Gamesa、明阳、GE、湘电风能和上海电气。在占据中国风电市场前十名的企业中，国外品牌仍有3个，表明了国际优秀品牌的市场竞争力（见图7-6、图7-7）。

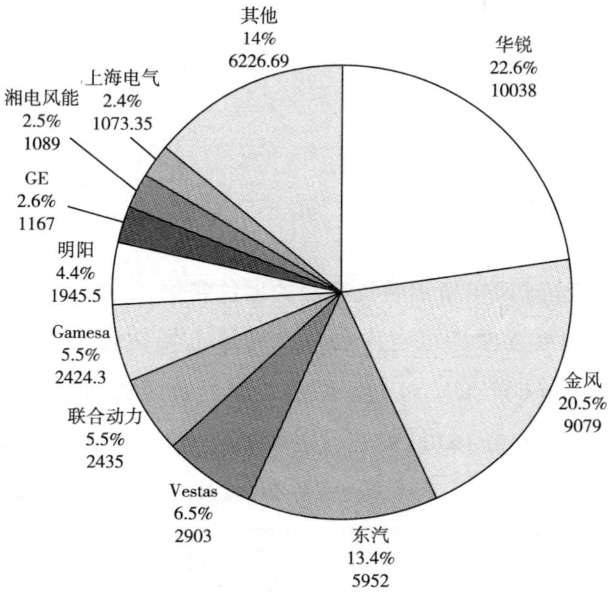

图7-6 2010年中国累计风电装机前10名机组制造商

资料来源：CCISR根据《2010年中国风电装机容量统计》（中国可再生能源学会风能专业委员会）。

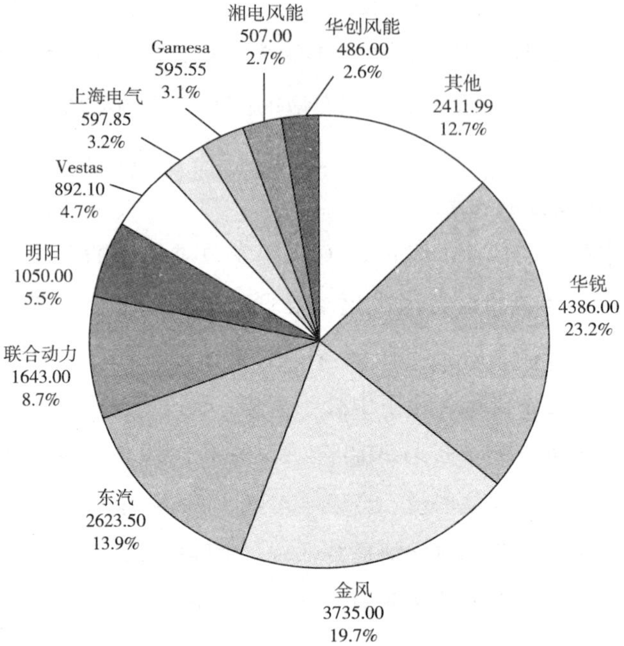

图 7-7　2010 年中国新增风电装机前 10 名机组制造商

资料来源：CCISR 根据《2010 年中国风电装机容量统计》（中国可再生能源学会风能专业委员会）。

三　产业发展力

（一）中国在全球风电机组装机容量的地位变化

2010 年，我国继续保持风电设备生产和风电场建设快速发展的强劲势头。据全球风能理事会（GWEC）对全球风电装机的统计数据，2010 年我国除台湾地区外新增风电装机容量 16500 兆瓦，占据了全球新装机容量的 46.1% 左右，超过美国排名全球第一。与 2009 年当年新增装机 13803.21 兆瓦、累计装机 25805.3 兆瓦相比，2010 年新增装机年同比增长 37.1%，累计装机年同比增长 73.3%。2010 年底我国除台湾地区外累计风电装机容量 42287 兆瓦，占据了全球累计装机容量的 21.8% 左右，全球排名由 2009 年的第二位上升到第一位（见图 7-8、图 7-9）。

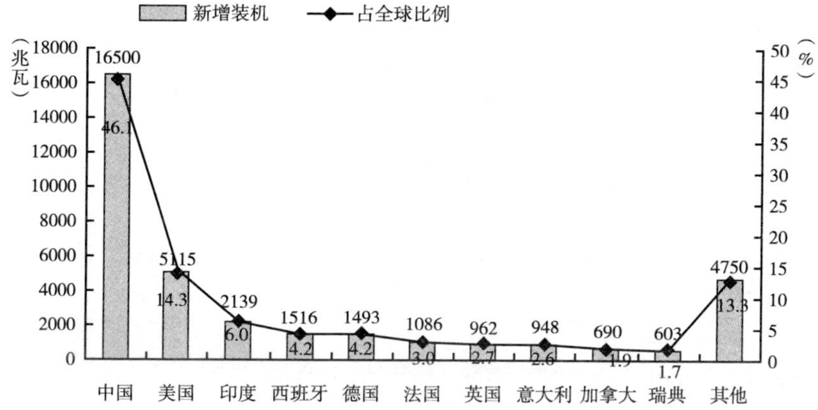

图 7-8　2010 年全球风电新增风电装机容量前十名的国家

资料来源：《全球风能统计 2010》（GWEC）。

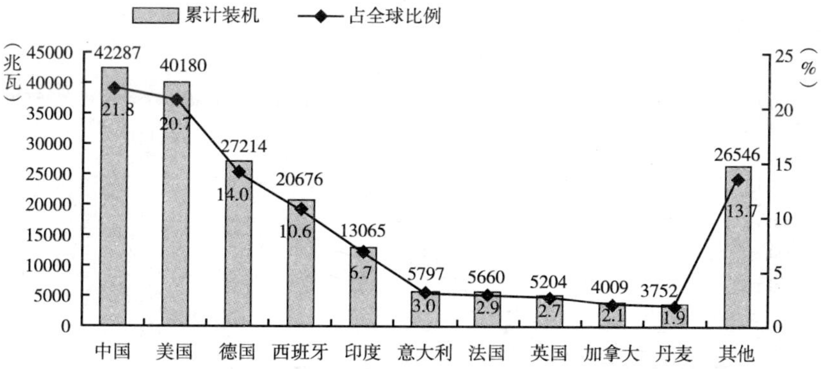

图 7-9　2010 年全球风电累计风电装机容量前十名的国家

资料来源：《全球风能统计 2010》（GWEC）。

（二）我国风机装机容量增长率

2010 年，风能产业被列入国家七大战略新兴产业，在全球大力发展清洁能源的大好时机下，我国风电装机容量继续保持增长，据中国可再生能源学会风能专业委员会统计，2010 年我国除台湾地区外其他地区共新增风电装机 12904 台，新增风电装机容量达 18927 兆瓦，累计风电装机容量 44733 兆瓦。与 2009 年相比，2010 年风电新增装机增长率仅为 37.1%，累计装机增长率为 73.3%，相比过去 4 年里风电装机容量连年翻番增长的态势，2010 年我国风电装机容量增速明显放缓，风能产业正逐渐步入平稳增长时期。详见图7－10、图7－11。

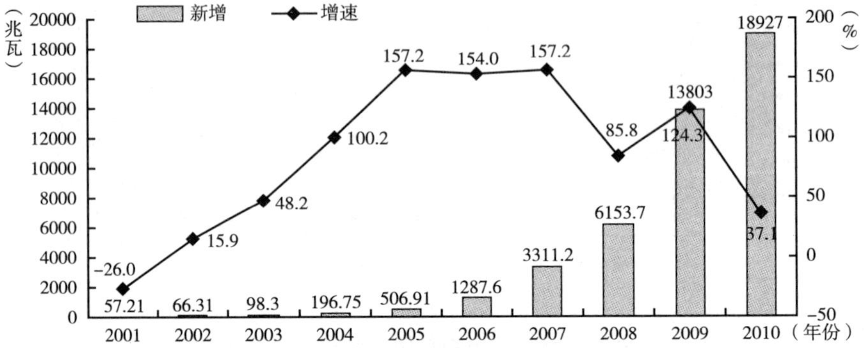

图7－10　2001～2010年我国风电新增装机容量增速

资料来源：CCISR根据《2010年中国风电装机容量统计》（中国可再生能源学会风能专业委员会）。

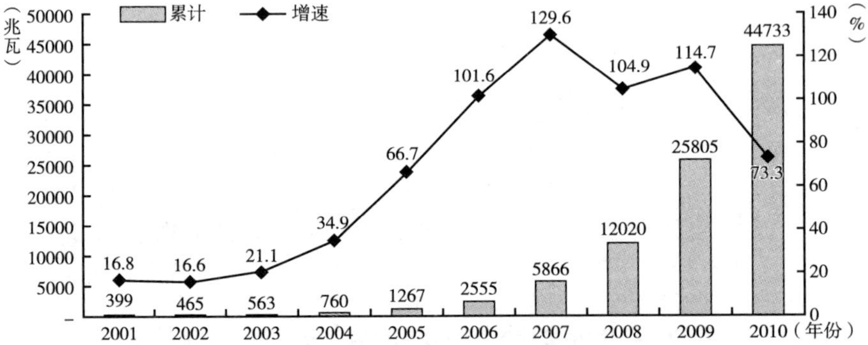

图7－11　2001～2010年我国风电累计装机容量增速

资料来源：CCISR根据《2010年中国风电装机容量统计》（中国可再生能源学会风能专业委员会）。

（三）风电装机容量并网率

2008～2010年，新增装机容量并网率为76%、65%、87%，累计装机容量并网率为74%、62%、74%（见表7－9），并网比例逐渐提高，随着加强风电输出短期预报技术、制定并网技术标准、灵活调度、电网建设和区域连接、储能和智能电网等突破，并网将不成问题。

表 7－9　2008～2010 年我国风电装机并网情况

年份	2008	2009	2010
新增装机容量	615	1380	1600
新增并网容量	466	897	1399
新增并网占比(%)	76	65	87
累计装机容量	1202	2581	4181
累计并网容量	894	1613	3107
累计并网占比(%)	74	62	74

资料来源：东海证券研究所。

(四) 利润率

整机价格的快速下降严重削弱了风电设备制造企业的利润，前两年高歌猛进的风电设备企业发展速度在 2010 年突然放缓。以湘电股份为例，其 2009 年上半年财报业绩增长达 300%，而 2010 年上半年归属于公司股东的净利润较上年同期仅增长 50% 以上。

(五) 行业亏损面

风电场运营的短期利润空间有限，甚至是亏损的。自 2008 年下半年开始，我国风电机组的市场售价出现下降趋势，尤其是进入 2009 年，风电机组的市场售价迅速走低。到 2009 年底，国产风电机组的市场价格已从 2008 年初的 6200 元/千瓦左右下降到的 4000 元/千瓦以下。国产风电机组市场售价大幅降低的原因主要是：国产化程度提高、原材料价格下降、运输成本降低、规模效益加大等等。当然也不排除一些企业为了在项目招标中中标，违背市场规律不惜降价，引起其他企业跟风。按照国家有关部门出台的政策，是对风力发电实行政府指导价，“按照招标形成的价格确定”。从目前已执行的风电特许权招标项目看，几乎全都是以最低价中标的上网电价。与当前风电的实际成本对照，这些项目将全部是亏损的。

第六节　我国风能产业发展存在问题

通过国家多年的持续支持，我国在风电技术方面取得了长足的进步，特别是带动我国风能产业持续发展，基本形成了完整的产业链，为我国风电市场提供大部分的装备。但是我国风能产业安全方面还存在很多问题，主要表现在。

一 国产风电机组设备质量有待提高

2010 年，几起恶性的风电事故给近年突飞猛进的风电发展敲响了警钟，风电设备的质量问题显现出来。在我国风电机组关键设计技术依然依托欧美，风电机组的检测认证体系还不健全，风电场缺乏长期运营维护的经验之下，中国风机质量大考已经开始。

一般而言，风机在投入运行 5 年以后才进入对整机和零部件质量的真正考验期，而我国大部分风机都是最近两三年安装的，因此，未来几年将成为考验中国风机装备质量的关键时期。

由于竞争激烈导致规模上得太快，技术方面没有严格控制而出现大面积返修的情况。由于部分国产风电机组设备质量欠佳，造成风电场可利用率不高。采用国产机组的风电场，其机组可利用率明显低于采用国际先进品牌的机组，根据龙源公司的粗略估算整体上要低 7% 左右。一些风电场业主受到国产设备交货不按时、不配套，机组调试时间长，调试出来的机组通不过运行考核，风力机和风电场项目不能按时投产的困扰。近几年投入运行的一些国产机组也曾多次出现大的质量和技术故障，如轮毂裂纹、主轴问题、轴承问题、齿轮箱故障、电机故障等等（见表 7－10）。虽然国产风电机组设备质量逐年提高，但质量问题仍然不可忽视。只有高度重视产品质量，向用户提供可靠的机组，企业才有辉煌的未来。

表 7－10 风电机组常见故障类型

故障类型	故障原因	改进措施
齿轮箱齿断裂	设计缺陷	召回更换
齿轮箱漏油	设计不合理	改进设计
主轴断裂	材料中含氢量过高	加强供应方管理
叶尖液压缸缸体漏油	加工精度不高	更换供应商
偏航减速器变形	装配工艺缺陷	更改工艺

资料来源：方正证券研究中心、恒州博智风能研究中心。

风机工作环境恶劣，要求运行稳定，可靠性高，维护成本可控，风机设计制造要求生产企业具有雄厚的技术储备和实践积累，从样机认证到规模化商业销售国外一般需要 3 年左右时间。从国际经验看，一旦风机出现质量问题将对企业产生巨大冲击，世界风电巨头 Vestas 2004 年、2005 年因关键零部件出现批次质量问题，导致公司连续两年出现亏损，惨痛的历史经验证明了质量对于风电制造行业的重要性。国产风机由于下游需求的迫不及待，从研制到样机到规模应用的时间大大压缩，为将来可能出现的故障埋下了隐忧，国家发改委能源研究所在调研中发现，整机产品在运行和试制过程中已经出现过质量问题，目前已安装的风电机组在经过 2～3 年的实际运行后，可能的风机故障将开始逐渐显现。

二　风电设备技术落后

大型风电机组的设计极为复杂，甚至需要零部件企业参与整体设计，目前国内风机新进入者大多采用购买生产许可证或合资合作的方式以缩短进入风电市场时间，但长期来看，自主研发能力的提升才能延续企业竞争力，当前国际风机大型化趋势继续演化，国内以 1.5 兆瓦风机为主的局面在 2010 年后将面临升级的可能，届时新一轮的竞争将考验整机厂的研发实力。一方面，我国风电技术研发和设备制造能力不强。目前，我国风电设备制造企业走的是一条从带料加工，到合作生产或购买国外许可证进行组装的技术路线，风电系统工程研发制造能力弱，现有制造水平远落后于市场对技术的需求。另一方面，我国风电发展缺乏专业及复合型人才，风能产业服务体系尚未形成。目前还没有建立起专业的风电技术研究开发机构，风电技术研发和管理人才严重不足，风能产业缺乏从设计、制造、安装、调试及运营管理的人才培养体系，风能产业服务体系尚不完善，难以适应当前风电快速发展的需要。

三　风电制造企业之间面临激烈竞争

根据不完全统计，国内风电整机制造企业已经将近 90 家。风电整机产能的扩大虽然缓解了近两年中国风电机组供不应求的局面，但也预示着我国风电整机制造企业之间白热化竞争的来临。2010 年 10 月底，在“张家口坝上百万千瓦级风电机第二区”与“新疆哈密千万千瓦级风电基地东南部风区”风电机组招标中，由于竞争激烈，已宣布 1.5 兆瓦风电机组每千瓦报价跌破 4000 元，3 兆瓦风电机组每千瓦造价最低报价仅为4100元。2010年，我国首轮海上风电场最高中标价也只有0.737元/千瓦时。这样的低价对企业是严峻的考验，企业如果没有强大的实力，很难在今后的风电市场中竞争与生存。未来几年，风电设备需求会趋于稳定或增速减缓，市场需求虽大，但容量有限。

2010年风电整机制造业的生产能力仅华锐、金风、东汽、国电联合动力、广东明阳五家领军企业的年产量就已经超过1000万千瓦，上海电气、湖南湘电、江苏新誉、浙江运达、重庆海装等八家的总生产能力也达到600万千瓦，其余70多家如要在市场中竞争，已经困难重重。在我国风电设备的制造以及生产能力将大大超过国内市场需求，今后的出路是大力开拓国际市场。

四　电网建设滞后

目前，世界上有一个不成文的规定，风能发电的电量比例不能超过总发电量的5%，一旦超过这个比例就可能造成电网不稳定。而造成这种结果有两方面的原因，一方面，一些地区的区域性电网已经十分脆弱，很多设备都相对老化，而风电的输出功率是不稳定的，风力发电会降低电网负荷预测精度，从而影响电网的稳定性，很容易造成局部电网崩溃。另一方面，电网电量的调度也非常棘手。建立千万千瓦级的风电基地，必将使区域性电网的电量大大增加，这对电网系统来说是严峻的考验。电量的增加必然要求电量的调度非常完善。电是一种非常特殊的商品，生产出来必须马上输送出去。如果因为电网建设没有跟上，就会出现发出来的电送不出去，产生窝电现象，电网将不堪重负而崩溃。

在《可再生能源发展中长期规划》中只规定了发电企业的可再生能源发电配额，但是对于电网企业的配额规定仍属空白，这也是导致《可再生能源法》中提出的可再生能源发电电量保障性收购制度没有得到很好贯彻落实的主要原因之一。由于担心产业发展速度跟不上，以前我国规划中的风电发展目标均远小于发展速度。2010年新增装机容量1892.8万千瓦，累计装机容量达到4473.3万千瓦，远远超过了《可再生能源发展中长期规划》以及《可再生能源发展“十一五”规划》2010年达到500万千瓦和1000万千瓦的目标。目前虽然有关领导在不同场合表明了2015年和2020年风电发展的目标不会低于8000万千瓦和1.5亿千瓦，但是仍然不是正式的、具有法律效力的文件。发展目标落后于发展速度，又往往成为风电上网难的借口。

五　政策体系不完善

《可再生能源发展“十一五”规划》指出，风电、生物质能、太阳能等可再生能源的相关政策体系还不完整，经济激励力度较弱，政策的稳定性和协调性差，还没有形成支持可再生能源持续发展的长效机制。目前我国新能源产业可以说是畸形发展，并没有一个良好的模式和机制，使得企业可以较好地生存。

总体而言，我国风能产业正处于从基础理论、应用研究到关键技术研发、设备研制、公共研究测试能力等完整产业发展体系形成的关键时期，亟须国家给予扶助和支持。

第七节　我国风能产业发展对策建议

我国风能产业的发展从缓慢起步，到快速发展，再到爆发式发展经历了20多年的时间，为了维护风能产业的正常、有序、健康、安全发展，建议如下：

一　处理好产业发展与基础研发的关系

我国风能产业的发展表面上红红火火，但是研发的基础还很不牢固，企业都还很年轻，没有GE、西门子那样的底蕴，同时也面临着缺少国家的长远支持和有坚实的社会产业基础作支撑，处于孤军奋战的阶段，所以特别希望国家在基础研发、工业基础方面有较大的支持，一方面要真正建立一批像RISO、NREL那样的国家实验室，也要扶持建立一批类似于弗朗霍夫和联合技术那样的服务于社会的技术创新性企业。只有这样才能真正夯实基础，而不是搞一些翻牌式的名不副实的国家中心、国家实验室。同时还要搞出一批中国的西门子、GE、联合技术、应用材料这样的技术实力型企业。

二　处理好各种利益主体的关系

风能产业与其他产业相同，上下游是一个完整的生物链，相互依存度极高，一荣俱荣，一损俱损，在企业快速发展时期牺牲某些方面的利益，取得快速的发展是可以理解的。但是，目前如不能处理好制造商和开发商之间，零部件和整机之间，开发商和地方之间，以及地区之间即发达地区和欠发达地区之间的关系，风电的发展必将受到阻碍和影响。众所周知，没有良好零部件质量，就不可能有完美可靠的风机，没有可靠的风机，就不能确保开发商的收益，没有地方的大力支持就不可能有风电、太阳能发电项目的持续发展，风能产业发展环环相扣，关系紧密，道理虽然浅显，但是真正操作起来却有相当的难度。当务之急，是处理和协调各方关系，以确保零部件、整机制造商、开发商、地方政府获取相应的收益，电网企业得到一定的补偿，取得共赢。为解决这些问题，政府可以考虑适当上调上网电价，确保地方的利益，以避免出现与水电开发相似的问题。此外还需着重考虑国企和民企的关系问题、外企和本土企业的发展与竞争问题。只有妥善处理各利益主体之间的关系，才能确保风能产业快速、健康、和谐地发展。

三　处理好法律条款和实际操作问题的关系

政府立法时，总希望能依据实际需求制定完备而卓有成效的法律和规范，由可再生能源发展基金提供的风电的补贴是众望所归，但烦琐的基金征收、发放等管理问题和诸大市场的复杂性，往往使政策的执行举步维艰；又如，法律强调全额收购可再生能源的发电量，但是实际中遇到的种种阻碍，使得此条款基本无法达成，使产业发展陷于进退两难的境地。因此对可再生能源发展基金的管理和应用有以下建议，譬如，基金可以由两块组成，用于可再生能源发电继续维持原有的渠道，只是把附加按基金进行管理，减免所有税费即可，其余的由财政建立专项应公开透明地使用。对于可再生能源发电上网，可以给电网一个自由裁定权，比如5%以内为正常弃风范围，超过了这个部分再对电力生产企业进行补偿。如果电网企业超额收购了可再生能源电量，则给予一定奖励。与此同时，电力生产企业和装备制造企业也应在技术和研发上做更多投入，以提高风电的可预测性，使不易操控的风电，变为可操控、易调节的电量。

四　处理好发展得快与好的问题

风电过去五年100%的增长，使其成为当今可再生能源界不可否认的主力军。为了与其他配套产业和环境稳定、协调发展，风电应该适当放慢脚步，将发展速度逐步降低到30%～40%，20%～30%，甚至百分之十几，一方面协助其他相关配套产业迎头赶上，另一方面使自身从快速、规模化发展，逐步向高质量、自主创新上转变。应通过加速完善市场规则和市场环境，进行透明的市场竞争，来解决这些问题。电力产品在应用上，是一个通用名。该产品适合大规模发展，如果风能产业能顺利地由快向好的方向转型，3~5年内，优异而有竞争力的风机制造商便应脱颖而出，逐步改善目前这种雨后春笋、良莠不齐的局面；如果风电与光电都能顺应此竞争规律，使我国拥有3~5家能栖身世界前列的自主品牌，便已是近年来可再生能源产业发展的不小成绩。

五　处理好规模化发展与分散布局的问题

因我国比较注重规模化发展，特权招标等项目动辄几百万千瓦，但与此同时，我们也不能忽视小规模的发展问题。小规模的发展也要政策扶持，比如德国的风电场大都仅由几台风机组成，风电场内仅一台风机的现象也常见，这种部署在我国的南方、东部沿海也很有市场；另外分散的生物质发电，比如沼气发电、秸秆汽化发电都仅是几十千瓦、几百千瓦的规模，我们可以积少成多，尤其可以将此类电场部署在电网的末端，以辅助削减电网损失。因此，千万千瓦的基地要发展，沙漠化电站要发展，但小风电、小光电、小规模的生物质发电的发展也不容忽视。

B.8

我国太阳能光伏产业安全

第一节　太阳能光伏产业界定

一　太阳能光伏产业链

太阳能光伏产业的产业链范围广，可以概括为光伏电池制备工艺产业链、辅料链、装备链和光伏服务链四条产业链，是综合性很强的产业体系。

（一）光伏电池制备工艺产业链

按光伏电池的制备工艺流程的不同，对光伏产业链的构成作简单分析，基本构成如图 8－1 所示。

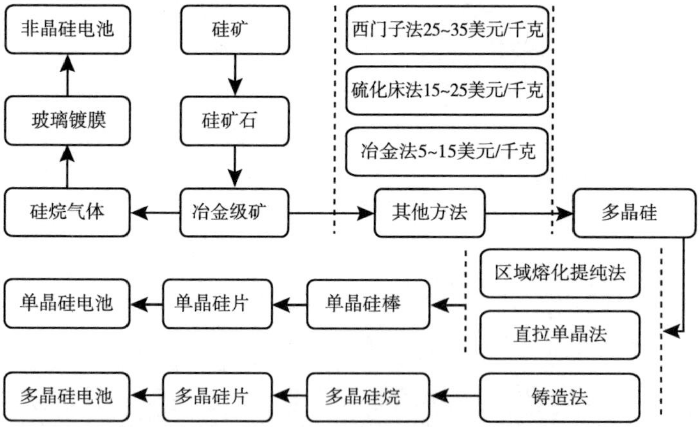

图 8－1　光伏电池、组件制造工艺产业链

多晶硅制备位于整条产业链的上游端，受技术和成本的限制，对光伏产业的发展起决定性作用。太阳能级（纯度为 6 个 9 以上）的多晶硅是太阳能电池的主要原料，其生产工艺复杂、技术含量高，现在其成本约占太阳能电池总成本的 40%。随着光伏产业的高速发展，多晶硅一直处于供不应求的状态，价格最高时曾一度占到太阳能电池总成本的 60%，多晶硅制备行业的毛利率也一度高达

70% ~90%。多晶硅的产量和价格直接决定了整个太阳能光伏产业的发展。晶体硅电池仍保持主导地位。晶体硅太阳能电池的产业化已经发展了十多年，从技术成熟度来讲，晶体硅太阳能电池是薄膜电池所不能比拟的。

（二）辅料链

光伏产业的辅料链在光伏产业中所占的比重非常大。由于光伏最终产品涉及的辅料数量和品种较多，因此，在这里以硅片为分界，分为硅片前和硅片后两个部分。

1. 硅片前辅料

硅片前辅料主要是提纯和生产多晶硅、单晶硅所用的辅料。包括：氯产品如盐酸、氯气、三氯氢硅等，氢气以及氢氯化所用的气体，多晶硅铸锭用的氮化硅粉，惰性气体，以及其他反应气体。在多晶硅铸锭时用到的石英坩埚，铸锭炉和单晶炉内用的石英坩埚（又分为石英陶瓷坩埚和石英玻璃坩埚），隔热用的碳毡（分为硬毡和软毡），以及工作时需要消耗的温度传感器件。此外，在多晶硅铸锭和单晶硅拉制时，还需要用到保护气体和反应气体。

2. 硅片后辅料

在硅片切割过程中，要用到切割线（包括钢线、钼线、金刚砂线）、切削液、金刚砂微粉（或称碳化硅微粉）；在硅片切割后清洗时，要用到各类碱、酸和纯净水。

硅片切割后，进入电池片生产阶段，此时除了前期对于硅片的清洗制绒外，还需要各类酸碱和纯水辅料，扩散还需要用到三氯氧磷气体，PECVD 要用到硅烷气体，电极加工要用到银浆和铝浆，这些辅材的消耗量甚至不亚于主原料硅的价值。

在组件加工方面，要用到白玻璃、EVA 薄膜（近期也产生了用有机硅薄膜的新产品）、铝合金框（最近开始使用工程塑料代替），还有各种黏结剂。

在电站建设方面，则主要是电缆和支架材料。支架材料目前以钢结构为主，也有采用铝合金和工程塑料代替的。

（三）装备链

如果从产值上看，光伏产业价值最大、最先启动的市场，不是光伏电池和组件，而是装备市场。以硅片为分界线，分两部分来分析。

1. 硅片前装备

首先，金属硅的冶炼需要矿热炉，还有除尘设备；此外变压器和破碎及硅石清洗设备也是不可少的。不过，由于金属硅产能现在处于过剩状态，因此，这些设备目前还算便宜。

金属硅炼出来后，如果后面采用冶金法生产多晶硅，还需要用精炼炉进行炉外精炼。通常采用中频感应炉比较多，一台10000千伏安的矿热炉，可能要配到10~20个5吨标准铁容的中频感应炉。

多晶硅出来后，多晶硅的铸锭炉、单晶炉需求量更大，接着是破锭机、铸方设备、倒角抛光设备、硅片多线切割机、硅片清洗设备等。

2. 硅片后设备

电池生产的清洗制绒设备，扩散炉、PVCED、丝印机、烧结炉，正是有了这些才能生产出太阳能电池片。然后，层压机是生产组件的主要设备。同样，玻璃的生产，EVA薄膜的生产，也需要大量的设备。

组件出来后，要安装在支架上。如果是地面电站，还要加上追日（跟踪）系统，这些也属于光伏发电装备。

组件出来的直流电要经过逆变器、控制器才能变成交流电，如果要并网的话，还要有同期装置，对电网进行相位和频率跟踪才能并网。

如果不是并网电站，而是客户端或离网型，那么，还要考虑储能系统，包括蓄电池和充放电控制系统。鉴于目前的铅酸电池在容量上和环保方面还有不少问题，因此，研究开发能够进行大容量、长寿命、高效率的储能装置，不仅是当务之急，而且也是一个潜力非常巨大的市场。

（四）光伏服务链

除了上述的主原料、辅料和设备外，光伏产业还有一个潜力很大的链，就是服务链。服务链分为硬件和软件两方面。

1. 光伏测试仪器设备

光伏产业的服务链中，一个重要的环节是测试服务。测试服务贯穿于所有的主生产环节，也是前期研究和开发的重要技术保证。测试服务的水平，主要取决于测试分析设备。

对于硅材料的生产来说，测试仪器包括常规化验分析仪器，这对硅材料、尤其是多晶硅的生产是非常重要的。对于高纯度的硅材料，成分分析仪器有ICP-AES（等离子体原子光谱仪），ICP-MS（等离子体质谱仪）。GDMS（辉光放电质谱仪），二次离子质谱（SIMS），均需要用来进行生产过程中的硅材料的杂质成分测试。此外，还有傅立叶红外分光亮度计，用来测试碳氧的含量。

而对于硅材料的研究方面来说，还有 RBS（卢瑟福离子背散）测试，电子束显微技术（SEM 扫描电镜、TEM 透射电镜技术），EBIC（电子束诱导电流技术）、SPM（扫描探针显微学）、DLTS（深能级瞬态谱技术）等，都是光伏材料研究不可缺少的设备。

对于电池和硅片的生产，则主要有：电阻率扫描测试仪，少子寿命扫描（微波光电导法、激光电导法、波导法等），粒度测试，硅锭硅片探伤仪，单片光电转换效率测试仪，漏电流测试仪，组件转换效率测试仪，亮度计等。

长期以来，测试设备除了常规的化验分析设备外，绝大多数仪器我国还不能生产，还需要依赖进口。近年来，在电阻率测试、光电转换效率测试等方面，已经有了一定的进展，但取得国际权威机构认证和互认的还较少。测试仪器的缺乏，也是中国光伏行业不能快速发展的一个瓶颈之一。

2. 光伏技术研发服务

由于光伏产业是一个新兴产业，无论从基础理论研究、材料研究还是器件研究、器件制造工艺以及应用研究，都还处于一个产业成长期的初级阶段，许多应当进行的研究都没有开始，制造工艺也还十分原始。

3. 光伏教育培训服务

光伏产业由于是一个新兴产业，因此，没有现成的人力资源。需要从半导体、冶金和制造业获得人才，各种等级的培训是不可缺少的。基层技术工人的培训上岗，是目前各个企业最急需的服务。良好的培训可以大大降低企业的成本，不仅是人力资源成本，更多的是生产成本和浪费的减少。中高层技术人员，则需要进行光伏专业的本科和研究生教育。目前，中国已经有个别大学与光伏企业合作，开办了光伏方面的专业，甚至学院。随着光伏产业的发展，光伏产业大军将迅速扩大，最终仅中国的从业人员可能就要达上千万之多，因此，职业教育和培训，也是一个不小的产业。

4. 物流服务

任何一个产业都会涉及物流。但是，光伏产业对物流的需求，却往往被人低估。以多晶硅的生产为例，一万吨多晶硅，每年就需要进出大约三万吨的货物。更不要说金属硅了。而对于组件来说，仅仅一个 100 兆瓦的光伏电站，就需要 1000 个 40 尺的集装箱车辆进行运输成品，原料则更多。而电站的安装，支架的运输量要比电池组件大 5 倍左右，也就是需要 5000 个大型货车进行运输。因此，光伏产业对于物流的需求，将接近钢铁和煤炭对于运输的需求。

二　太阳能光伏产业链成本构成

太阳能光伏产业链成本如表 8－1 所示，光伏电池占到成本的 60% 以上。而太阳能光伏电池的生产环节，成本如图 8－2 所示，多晶硅基本占到半壁江山。

表 8－1　太阳能光伏系统成本构成

单位：%

项目	太阳能光伏电池	并网逆变器	配电测量及电缆	设备运输	安装调试	入网检测	税金及其他	前期费用和可行性研究	工程设计
成本	66	10	10	1.6	3.6	1.6	3.2	2	2

资料来源：《2050 中国能源和碳排放报告》。

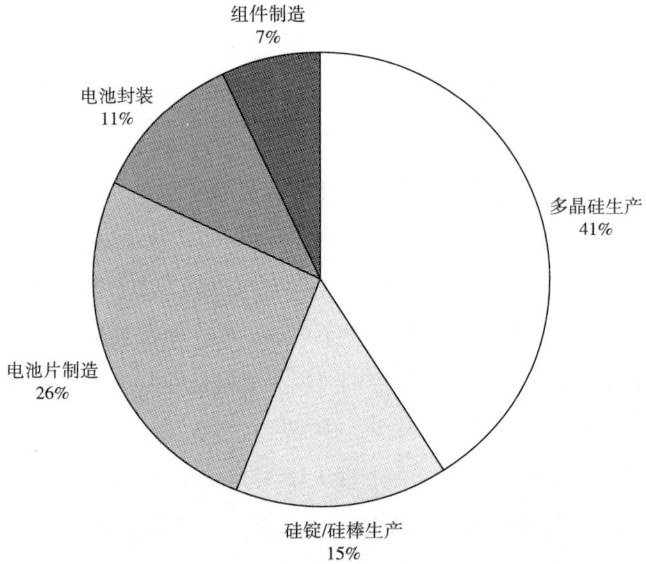

图 8－2　太阳能电池生产环节成本

第二节　我国太阳能光伏产业发展现状

一　我国太阳能光伏产业概况

近年来，在国际光伏发电市场的带动下，我国光伏电池制造产业快速发展，已经形成了硅材料、器件、生产设备、应用系统等较为完整的产业链，光伏电池转换效率不断提高，制造能力迅速扩大。截至2010年底，我国光伏电池组件年产量超过1000万千瓦，约占全球光伏电池市场份额的45%，近5年年均增长率超过100%，连续4年太阳能电池产量居世界第一，技术和经济的国际比较优势明显。通过组织大型光伏电站与光热电站专案招标、实施金太阳示范工程建设等措施，积极启动国内大型太阳能发电、分布式并网及离网光伏发电应用市场。与此同时，通过财政补贴实施金太阳示范工程，使用户侧光伏发电系统得到有效启动。此外，光伏发电系统在边远无电地区供电、太阳能交通信号、太阳能路灯，以及在通信、气象、铁路、石油等领域也得到普遍利用。截至2010年底，全国光伏电池安装量已达到90万千瓦，居全球第八位。太阳能光伏产业取得的成就主要体现在以下一些方面。

（一）太阳能资源丰富，发展潜力巨大

我国是太阳能资源相当丰富的国家，年单位面积上我国太阳辐照总量大致为1050~2450千瓦时/平方米，大于1050千瓦时/平方米的地区占国土面积的96%以上，与欧洲相比，我国全部地区是太阳能资源可利用区，每年地表吸收的太阳能大约相当于17000亿吨标准煤的能量，具有利用太阳能的良好资源条件。每年太阳辐射到我国960万平方公里的土地上的能量，相当于17000亿吨标准煤。根据各地接受太阳总辐射量的多少，可将全国划分为四类地区（见表8-2）。

表8-2　我国各地区的太阳能资源及分布

名称	符号	指标（千瓦时/平方米）	占国土面积（%）	地　区
最丰富带	Ⅰ	≥1750	17.40	西藏大部分、新疆南部以及青海、甘肃和内蒙古的西部
很丰富带	Ⅱ	1400~1750	42.70	新疆大部、青海和甘肃东部、宁夏、陕西、山西、河北、山东东北部、内蒙古东部、东北西南部、云南、四川西部
丰富带	Ⅲ	1050~1400	36.30	黑龙江、吉林、辽宁、安徽、江西、陕西南部、内蒙古东北部、河南、山东、江苏、浙江、湖北、湖南、福建、广东、广西、海南东部、四川、贵州、西藏东南部、台湾
一般带	Ⅳ	≤1050	3.60	四川中部、贵州北部、湖南西北部

资料来源：《中国可再生能源发展战略研究丛书》。

由于其安全、无污染和资源无限等优良属性，太阳能成为人类发展所必需的清洁能源。尽管目前与风能、生物质能相比，太阳能开发利用的成本还很高，但太阳能的潜力巨大，前景非常广阔，随着其技术的不断进步和成本降低，太阳能，尤其是光伏发电的竞争力开始显现，使其成为继风电和生物质发电之后，又一个可以大规模开发利用的可再生能源技术。从我国资源禀赋来看，就资源的可获得性而言，与水电、核电和风电等技术相比，太阳能发电资源几乎没有限制。太阳能资源的利用与所用的技术、方式和面积有关。

（二）产业规模迅速提高，市场占有率稳居世界前列

一系列光伏激励政策促进了我国光伏市场的快速增长。“十一五”期间，我国太阳能电池产量以超过100%的年均增长率快速发展。2007～2010年连续四年产量世界第一。2007年我国已经成为世界最大的太阳能电池生产国，2010年我国太阳能电池产量达到13吉瓦，占全球总产量的50%。电池组件产量上升到10吉瓦，占世界产量的45%，太阳能电池产量连续五年居世界第一。我国光伏发电市场也在起步，2010年安装光伏发电500兆瓦，累计达到900兆瓦，居世界前十。我国太阳能电池产品90%以上出口，2010年出口额达到202亿美元。

我国光伏市场近几年的增长速率令人印象深刻，但光伏装机量从全球角度看仍然相当小，2009年中国光伏安装量占全球总安装量的份额约为2.2%，2010年上升约1个百分点，达3.1%（见表8－3）。

表8－3　全球及中国光伏年度装机量

单位：兆瓦，%

年　份	2006	2007	2008	2009	2010
全球总量	1603	2932	5950	7380	16000
中国	10	20	40	160	500
中国占世界的百分比	0.60	0.70	0.70	2.20	3.10

资料来源：《2011中国光伏产业发展报告》。

（三）掌握关键材料生产技术，产业基础逐步牢固

我国已经掌握了产业链的各个环节中的关键技术，并在不断地创新和发展，如电池技术、多晶硅制造技术等，多晶硅电池的平均出厂效率达到16%，我国的企业已经在产品质量和成本方面成为世界领先者。“十一五”期间，我国投产

的多晶硅年产量从二三百吨发展至4.5万吨，光伏产业原材料自给率由几乎为零提高至50%左右，已形成数百亿元级的产值规模。国内多晶硅骨干企业已掌握改良西门子法千吨级规模化生产关键技术，规模化生产的稳定性逐步提升。在光伏产业链中，有实际产能的多晶硅生产商20~30家，硅片企业60多家，电池企业60多家，组件企业330多家。截至2010年底，国内已经有海外上市的光伏产品制造公司16家，国内上市的光伏产品制造公司16家，行业年产值超过3000多亿元，进出口额220亿美元，就业人数30万人。

（四）主流产品技术与世界同步，产品质量稳步提高

太阳能电池产品质量逐年提升，尤其是在转换效率方面，骨干企业产品性能增长较快，单晶硅太阳能电池转换效率达到17%~19%，多晶硅太阳能电池转换效率为15%~17%，薄膜等新型电池转换效率为6%~8%。

（五）节能减排成效明显，资源利用率大幅提升

光伏产业节能减排取得显著成效，副产物综合利用水平稳步提高，资源利用率整体取得大幅提升。千吨级多晶硅规模化生产技术取得重大突破，初步实现循环利用和环保无污染、节能低耗生产。少数企业还实现了四氯化硅死循环工艺，使得综合能耗和生产成本大大降低，并彻底解决了四氯化硅的排放和污染环境的问题。已有2家多晶硅生产商的能耗与成本接近国外同行先进水平，多晶硅能耗水平达到每千克耗电120千瓦时，成本下降到每千克30美元以下。龙头企业保利协鑫的产量达到了17600吨，居世界第三位，成本下降到每千克22.5美元。2010年，国内多晶硅产能接近9万吨，产量在4.5万吨左右，自给率虽然还不到50%，但是完全依赖进口的局面有了很大的改观（见表8-4）。

表8-4　中国2010年光伏行业主要环节产能及产量统计

分类	2010年产能	2010年产量
多晶硅（万吨）	8.5	4.5
硅锭/硅片（吉瓦）	23	11
晶体硅电池（吉瓦）	21	8.5
薄膜电池（吉瓦）	2.5	0.5

资料来源：《2011中国光伏产业发展报告》。

（六）生产设备不断取得突破，本土化水平不断提高

国产单晶炉、多晶硅铸锭炉、开方机等设备逐步进入产业化，占据国内较大

市场份额。晶硅太阳能电池专用设备除全自动印刷机和切割设备外基本实现了本土化并具备生产线“交钥匙”的能力。硅基薄膜电池生产设备初步形成小尺寸整线生产能力。2010 年我国光伏专用制造设备销售收入超过 40 亿元，出口交货值达到 1 亿元。

（七）国内光伏市场逐步启动，装机量快速增长

我国已相继出台了《太阳能光电建筑应用财政补助资金管理暂行方法》和《关于实施金太阳示范工程的通知》等政策，并先后启动了两批总计 290 兆瓦的光伏电站特许权招标项目。截至 2010 年，我国累计光伏装机容量达到 800 兆瓦，当年新增装机容量达到 500 兆瓦，同比增长 166%。

二　我国太阳能光伏产业发展特点

（一）充分利用国内外市场要素，产业发展国际化程度高

我国光伏产业充分运用国内外资金、人才两大市场要素，“十一五”末期，已有数十家企业实现海外及国内上市，产品广销国际市场。国内光伏企业以民营企业为主，主要企业实力不断增强，有 4 家企业太阳能电池产量位居全球前十，成为国际知名企业。

（二）自主创新与引进吸收相结合，形成自主特色产业体系

通过自主创新与引进消化吸收再创新相结合，初步形成了具有我国自主特色的光伏产业体系，多晶硅、电池组件及控制器等制造水平不断提高，制造设备的本土化率已经超过 50%，太阳能电池的质量和技术水平也逐步走向世界前列。

（三）产业链上下游协同发展，推动光伏发电成本下降

“十一五”期间，我国光伏产业突破材料、市场以及人才等发展瓶颈，产业规模迅速壮大，上下游完整产业链基本成型。我国光伏产业的崛起带动了世界光伏产业的发展，有效地推动了技术进步，降低了光伏产品成本，加快了全球光伏产业应用步伐。

（四）产业呈现集群化发展，有效提高区域竞争力

我国光伏产业区域集群化发展态势初步显现，依托区域资源优势和产业基础，国内已形成了江苏、河北、浙江、江西、河南、四川、内蒙古等区域产业中心，并涌现出一批国内外知名且具有代表性的企业，主要企业初步完成垂直一体化布局，加快海外并购和设厂，向国际化企业发展。

（五）产业链垂直整合趋势明显，产能迅速扩充

以晶体硅电池制造企业为例，包括尚德、晶澳、英利、天合在内的多家企业不仅制订了宏伟的电池生产扩产计划，还向产业链上下游拓展，业务延伸至多晶硅材料、硅片、组件及系统安装等。

（六）产业链尚未达到平衡，各环节利益分配呈现失衡状态

由于受到技术、政策、资金等多项因素的影响，中国光伏产业链各环节仍存在不同程度的脱节。以多晶硅环节为例，2010 年中国用于光伏行业的多晶硅仍存在约 50% 的缺口，导致多晶硅市场价格较高。据海关统计资料，2009 年和 2010 年中国多晶硅进口量分别达到 22727 吨和 47549 吨。

（七）处于来料加工业务，集中在组装、制造等价值较低的产业链中间环节

目前，中国许多光伏企业是在做来料加工业务：进口多晶硅原料，经过硅片切割、太阳能电池片生产、把电池片组装成“太阳能电池组件”，制成成品出口。也就是说，在全球产业链中，中国的光伏企业大都集中在组装、制造等价值较低的产业链中间环节。而在产业分工中，这些都是附件值低、能耗高的环节。因此，处于产业链这种环节，最容易受到挤压，如美国的“双反”以及欧盟的政策，已对中国的光伏产业造成很大的重创。

三　我国太阳能光伏产业“十二五”面临形势

目前，各主要发达国家均从战略角度出发大力扶持光伏产业发展，通过制定上网电价法或实施“太阳能屋顶”计划等推动市场应用和产业发展。国际各方资本也普遍看好光伏产业：一方面，光伏行业内众多大型企业纷纷宣布新的投资计划，不断扩大生产规模；另一方面，其他领域如半导体企业、显示企业携多种市场资本正在或即将进入光伏行业。

从我国未来社会经济发展战略路径看，发展太阳能光伏产业是我国保障能源供应、建设低碳社会、推动经济结构调整、培育战略性新兴产业的重要方向。“十二五”期间，我国光伏产业将继续处于快速发展阶段，同时面临着大好机遇和严峻挑战。

（一）我国光伏产业面临广阔发展空间

世界常规能源供应短缺危机日益严重，化石能源的大量开发利用已成为造成自然环境污染和人类生存环境恶化的主要原因之一，寻找新兴能源已成为世界热点问题。在各种新能源中，太阳能光伏发电具有无污染、可持续、总量大、分布广、应用形式多样等优点，受到世界各国的高度重视。我国光伏产业在制造水平、产业体系、技术研发等方面具有良好的发展基础，国内外市场前景总体看好，只要抓住发展机遇，加快转型升级，后期必将迎来更加广阔的发展空间。

（二）光伏产业、政策及市场亟待加强互动

从全球来看，光伏发电在价格上具备市场竞争力尚需一段时间，太阳能电池需求的近期成长动力主要来自各国政府对光伏产业的政策扶持和价格补贴；市场的持续增长也将推动产业规模扩大和产品成本下降，进而促进光伏产业的健康发展。目前国内支持光伏应用的政策体系和促进光伏发电持续发展的长效互动机制正在建立过程中，太阳能电池产品多数出口海外市场，产业发展受金融危机和海外市场变化影响很大，对外部市场的依存度过高，不利于持续健康发展。

（三）面临国际经济动荡和贸易保护的严峻挑战

近年来全球经济发展存在动荡形势，一些国家的新能源政策出现调整，相关补贴纷纷下调，对我国光伏产业发展有较大影响。同时，欧美等地区和国家已发生多起针对我国光伏产业的贸易纠纷，类似纠纷今后仍将出现，主要原因有：一是我国太阳能电池成本优势明显，对国外产品造成压力；二是国内光伏市场尚未大规模启动，产品主要外销，可能引发倾销疑虑；三是我国相关标准体系尚不完善，存在产品质量水平参差不齐等问题。

（四）新工艺、新技术快速演进，国际竞争不断加剧

全球光伏产业技术发展日新月异：晶体硅电池转换效率年均增长 1 个百分点；薄膜电池技术水平不断提高；纳米材料电池等新兴技术发展迅速；太阳能电池生产和测试设备不断升级。而国内光伏产业在很多方面仍存在较大差距，国际竞争压力不断升级：多晶硅关键技术仍落后于国际先进水平，晶体硅电池生产用高档设备仍需进口，薄膜电池工艺及装备水平明显落后。

（五）市场应用不断拓展，降低成本仍是产业主题

太阳能光伏市场应用将呈现宽领域、多样化的趋势，适应各种需求的光伏产品将不断问世，除了大型并网光伏电站外，与建筑相结合的光伏发电系统、小型光伏系统、离网光伏系统等也将快速兴起。太阳能电池及光伏系统的成本持续下降并逼近常规发电成本，仍将是光伏产业发展的主题，从硅料到组件以及配套部件等均将面临快速降价的市场压力，太阳能电池将不断向高效率、低成本方向发展。

第三节　我国太阳能光伏产业发展环境

一　太阳能光伏产业政策环境

（一）重点政策解析

1.《太阳能光伏产业“十二五”发展规划》

工信部2012年2月23日正式发布《太阳能光伏产业“十二五”发展规划》（简称《规划》）。《规划》主要包括发展回顾、面临形势、指导思想和发展目标、主要任务、发展重点、政策措施6部分，内容涉及光伏产业链各环节，包括材料、设备、电池、光伏电站、配套服务等。《规划》提出产业规模化的发展目标，符合产业的发展方向，大型企业具有较高的市场竞争力、产品质量、技术创新能力等各方面优势，使得当前产业无序化的市场竞争向规范化发展。

《规划》将高纯度多晶硅、硅锭/硅片、晶硅电池、薄膜电池、高效聚光太阳能电池、BIPV组件、光伏生产专用设备等十大领域列为“十二五”期间的发展重点。在这十大领域中，包括了多项将大力发展或明确要求取得突破的技术。

在重点发展方面，包括支持低能耗、低成本的太阳能级多晶硅生产技术；支持高效率、低成本、大尺寸铸锭技术，重点发展准单晶铸锭技术；重点发展高倍聚光化合物太阳能电池产业化生产技术；重点发展BIPV组件生产技术等。

在技术突破方面，包括突破150～160微米以下新型切片关键技术，如金刚砂、钢线切割技术，提高硅片质量和单位硅材料出片率，减少硅料切割损耗；突破高倍聚光太阳能电池衬底玻璃技术、高效率高倍聚光化合物太阳能电池技术、高倍率聚光电池测试分析和稳定性控制技术等。

对于备受关注的光伏发电上网电价、发电成本等问题，《规划》也提出了具体目标。《规划》指出，积极推动上网电价政策的制定和落实，到2015年，光伏组件成本下降到7000元/千瓦，光伏系统成本下降到1.3万元/千瓦，发电成本下降到0.8元/千瓦时，光伏发电具有一定经济竞争力；到2020年，光伏组件成本下降到5000元/千瓦，光伏系统成本下降到1万元/千瓦，发电成本下降到0.6元/千瓦时，在主要电力市场实现有效竞争。

《规划》提出，“十二五”时期，大力支持低成本、高转换效率和长寿命的多晶硅太阳能电池研发及产业化，降低电池产品成本和最终发电成本，力争尽快实现平价上网。

为了实现产业发展目标，《规划》提出，我国将采取实施差异化政策，引导多晶硅等产业向西部地区转移；支持企业兼并重组；制定产业、财税、金融、人才等扶持政策，积极促进我国光伏产业健康发展。

2.《产业结构调整指导目录（2011年版）》

2011年公布的《产业结构调整指导目录（2011年版）》中，首次将新能源作为单独门类列入指导目录的鼓励类，并力推太阳能。

3.《关于完善太阳能光伏发电上网电价政策的通知》

2011年8月1日，国家发改委公布《关于完善太阳能光伏发电上网电价政策的通知》（发改价格［2011］1594号），确定了全国统一的标杆上网电价。《通知》明确，2011年7月1日以前核准建设、2011年12月31日建成投产的光伏发电项目，上网电价统一核定为每千瓦时1.15元（含税）；2011年7月1日及以后核准的太阳能光伏发电项目，以及2011年7月1日之前核准但截至2011年12月31日仍未建成投产的太阳能光伏发电项目，除西藏仍执行每千瓦时1.15元的上网电价外，其余省（自治区、直辖市）上网电价均按每千瓦时1元执行。

（二）重大事件分析

2009年3月，财政部会同住房和城乡建设部推出了促进BIPV和光伏屋顶应用的国家光伏补贴计划，该计划被视为中国光伏市场的转折点。

2009年7月，财政部会同科技部和国家能源局发布了第二个国家光伏补贴计划，即“金太阳示范工程”。当年批准了201兆瓦的项目（2010年取消了其中中标后未能实施的54兆瓦）。

2009年底，国家能源局举行了甘肃敦煌10兆瓦并网光伏发电专案的特许权招标，最终中广核能源开发有限责任公司、江苏百世德太阳能高科技有限公司和比利时Enfinity公司组建的联合体以1.0928元/度的价格竞标成功。

2010年开始，由财政部、科技部、住建部、国家能源局联合发布，对“金太阳示范工程和太阳能光电建筑应用示范工程”的有关政策进行了大幅调整，涉及设备招标、项目调整、补贴标准、项目并网等多个关键环节。

2010 年新增了 272 兆瓦的项目。此外，宣布在全国建立 13 个光伏发电集中应用示范园区，以此为依托推动中国光伏产业的应用。并公开表示力争 2012 年以后每年国内应用规模不低于 1000 兆瓦。

2010 年 8 月，国家能源局举行了 280 兆瓦并网光伏发电项目特许权招标，最终中标价格分布在 0. 7288 元/度至 0. 9907 元/度之间，远低于业内预期。

2011 年 6 月 26 日，财政部、科技部、国家能源局联合发布《关于做好 2011 年金太阳示范工作的通知》，该通知明确了中央财政将继续安排资金支持实施金太阳示范工程，采用晶体硅组件的示范项目补助标准为 9 元/瓦，采用非晶硅薄膜组件的为 8 元/瓦，独立光伏发电项目的补助标准另行确定。

二　太阳能光伏产业技术环境

中国在各类光伏发电核心技术上均不处于国际领先位置，但是，依靠出色的组织能力和快速的增长，晶体硅电池在全球范围内已经具备价格竞争优势，成本约为 1. 2 美元/Wp。

（一）我国形成了自主知识产权的核心体系

鉴于单晶硅太阳能电池产业发展较早，随着产业自主创新与集成创新的结合，形成了我国自主知识产权的核心体系。晶体硅电池发展的趋势是低成本发电，低成本发电也是光伏发电技术的发展方向。低成本的实现途径包括效率提高、成本下降及组件寿命提升三方面。效率的提高依赖工艺的改进、材料的改进及电池结构的改进；成本的下降依赖于现有材料成本的下降、工艺的简化及新材料的开发。组件寿命的提升依赖于组件封装材料及封装工艺的改善。

以晶体硅太阳能电池称作第一代太阳能电池，薄膜电池则属于第二代太阳能电池。由于国内薄膜电池技术不占优势，无论是碲化镉电池，还是 CIGS、非晶硅电池技术，目前在国内都不具备大规模生产的能力，主要通过购买设备生产。过去几年，很多企业通过自己的能力来提升薄膜电池技术，做了很多尝试，但是几乎没有实质性的进展，主要原因是薄膜电池效率低、制造技术与相应设备不够完善、开发经验不足。需要加大研发力度，从器件结构到衬底基材、大面积、均匀、高性能的沉积技术的改进，以及新型互连、集成型模块等方面的创新和提高，以便能够成为可与晶硅电池相媲美的光伏电源形式。

2010 年世界前 10 位电池制造商中，除了第一太阳能公司生产碲化镉电池外，其余全部为晶体硅电池，包括四家中国大陆企业，两家中国台湾地区企业，其中尚德和晶澳分别排名第一和第二。前十名企业的市场份额下降，2009 年前十名电池制造商的市场份额为 44.6%，2010 年下滑至 39.8%，前十名中第一太阳能、Q-Cell、英利、夏普、京瓷的市场份额出现下滑，其中第一太阳能下降最多，从 2009 年的 8.8% 下降到 2010 年的 5.2%。

（二）光伏发电技术已经日渐成熟

技术成熟的主要标志是规模化生产、转换效率提高和成本下降。近五年来，光伏发电技术已经更加成熟，年产量超过 1 吉瓦的企业超过了 5 家，具备了大规模生产的特征。硅电池的转换效率每年以 0.4% ~0.5% 的速度在提升，多晶硅的平均出厂效率为 16.5% ~16.8%。由于技术创新、规模效应和全球生产链的整体发展，硅片、电池、组件和系统的成本在不断下降，发展太阳能光伏发电有利于世界经济的复苏，所以各国都把光伏发电作为新兴产业刺激经济增长。

（三）光伏发电已经开始了规模化发展的进程

从应用规模看，全球光伏发电已经超过 4000 万千瓦，欧洲光伏发电的增长已经超过了风电，2010 年新增超过了千万千瓦，已经成为仅次于水电、风电的第三大可再生能源电源，进入大规模发展阶段。

（四）技术与国外先进水平还存在很大的差距

我国的光伏产业材料、设备、工艺、检测手段等各方面都需要从国外引进、消化和吸收，缺乏研究方面的投入，各类研究人才也相当缺乏。多数核心技术，如多晶硅生产的核心技术——三氯氢硅还原法被国外少数企业垄断，中国企业很难获得关键技术。多晶硅材料生产工艺在产业链中是高端，占成本的 50%，如果不掌握核心工艺和技术，不但会造成污染，还会直接影响产品质量。多晶硅提纯是高能耗、高污染的环节，生产技术长期以来掌握在美、日、德 3 个国家 7 个公司的 10 家工厂手中，形成技术封锁、市场垄断的状况。多晶硅提纯的技术壁垒在于尾气回收利用技术，利用化学的方法在高纯硅提炼过程中会产生四氯化硅、三氯氢硅等易爆有毒气体，尾气回收技术将直接决定污染程度的高低。目前德国瓦克等国际厂商已具备先进的尾气回收和循环利用硅料的技术，我国普遍采用的改良性西门子法无法根本解决污染回收的问题。环境污染问题在光伏生产材料生产过程中尤其是多晶硅提纯过程中已成为影响产业安全的重要问题。

从单晶硅、多晶硅、多晶硅薄膜、非晶硅来看，我国的太阳能电池最高转化效率均低于世界水平（见表8－5）。中国太阳能平均转化率之所以不高，其主要原因是专用材料国产化程度低，特别是硅材料几乎完全依赖进口，如封装玻璃完全依赖进口。因此从光伏产业核心技术的掌握以及太阳能电池转换效率指标的比较来看，中国光伏产业处于不安全状态。但由于世界光伏产业还处于发展的初级阶段，中国在光伏技术的创新上还有很大的赶超空间。

表8－5　几种主要太阳能电池世界最高转化效率与中国最高转化效率的对比

单位：%

太阳能电池类型		世界最高转化效率	中国最高转化效率
单晶硅	研究	24.7	20.3（纯化发射区）
	生产	20.1（a-si/c-si 结构）	14.5
多晶硅	研究	19.8	14.53
	生产	16.8	13.5
多晶硅薄膜	研究	16.6（VEST 结构）	14.08
	生产	8.5	—
非晶硅	研究	21.0（a-si/poly-si/a-si）	11.4（双结）、9.53（单结）
	生产	13（a-si/poly-si/a-si）	5.6

资料来源：赛迪顾问，2009。

三　太阳能光伏产业市场环境

（一）世界电池制造商竞争更加激烈

2010年，世界电池制造商竞争更加激烈，前十名电池制造商的市场份额为39.2%，比2009年的44.6%下降了5个百分点，有越来越多的企业加入到光伏电池制造业中，其他电池制造商的市场份额相应增加。在市场排名前十家企业中，四家厂商的市场份额扩大，其中尚德电力5.8%、晶澳太阳能5.4%、天合光能

3.9%、茂迪3.5%。晶澳太阳能扩大的最多，与2009年相比，市场份额扩大了1.2%。五家厂商的市场份额下降，第一太阳能5.2%，Q-Cell3.7%，英利3.6%，夏普3.3%。又以第一太阳能下降的最多，与2009年相比，市场份额减少了3.6%。

（二）政府采取积极政策措施

为了营造光伏市场，我国政府采取了一系列的政策措施。

1. 财政补贴

2009年3月23日，财政部印发《太阳能光电建筑应用财政补助资金管理暂行办法》的通知，明确中央财政从可再生能源专项资金中安排部分资金，支持太阳能光电在城乡建筑领域应用的示范推广。2009年9月下达首批项目，中央财政安排预算12.7亿元，启动太阳能屋顶计划。列入首批国家光电建筑应用示范项目共111个，总规模为91兆瓦，示范工程分布在30个省（自治区、直辖市），重点向产业基础好、阳光资源丰富的江苏、浙江、内蒙古、河南等省（自治区）倾斜，引导光电建筑一体化发展，扶持技术先进的光伏产品推广应用。

2009年7月16日，财政部、科技部和国家能源局共同印发《关于实施金太阳示范工程的通知》，明确中央财政从可再生能源专项资金中安排一定资金，支持光伏发电技术在各类领域的示范应用及关键技术产业化。2009年11月，财政部公布了金太阳示范工程项目目录，共安排294个示范项目，发电装机容量总规模为642兆瓦，计划用2~3年完成。

2. 上网电价补贴

2007年和2008年，国家发改委分两次核准了4个光伏电站项目，包括上海2个项目、内蒙古和宁夏各1个项目，上网电价均为4元/千瓦时。2009年和2010年国家能源局组织了两批光伏电站特许权专案招标。项目通过公开招标选择投资企业，采用特许权方式建设管理，特许经营期25年。2009年3~6月，国家能源局启动第一个10兆瓦荒漠光伏电站特许权招标。13家投标单位的平均报价为1.42元/千瓦时，最后以1.09元/千瓦时的上网电价中标。2010年4月2日，国家发改委批复了宁夏发电集团太阳山光伏电站一期、宁夏中节能太阳山光伏电站一期、华电宁夏宁东光伏电站、宁夏中节能石嘴山光伏电站一期发电项目临时上网电价均为1.15元/千瓦时（含税）。

（三）国际、国内竞争进一步加剧，新技术和新产品不断涌现

国外大型电子制造企业和大型财团都以不同方式进入光伏产业，其资本优势

和技术优势为我国光伏产业的继续发展带来了极大的未知因素。为了打破光伏市场技术差异性相对较小的特点，行业领军企业都极为重视技术的积累进步和新产品的开发。多家设备企业和原材料供货商也在致力于技术的更新换代，加大了在新兴技术方面的投资，若干关键技术的突破将会改变整个光伏产业的发展进程和竞争格局。

（四）多晶硅价格大幅下跌

从 2008 年峰值 350 万元/吨，到 2011 年 11 月 20 万元的均价，近 330 万元/吨的落差，不仅挤破了多晶硅行业存在的价格泡沫，更以仅为 30 万～40 万元/吨行业平均成本价一半的差价，挤出了多晶硅企业的“血泪”——中小型多晶硅企业不堪成本压力，纷纷停产关门。2011 年 3 月，多晶硅价格短暂突破 70 万元/吨后一路跳水，仅 3 个月的时间，便每吨狂跌 30 万～40 万元/吨。之后曾经历过短期波折，但下行趋势未改，连续暴跌 8 个月。截至 2011 年 11 月份的数据显示，2011 年 11 月我国多晶硅主流价格已跌至 20 万～23 万元/吨。造成国内多晶硅企业成本倒挂的触发因素，就是目前愈演愈烈的欧债危机。

四　太阳能光伏产业投融资环境

从我国光伏产业的价值链看，晶体硅材料炼制（主要是多晶硅）占据整个产业链产值的近 70%，占产业链成本的 65%，这是“技术即价值”在产业投资中的典型表现。除晶体硅生产环节，硅片切割、电池组件和平衡部件后序环节的技术含量逐次下降，产业链的价值集中在上游领域释放，这就是当前光伏产业“拥硅为王”的真实表现。然而，产业发展的经验表明，只要不是资源稀缺性的瓶颈，技术瓶颈要么被突破，要么被其他技术或创新工艺所代替，替代与互补总是相辅相成的。我们判断，薄膜电池（尤其是非晶硅）将在光伏原材料市场占据一个更高的位置，尽管光电转换效率不如晶体硅电池，但薄膜电池相对低廉的成本、规模经济性和更加广泛的应用体现出的优势不可忽视；当多晶硅成为瓶颈时，发展非晶硅薄膜电池就成为必然的路径依赖，市场才是决定技术的标准；对薄膜电池技术研发的投入将有效替代晶体硅电池，从而改善原有的上游原材料和技术结构，多晶硅市场需求下降导致供给相对过剩，多晶硅价格下滑，一部分消费者剩余流向非晶硅上游，一部分价值流向产业链的其他环节。因此，我们的结论是：多晶硅暴利时代可能会比市场预期结束得更早，而早期进入薄膜电池行业的企业，以及具备产业链整合能力的企业将有望胜出，特别是后者，融合产业链尽管会带来更高的管理成本和运营难度，但光伏产业的光明前景预示着这一成本的付出是值得的。

第四节　我国太阳能光伏产业竞争力及依存度

一　市场竞争力

从光伏产业的企业规模来看，我国光伏企业优势明显，呈现出了领先世界水平的态势。我国光伏产品市场国内产业规模扩大，竞争者逐渐增多，但国内市场却不能得到同步的扩展，大部分国内企业只能寻求出口获得利润。我国光伏产业处于两头在外的局面，90%以上的硅原料和光伏市场均依赖国外市场。我国光伏产业的关键设备也主要依赖进口，价格相对昂贵。而我国光伏市场发展却相对缓慢，光伏产品主要是应用于边远地区。国内光伏产业竞争日益加剧，在进入规模、成本、质量、技术等多方面都存在激烈的竞争。

2007年以来，我国光伏产业市场集中度低的现象日趋明显。由于2011年之前光伏产业处于爆发性增长阶段，利润空间大，全国各地投资光伏产业的积极性空前高涨。不仅现有光伏企业迅速扩大产能，产业外投资者也纷纷提出要进入光伏产业。但从全国看，整个产业出现了非理性繁荣的现象，涉足光伏产业的企业越来越多，导致“行业大、企业小”的现象突出。这种低市场集中度现象实际上反映的是我国光伏产业低水平重复建设的重大弊端。但目前，由于欧盟与美国的“双反”，我国的光伏企业正在经历价格暴跌、库存激增、债务高企的时期。这不仅会形成我国光伏产业内企业的恶性竞争导致产能过剩，更重要的是它浪费了国家的宝贵资源，不利于光伏产业内企业的市场竞争力的提升，因而对光伏产业的安全是有害的。

二　重点企业运营分析

国内光伏产业重点企业如表8－6所示。

表 8－6　光伏产业重点企业介绍

分　类	说　明	生产企业
高纯晶体硅原料生产企业	高纯晶体硅冶炼、提纯	高纯硅材料企业：海姆洛克（Hemlock，美国）、瓦克（Wacker，德国）、三菱硅（Mitsubishi，日本）、德山曹达（Tokuyama，日本）、先进硅（ASiMi，美国）、MEMC（美国）、住友（Sumitomo，日本）、太阳硅（SGS，Solar Grade Silicon LLC，美国）、新光硅业、洛阳中硅、江苏中能、江西赛维
硅片生产企业	单晶硅拉制或多晶硅定向浇铸	单晶硅片企业：江阴海润、浙江煜辉、常州有则、江西德科、扬州顺大、河北晶龙、上海九晶、锦州阳光、浙江昱晶、镇江环太、嘉兴嘉晶、卡姆丹克、天津环欧，多晶硅片企业：江西赛维、宁波太阳能、江阴海润、江西德科、浙江煜辉
电池芯片制造企业	硅片通过扩散、丝网印刷、烧结等形成电池	江苏：尚德、中电、天合、林洋、浚鑫、阿特斯、顺风、亿晶、海润、天宝、欧贝黎、尚品、艾德，浙江：向日葵、太阳谷、正泰、百事德、百力达、舒奇蒙、宝利特、乐叶，上海：太阳能科技、超日、交大泰阳、展丰、索朗、艾力克，其他：河北晶澳、海南天聚、山东力诺、索日、长沙红太阳、云南天达、南玻光伏、天威英利、江西瑞晶、中轻、泉州金宝利
电池组件制造企业	将电池串联和并列	江苏：尚德、中电、天合、林洋、阿特斯、浚鑫、顺大、天宝、亿晶、东盛光电、二泉、国飞、兆阳光能，浙江：正泰、宝利特、环球、向日葵，上海：太阳能科技、超日、交大泰阳、展丰、索朗、艾力克，其他：上海晶龙、河北晶澳、山东力诺、深圳珈伟、天威英利、新疆新能源、东营光伏

从表 8－6 中可以看出，国外成熟企业（如 Hemlock、Wacker、Tokuyama 等）处于光伏产业链上游，集中于多晶硅研制和新技术开发，目前已进入稳步成长的阶段；国内涉及多晶硅的企业多处于成长初期；海外上市的国内企业（如无锡尚德、江西赛维）则由于海外市场需求的扩张和此类企业向上游拓展等因素，逐渐向产业链整合的方向发展，目前整合产业链是分散风险和价值最大化的重要方向。从国内上市企业看，多晶硅行情可能在 2010 年前就走过了盈利的高点，因此唯有向新技术拓展（如薄膜电池）和早先进行产业链整合的企业才会具备优异的成长性，忽视行业发展规律，以多晶硅为短期盈利目标的企业则终将昙花一现。

与国外太阳能电池芯片厂商相比，国内电池芯片生产厂家在产品的转换效率上已达到世界先进水平，同时在生产上具有低成本的加工优势。然而在目前供不应求的局面下，电池芯片生产企业在工艺以及转换效率上的优势并不能完全体现。长期来看，工艺的改善以及电池芯片转换效率的提高依旧是国内电池芯片及电池组件企业发展的核心竞争力。从工艺上，通过减少电池芯片的破损率降低材料成本；从性能上，通过转换效率的提高来降低单位成本来实现利润最大化。

（一）无锡尚德

无锡尚德（Suntech）成立于2001年，2002年9月第一条10兆瓦太阳能电池生产线正式投产，涉及晶体硅太阳能电池、组件、硅薄膜太阳能电池和光伏发电系统等光伏发电环节。2006年全年出货量115兆瓦，2007年太阳能电池的出货量达到364兆瓦，占国内总产量的30%，位列世界主要厂商第三位，2008年出货量达到459兆瓦。2008年，开始涉足薄膜电池，在上海建设了薄膜电池生产线。

2009年，公司进一步加速太阳能电池的扩张脚步。2009年，建设的薄膜电池生产线投入商业化生产；同时，在扬州建设了年产能300兆瓦电池生产设备。2009年，随着国内光伏屋顶计划和金太阳示范工程的实施，无锡尚德在国内电站建设步伐加快。2009年6月19日，江苏省首个兆瓦级并网型太阳能光伏屋顶项目投建。该项目由江苏省国信资产管理集团有限公司和无锡尚德共同开发；2009年9月30日，中国第一个10兆瓦级太阳能光伏发电专案——中节能尚德石嘴山50兆瓦太阳能光伏电站一期10兆瓦项目并网投产；2009年11月，华电尚德东台50兆瓦太阳能光伏电站一期10兆瓦项目今天在江苏东台沿海经济区开工建设。

除了项目建设外，2009年，无锡尚德太阳能电池技术也上了一个新的台阶。2009年8月，无锡尚德多晶硅光伏组件在量产中的转换效率创造了新的世界纪录，达到15.6%，打破了15年前Sandia国家试验室创造的15.5%的纪录；2009年9月，公司又一次打破在上月其所创造的多晶硅组件15.6%转换效率的世界纪录，将新的世界纪录突破性地提高到16.53%（仅按电池的采光面积计算），再次证明了尚德利用冥王星技术生产的多晶硅组件具有目前世界上最高的转换效率。该多晶硅组件转换效率由位于德国的Fraunhofer太阳能系统研究机构（ISE）独立检验。

（二）天威英利

保定天威英利新能源有限公司业务涉及电池组件的设计、制造和销售，以及并网、离网光伏应用系统的设计、销售和安装。天威英利的产品和服务涵盖了从多晶硅铸锭、硅片、光伏电池片、光伏电池组件的生产到系统安装的整个光伏产业链。为德国、西班牙、意大利、韩国、比利时、法国、中国和美国等世界多个市场的光伏系统集成安装商和经销商提供高质量的光伏组件产品。

公司于2007年6月8日成功登陆美国纽约证券交易所。截至2008年9月，公司在多晶硅铸锭、硅片、光伏电池片和光伏电池组件等环节的产能均已达到400兆瓦。

2009年，英利太阳能电池产量超过800兆瓦，全年出货量达525.3兆瓦。2009年，英利通过产业规模扩张、企业战略联合、技术提升等多种方式全方位提高企业竞争实力。2009年5月，英利成为中国首家加入环保组织PV CYCLE的企业。PV CYCLE成立于2007年，致力于推动回收和再利用超过使用年限的光伏组件。光伏组件的回收和再利用可以减少资源的浪费，提高原材料的使用率。

（三）晶澳太阳能

晶澳太阳能有限公司是一家年轻而有潜力的现代化光伏企业，由河北晶龙实业集团有限公司、澳大利亚光电科学工程公司、澳大利亚太阳能发展有限公司三方共同出资于2005年5月18日在河北省宁晋县设立。晶澳太阳能有限公司主要从事单晶硅棒、硅片，高效太阳能电池、组件的加工、制造和销售，现有年产600兆瓦高效太阳能电池生产线24条，生产能力位居世界前列。

2009年，晶澳宁晋和扬州太阳能电池生产基地产能达到650兆瓦。

三　对外依存度

（一）出口依存度

目前，我国已成为世界太阳能光伏电池第一大生产国，光伏产品95%都出口欧洲、美国、日本等国外市场。2010年中国太阳能电池的出口额为87亿美元，同比增长49.2%，增长速度有所下降（见图8－3）。

目前我国光伏生产企业加工利润走低，产品依赖出口。中国光伏企业大多是在做来料加工：进口多晶硅原料，经过硅片切割、太阳能电池片生产、把电池片组装成太阳能电池组件，制成成品出口，得到的不过是中间的加工利润。也就是说，在全球产业链中，中国的光伏企业大都集中在组装、制造等价值较低的产业链中间环节。而在行业分工中，这些都是附加值低、能耗高的环节。一旦国外光伏发电建设政策有变，或者为保护本国产业采取限制进口的措施，中国近年来大量上马的光伏项目将面临困境。比如目前，由于欧盟与美国的“双反”，我国的

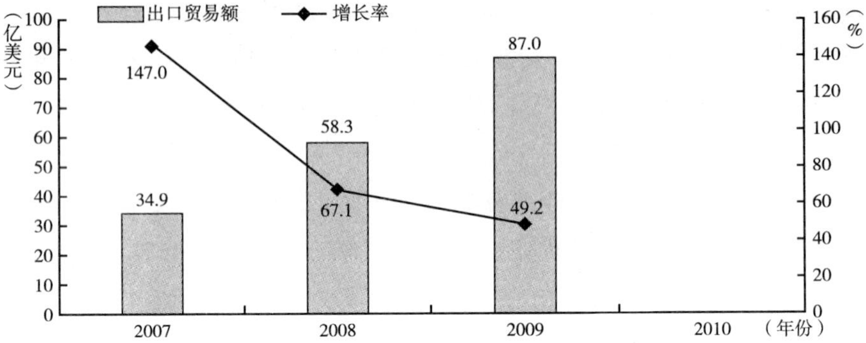

图 8-3　2007~2010 年中国太阳能电池出口状况

资料来源：赛迪顾问，2010。

光伏企业正在经历价格暴跌、库存激增、债务高企的时期，就是其真实反映。而且，随着国际市场空间的日趋饱和，太阳能电池生产厂商的利润空间正从高点开始下滑。

（二）进口依存度

目前我国高纯多晶硅绝大部分还需要依赖进口，高纯多晶硅的生产是光伏产业链上最重要的环节，同时也成为我国光伏产业链的瓶颈。核心技术被国外垄断的条件下，对外依存度过高使晶体硅材料供应成为制约相关产业发展的瓶颈。同时也导致中国丰富的硅资源大量流失，以中国晶体硅主要进口国日本和韩国为例，2005 年中国共向两国出口纯度为 98% 的工业硅 23.7 万吨，平均出口价格仅为 0.1 万美元/吨，而经过提纯为晶体硅后，进口均价暴涨至 4.4 万美元/吨。

光伏电池是太阳能光伏发电的重要组成部分。国际市场上 98% 以上的光伏电池是利用高纯多晶硅制造的。

（三）对外依存度安全形势分析

我国光伏产业 95% 的市场出口以及国内市场的缺失，都可能限制中国光伏产业的长远发展。但是在很多情况下，在国际合作中往往遇到诸多壁垒，例如国际贸易保护主义问题，知识产权保护问题，潜在的贸易欺诈问题等。如最近受美国的“双反”调查及欧洲削减光伏补贴的威逼，我国光伏产业已然进入“冰河”期。因此，从对外依存度来分析中国光伏产业处于不安全级别。

第五节　我国太阳能光伏产业发展存在问题

近几年来我国太阳能产业发展迅速，除上游硅原料外，其余部分已经形成比较完整的产业链。但由于中国太阳能产业起步较晚，设备、工艺、人才、核心技术等薄弱，自主创新能力有待进一步加强；相关配套政策缺乏；光伏产业产品质量参差不齐，对产业长远发展很不利。

一　研发投入不够，技术支撑能力不强

虽然国家和企业在光伏技术的研发投入都有所增加，但从目前看来尚且投入不足，尤其是国家层面，这依然制约着我国光伏产业核心竞争力的提高。第一，国内的工艺和装备的更新速度无法为光伏产业快速发展提供技术支撑。晶体硅太阳能电池制作用高档设备仍需进口，如高纯多晶硅生产的氢化炉、四氯化硅四循环回收装置、大尺寸（450 千克以上）铸锭炉、多线切割机、PECVD 镀膜设备、自动丝网印刷机、全自动电池焊接机等。第二，一些关键通用装备不能适应光伏产业进步的要求，特别是薄膜太阳能电池技术水准（包括制造设备）与国外差距很大，产业化步伐缓慢。第三，对前瞻性的技术安排不够，如欧美一些国家都对下一代电池技术的研发安排了巨额资金投入，而我国目前还没有这种超前的预见性安排，这些都与我国光伏产业第一大国的地位不符。

除了上述问题，太阳能电池用配套材料也是制约因素之一，如电子浆料、石墨制品、石英制品、EVA 高分子材料等，国内已经开展了一定的初步研究，但主要以仿制进口产品为主，大部分产品档次较低，如电子浆料、石墨材料、石英产品等还依赖进口。薄膜太阳能电池所需的高纯硅烷气体、TCO 玻璃基板、金属背电极等材料也主要依赖进口。国内光伏配套材料企业总体上由于生产规模较小，研发能力薄弱，技术上没有全面突破，还不能适应国内太阳能电池产业和技术的发展需要，成为制约行业发展的因素日益凸显。

二　落后产能盲目扩张，重复建设严重

其一是政府拉动拔苗助长，企业强势介入。海外订单诱发国内光伏企业扩展潮。现在我国有 100 多个城市打造光伏产业发展基地，10 多个城市提出打造双

千亿的光伏产业基地，自2009年下半年国内的组件生产商开始扩产，截至2010年底，估计仅国内的晶体硅电池产能约有20吉瓦，依据主要装备供货商的资料分析，我国在建的太阳能电池生产线还有20吉瓦，估计2011年底可达40吉瓦。我国2009年的太阳能电池组件的发货量是10吉瓦，估计产量约13吉瓦，意味着仅发挥了65%的产能，产能的过剩必然带来无序竞争和过度竞争的严重后果，造成投资浪费。其二是发展导向差，形成一批落后产能。比如多晶硅生产，国家虽然提出了多晶硅建设项目的技术门槛：规模不小于3000吨，成本在40～50美元/千克，能耗水平在160千瓦时/千克。但是由于市场需求的增加，多晶硅产能出现新一轮的扩张，而真正具有先进技术的企业为数不多，大部分开工建设的项目，即使按照技术门槛组织生产也达不到国际先进水平。目前建设的一半以上企业不具备竞争优势，无缘先进行列，很快将成为落后产能。又如，薄膜电池生产，从2006～2009年，我国引进了一大批的薄膜电池技术和生产线，与先进的薄膜技术如碲化镉技术相比还形成不了比较优势，成本、效率、产量都有差距，造成了多数企业一旦建成就成为落后产能的窘境。

三　市场发展不均衡，过度依赖国外市场

国内市场还没有开放，尽管我国晶体硅太阳能电池的产量现在已经达到世界第一，但是国内的光伏产品90%以上都销往国外，生产和需求过度依赖国外市场使国内的光伏企业难以应对市场波动带来的风险。

从全球市场的发展看，开拓国内市场也已经迫在眉睫。从2010年开始，德国、西班牙、法国、意大利等欧洲光伏应用大国纷纷下调对光伏发电的补贴，下调幅度为10%～30%不等，这一方面是由于光伏发电的成本下降，另一方面也受到欧洲经济不景气的影响。欧洲光伏市场在过去几年一直占有世界80%以上的份额，根据国际有关机构的最新预测，欧洲光伏市场2011年的份额将下滑到全球市场的55%以下，2013年的份额更将下滑到50%以下，欧洲光伏市场的下滑对全球光伏市场的影响无疑将是非常大的，未来世界的光伏市场将依赖于美国和中国，而美国的保守、日本市场的封闭以及中国政策的不明朗，将使得庞大的光伏产业面临风险。此外，我国内部市场不均衡，主要依赖政府主导，还没形成一个自发的市场环境。

四　产业基础已经形成，但缺少市场发展支撑

从太阳能电池产量到设备制造，我国的光伏发电已经拥有了大规模发展的产业基础，但是光伏发电还缺乏长期的产业发展和市场发展目标。除了上网电价，国家对于光伏发电的发展规划还没有明确，尽管2007年国家发展和改革委员会已经公布了2020年的可再生能源中长期发展规划，但是对于光伏发电的规划目标明显偏低，不利于整个产业的发展，而目前还在讨论阶段的可再生能源和太阳能发电的“十二五”规划还没有出台，国家对于未来5～10年的政策尚不明朗。

明确发展目标和市场规模，是调动各方积极性为光伏产业发展进行长期投入的基础。适合于我国国情的政府规划的出台将有利于营造光伏产业健康发展的环境。我国应该学习德国及其他国家的先进经验以及我国发展风电的成功经验，明确光伏产业发展的目标。

五　缺乏可持续和清洁发展理念

不容忽视的是，国内的光伏企业良莠不齐，有些企业往往采用低价竞争、无序竞争的行为，质量以次充好，破坏产业的良性发展，甚至影响到整个行业的声誉。由于现有的市场供不应求，很多电池组件厂商的产品质量都存在不同程度的问题。

一些多晶硅生产企业环保不达标，却在追求利润的诱惑下，依然开工生产。国内绝大部分多晶硅生产商生产1千克多晶硅，耗电量高达180～200千瓦时，产生的副产品四氯化硅也不能实现完全地循环利用，因此每千克多晶硅成本超过50美元。行业内企业缺少环保和社会责任理念，造成外界对光伏产业能耗高、污染重的指责，也让原本是清洁能源产业背负了高耗能、高污染的骂名，不利于光伏产业的可持续发展。

六　国家政策不完善，不足以拉动光伏市场

尽管“金太阳示范工程”已经在全国开始实施，但是3年的总量只有大约700兆瓦，平均每年的装机容量不到250兆瓦，这同国内每年20吉瓦的产能相比，仍然是杯水车薪，95%的产量需要出口，国内市场的全面启动需要强有力的政策拉动。

从中国市场发展的实际情况来看，不论是大型荒漠电站招标形成的上网电价，还是和金太阳工程招标项目形成的组件和配套产品的价格都偏低，最低价中标的原则使开发商和光伏电池供应商都必须将其收益压至最低，以争夺获得项目开发权。企业的利润空间小，商业投资回报率较低，不利于光伏市场的健康发展。

国家虽然在补贴政策方面做了一些尝试，但进展缓慢。上网电价迟迟不能确定，企业的投资回报期就很难确定，在利益不明的情况下，投资者很难对光伏发电项目产生兴趣，客观上制约了并网型光伏发电的发展。政策不配套，导致企业没有开发运营光伏发电项目的动力。太阳能发电与水电、风电和煤电的发展一样，都需要价格支持。光伏发电是通过 20～25 年发电来获得经济和社会效益的产业，它的发展必须用价格手段和市场机制来培育，亟待出台固定上网电价来带动市场发展，为光伏产业规模化发展提供市场保障。

全球各国的实践都证明补贴并非促进光伏产业发展的成功手段，20 世纪 80 年代美国对太阳能热水器的补贴，导致整个太阳能热水器产业的溃败。2011 年 3 月，西班牙政府由于 300 多家光伏发电企业不能达到发电预期水平，取消了这 300 多家企业的补贴。因此，必须制定清晰、合理的价格机制来保障光伏发电的可持续发展，而不是用补贴的方法。现行的太阳光电建筑示范项目补贴和金太阳示范工程补贴，都不利于市场的发展。

七　电网接入问题

随着光伏发电市场的迅速扩大和在电网中比例的不断增大，与电网的协调发展成为越来越突出的问题。未来的供电模式一定是集中电站加上大量分布式发电的模式；而不是现在单一集中电站的供电模式。光伏发电是理想的分布式发电电源，目前国际上并网发电占到总的光伏市场的 90%，而在并网光伏市场中，与建筑结合的分布式并网发电系统占 90% 以上，德国在发电侧的大型并网发电仅占 10%，而美国仅占 6%。德国“10 万屋顶计划”、日本“10 万屋顶计划”以及美国的“百万屋顶计划”都属于低压用户侧并网的分布式光伏发电系统。分布式发电的推广是对传统供电模式的重大转变，不但在技术上要有突破和创新，在标准体系、管理体制、经营模式甚至法律法规上都要进行变革才能适应这一转变。当前中国正在实施的“光电建筑”和“金太阳示范工程”都属于“用户侧并网”、“自发自用”的分布式发电，在电网接入方面遇到很多困难。

分布式发电（含微电网）是光伏发电规模化推广的关键，要解决好这一问题，首先要在法律法规上实现突破，欧洲和美国都有分布式发电的立法，电力公司必须允许分布式发电的接入；其次才是技术问题和利益平衡的问题。在推广分布式光伏发电的同时，也必须考虑到电网供电模式的转变带给电网的问题，如电能质量、安全性、继电保护、电能计量以及管理模式和经济利益等，做到同电网协调发展。

八　成本较高成为规模化发展的最大障碍

我国太阳能电池组件和光伏电站系统的成本一般比国际平均水平要低10% ~ 15%，国内太阳能电池组件的价格在 12 ~ 13 元/Wp，系统投资约 2.0 万元/kWp。从 2010 年国家能源局西部 6 省大型光伏电站的特许权招标的情况看，对于规模在 20 兆瓦以上的光伏电站，初始投资可达到 1.5 万元/千瓦以下。相较于火力发电建设投资 6000 元/千瓦，风力发电 1 万元/千瓦，光伏发电的建设成本是火电的 2.5 倍，是风力发电的 1.5 倍。火力发电的年运行时间可达 5000 小时，风力发电为 2000 小时，而光伏发电在中国平均只有 1300 小时，因此光伏电价在日照比较好的地区（年满发 1500h）也要在 1 元/千瓦时左右，远高于火力发电和风力发电的上网电价。因此，今后 10 年之内降低成本仍然是光伏发电最重要的努力方向。

第六节　我国太阳能光伏产业发展对策建议

一　提升光伏能源地位，加强产业战略部署

光伏能源是一种可持续、无污染、总量大的绿色新能源，应当充分认识太阳能光伏发电的战略价值和重要意义，切实在国家能源经济和社会可持续发展的总体部署中予以统筹考虑，提升太阳能光伏产业在国民经济发展中的战略地位。通过实施工业转型升级和可再生能源等相关规划，统筹制定产业、财税、金融、人才等扶持政策，积极促进我国光伏产业健康发展。

二 加强行业管理，规范光伏产业发展

根据产业政策要求和行业发展实际需要，切实加强行业管理，推动行业节能减排，规范我国光伏产业发展，建立健全光伏行业准入标准，引导地方政府坚决遏制低水平重复建设，避免一哄而上和市场恶性竞争。推动相关职能部门联合加强产品检查，对于不达环保标准、出售劣质产品、扰乱正常市场竞争秩序的企业，依照相关规定给予处罚和整顿。

三 着力实施统筹规划，推进产业合理布局

加强行业统筹规划，推动企业转型升级，坚持市场主导与政府引导相结合，扶持产业链完备、已具有品牌知名度的骨干企业做优做强。鼓励实力领先的光伏企业依靠技术进步、优化存量、扩大发展规模，实施“走出去”战略，积极参与国际产业竞争。实施差异化政策，引导多晶硅等产业向西部地区转移。推动资源整合，鼓励企业集约化开发经营，支持生产成本低、竞争力强的企业兼并重组生产经营不佳的光伏企业。

四 积极培育多样化市场，促进产业健康发展

推动制定和落实上网电价实施细则，继续实施“金太阳工程”等扶持措施，鼓励光伏企业与电力系统等加强沟通合作，加快启动国内光伏市场。坚持并网发电与离网应用相结合，以“下乡、富民、支边、治荒”为目标，支持小型光伏系统、离网应用系统、与建筑相结合的光伏发电系统等应用，开发多样化的光伏产品。通过合理的电价标准、适度的财政补贴和积极的金融扶持，积极扩大国内光伏市场。

五 支持企业自主创新，增强产业核心竞争力

支持光伏企业转型升级，通过技术改造等手段扶持掌握自主技术的骨干企业，巩固和提高核心竞争力。加大对光伏产业技术创新的扶持力度，重点支持多晶硅节能降耗、副产物综合利用、太阳能电池高效高质和低成本新工艺技术的研发和产业化项目。加强产学研结合，支持关键共性技术研发，全面提升本土化光伏设备技术水平。加大人才培养力度，支持建立企业技术研发中心与博士后科研流动站。

六　完善标准体系，推动检测认证、监测制度建设

重视光伏产品和系统标准体系建设，以我国自主知识产权为基础，结合国内产业技术实际水平，推动制定多晶硅、硅锭/硅片、太阳能电池等产品和光伏系统相关标准，积极参与制定国际标准，建立健全产品检测认证、监测制度，促进行业的规范化、标准化发展。加强对光伏产品质量标准符合性的行业管理，避免劣质产品流入市场。推动企业加强光伏产品回收。

七　加强行业组织建设，积极参与国际竞争

建立健全光伏行业组织，推动行业自律管理，加强行业交流与协作，集中反映产业发展愿景，打造国内光伏产业合作创新平台。充分发挥市场机制作用，以行业组织为纽带，以企业为主体，以市场为导向，提高产业应对国际竞争和市场风险的能力。加强国际交流和合作，优化产业发展环境，完善出口风险保障机制，鼓励企业积极争取海外资金，巩固和拓展国际市场。

B.9

我国生物质能产业安全

第一节　生物质能行业定义及分类

一　生物质能的定义

生物质是指通过光合作用而形成的各种有机体。生物质能是太阳能以化学能形式储存在生物质中的能量形式，人类生活产生的大量废弃物都可以作为生物质能的来源，生物质能不同于替代煤炭、石油和天然气等化石燃料，可再生利用。生物质能产业包括生物质能发电、生物柴油、燃料乙醇、生物质沼气等产业。

生物质能发电主要是利用农业、林业、工业废弃物、城市垃圾等生物质能为原料，采取直接燃烧或气化的发电方式。在国民经济分类标准中，生物质能发电属于其他能源发电下的一个子分类。液体生物质燃料包括两种：一种是生物柴油，是指以油料作物、野生油料植物和工程微藻等水生植物油脂以及动物油脂、餐饮垃圾油等为原料油，通过酯交换工艺制成的可代替石化柴油的再生性柴油燃料。液体生物质燃料的另外一种就是燃料乙醇。

二　生物质能的分类

按照生产技术的不同，主要包括直接燃烧技术、物化转换技术、生化转换技术与植物油利用技术。这里主要研究产业化比较发达的生物质能发电、生物柴油、燃料乙醇、燃烧垃圾发电产业。

（一）直接燃烧技术

直接燃烧大致可分为炉灶燃烧、锅炉燃烧、垃圾焚烧和固体燃料燃烧四种情况。炉灶燃烧是最原始的利用方法，一般适用于农村或山区分散独立的家庭用户，它投资最省，但是效率最低。锅炉燃烧采用了现代化的锅炉技术，适用于大规模利用生物质，它最主要的优点是效率高，并且可实现工业化生产；缺点是投资高、而且不适于分散小规模使用。垃圾焚烧也是采用锅炉技术处理垃圾，但是由于垃圾品味低，腐蚀性强，所以它要求技术高，投资更大，从能量利用的角度，它也必须达到一定规模才比较合理。固型燃料燃烧是把生物质固化成型后再采用传统的燃煤设备燃用，主要优点是所采用的热力设备是传统的定型产品，不必经过特殊的设计或处理；主要缺点是运行成本高，所以它比较适合企业对原有设备进行技术改造时，在不重复投资的前提下，以生物质代替煤，以达到节能的目的，或应用于对污染要求特别严格的场所，如饭店烧烤等。

（二）物化转换技术

物化转换技术包括三方面，一是干馏技术；二是气化制生物质燃气；三是热解制生物质油。干馏技术的主要目的是同时生产生物质炭和燃气，它可以把能量密度低的生物质转化为热值较高的固定炭或气，炭和燃气可分别用于不同用途。优点是设备简单，可以生物产炭和多种化工产品，缺点是利用率较低，而且适用性较小，一般只适用于木质生物质的特殊利用。生物质热解气化是把生物质转化为可燃气的技术，根据技术路线的不同，可以是低热值气，也可以是中热值气。它的主要优点是生物质转化为可燃气后，利用效率较高，而且用途广泛，如可以用作生活煤气，也可以用于烧锅炉或直接发电。主要缺点是系统复杂，而且由于生成的燃气不便于储存和运输，必须有专门的用户或配套的利用设施。热解制油是通过热化学方法把生物质转化为液体燃料的技术，它的主要优点是可以把生物质制成油品燃料，作为石油产品替代品，用途和附加值大大提高，主要缺点是技术复杂，目前的成本仍然太高。

（三）生化转换技术

生化转换技术主要是以厌氧消化和特种酶技术为主。沼气发酵是有机物质（为碳水化合物、脂肪、蛋白质等）在一定温度、湿度、酸碱度和厌氧条件下，经过沼气菌群发酵（消化）生成沼气、消化液和消化污泥（沉渣），这个过程就叫沼气发酵或厌氧消化，它包括小型的农村沼气技术和大型的厌氧处理污水工程。它的主要优点是提供的能源形式为沼气（CH_4），非常洁净，具有显著的环保效益；主要缺点是能源产出低、投资大，所以比较适宜于以环保为目标的污水处理工程或以有机易腐物为主的垃圾的堆肥过程。利用生物技术（包括酶技术）把生物质转化为乙醇的主要目的是制取液体燃料，它的主要优点是可以使生物质变为清洁燃料，拓宽用途，提高效率；主要缺点是转换速度太慢、投资较大、成本相对较高。

（四）植物油利用技术

能源植物油是一类储存于植物器官中，经加工后，可以提取植物燃料油的油性物质。能源油料植物是一类含有能源植物油成分的物种和变种，是一类再生资源。能源油料植物主要包括油脂植物和具有制成还原形式烃的能力，接近石油成分，可以替代石油使用的植物。植物燃料油是通过能源油料植物油的提取加工后，生产出的一种可以替代石化能源的燃性油料物质。它的主要优点是提炼和生产技术简单，主要缺点是油产率较低，速度很慢，而且品种的筛选和培育也较困难。

三　生物质能产业的地位

国家“十一五”规划确立了生物质发展的战略思路与原则：发展生物质发电、沼气、生物液体燃料和生物质固体成型燃料等生物质能清洁高效利用技术，推动生物质能的产业化和商业化发展，加快生物质能产业体系建设和市场培育，促进农村经济发展，有效增加农民收入，缓解农林废弃物、城乡有机废弃物排放造成的环境污染，积极促进社会主义新农村建设。合理开发利用边际土地资源、能源作物和能源植物的种植，做到不与民争粮，不与粮争地，不破坏环境，不顾此失彼，处理好生物质能利用与生物质其他用途的关系。

四　生物质能产业经济特性

（1）可持续性。生物质属可再生资源，生物质能由于通过植物的光合作用可以再生，与风能、太阳能等同属可再生能源，资源丰富，可保证能源的永续利用。只要有阳光存在，绿色植物的光合作用就不会停止，生物质能就不会枯竭。

（2）广泛分布性。生物质能存在于世界上所有国家和地区，而且廉价、易取，其生产过程十分简单，可以被充分利用。

（3）资源丰富性。生物质能是世界第四大能源，仅次于煤炭、石油和天然气。根据生物学家估算，地球陆地每年生产1000亿～1250亿吨干生物质；海洋年生产500亿吨干生物质。生物质能源的年生产量远远超过全世界总能源需求量，相当于目前世界总能耗的10倍。随着农林业的发展，特别是薪炭林的推广，生物质资源还将越来越多。

（4）对环境的不确定性。一般认为：在生物质的再生利用过程中，排放的二氧化碳与生物质再生时吸收的二氧化碳达到碳平衡，可实现二氧化碳零排放，能有效缓解温室效应。而一些欧盟科学家认为：生物燃料的使用将加速全球物种的灭绝。部分学者认为生物质需水量大，能源作物光合作用效率低，从而将生物质的生产局限在降水充足的地区，迫使生物质生产与粮食生产等其他类型的土地利用相竞争。生物质能发展也可能对生物多样性产生影响。如果用生产生物质能的作物替代自然覆盖，如森林和湿地，因品种较为单一，生态系统的功能将削弱，生物多样性将降低。此外，生物质能的利用对水土流失、土壤肥力变化和水污染等生态环境问题都有重要影响。

第二节　生物质发电与垃圾发电

一　生物质能发电产业链

生物质能发电行业的产业链比较短（见图9－1），由生物质能发电生产行业加工上游的资源行业和设备行业以及下游的电网行业构成，生物质能发电行业和其他新能源行业面临的唯一下游客户就是电网，电网买电以后再卖给各个不同的用户，生物质能发电占总能源的份额很小，下游用电行业的变化造成的电力需求波动实际上是针对对整个能源行业的，而不是只对生物质能发电行业有影响。对于垃圾焚烧发电，除了原材料不同，垃圾焚烧发电的产业链与生物质发电的产业链完全相同。

图9－1　我国生物质能发电行业产业链

（一）生物质能源设备

目前我国生物质能设备、零部件制造业逐步发展，已形成具有一定规模的生产体系，生物质能设备制造和配套部件专业化产业链正逐步形成。但部分关键配套实力与国际先进水平仍存在差距，相关研发和制造实力有待进一步增强。按照功能分类如下；

1. 简单的燃烧炉具生产

目前的炉具按燃烧方式可分为直燃炉、半气化炉和气化炉三种。按利用方式可分为炊事炉、采暖炉和炊暖两用炉。柴草在炉膛里直接燃烧，通过合理配风，伴有气化的成分，因此有人称之为“半气化炉”或“准气化炉”，这种炉具的最大优点是没有焦油产生。到目前为止，全国农村推广应用的户用炉具约有 50 万台。这个阶段炉灶企业生产规模不断扩大，北京、山东、河南、重庆的一些生物质炉具企业年生产能力已超过 3 万台。

2. 生物质能发电设备

目前与国内生物质发电公司合作的多为国内中型电力设备企业，如青岛捷能汽轮机、武汉汽轮机、济南生建电机厂、济南锅炉厂等。国内生产气化发电机组具有代表性的厂家是重庆红岩内燃机责任有限公司。大型生物质发电设备的生产商主要有丹麦 BWE 公司和我国的龙基电力集团公司。

（二）生物质能开发商

我国首台煤粉秸秆混燃发电机组在山东枣庄华电国际十里泉发电厂成功投产。我国生物质发电进入了试点示范阶段。目前，国家电网公司、五大发电集团等大型国有、民营以及外资企业参与了中国生物质发电产业的建设运营。其中国能是最大的生物质发电公司。

近几年来，我国生物质发电建设加快，已经进入大规模开发时期。到 2011 年底，我国已有 11 家各类企业积极参与生物质发电开发工作，主要生物质发电运营商 2011 年装机（在建）容量表见表 9－1。概括起来，我国风电开发商主要有五种类型。

表 9－1　我国主要生物质发电运营商 2011 年装机（在建）容量

序号	企业名称	装机容量（兆瓦）	市场份额（%）	序号	企业名称	装机容量（兆瓦）	市场份额（%）
1	国　　电	921	27.12	7	中电投	117	3.45
2	武汉凯迪	635	18.7	8	江苏国信	115	3.39
3	华　　电	574	16.9	9	中广核	75	2.21
4	中国节能	475	13.99	10	华　　能	30	0.88
5	大　　唐	354	10.42	11	中电集团	5	0.15
6	鲁　　能	125	3.68	—	—	—	—

（1）国电系五大发电集团。它们是国电、大唐、华能、华电和中电投。它们在中国累计风电装机容量和新增装机容量市场中，都占到了58%以上的市场份额。

（2）非国电系国有发电集团。中广核和中节能等都属于这类企业，它们在中国累计风电装机容量和新增装机容量市场中，都占到了16%以上的市场份额。

（3）省（直辖市、自治区）所属的电力或能源企业。山东鲁能发展集团、江苏国信集团，它们在中国累计风电装机容量和新增装机容量市场中，都占到了7%以上的市场份额。

（4）民营及外资发电企业。武汉凯迪控股投资有限公司、中电集团。

（三）垃圾焚烧发电企业

目前了解到，国内从事垃圾焚烧发电的投资商约有40～50家，市场上比较活跃的主要是：上海环境集团、北京金州、天津泰达、重庆三峰、威立雅、厦门创冠、深能源、温州伟明、中国环境保护公司、光大国际、清华同方、绿色动力、上海浦发集团、中科通用、锦江集团、日本荏原。有些地方性的企业利用地理及人事优势，试图进入垃圾焚烧发电BOT这个行业的企业也很多。例如广东南海发展股份公司，利用佛山市南海区垃圾项目，成功进入这一行业。吉林市百强实业公司利用吉林市1000吨垃圾项目，也成功进入这一行业。各主要公司企业性质分类统计如下：

（1）政府主导型投资公司，主要有（5家）：上海环境集团、泰达股份、中国环境保护公司、北京市环卫集团、上海浦东发展集团。

（2）专业投资运营公司，主要有（3家）：法国威立雅、北京金州、光大国际。

（3）工程投资型公司，主要有（5家）：北京中科通用、重庆三峰卡万塔、清华同方、绿色动力、锦江集团、伟明集团。

（四）生物质能服务业

从我国可再生能源产业的发展历程来看，各类行业协会，如中国资源利用协会可再生能源专业委员会、中国可再生能源学会以及生物质能等各专业委员会等，在中国可再生能源学会指导下负责开展生物质能源领域方面的活动、行使相关职能的学术团体。另外，还有一些专门从事生物质能专业技术研究的科研院所：其中：能源研究所15家，能源协会9家，能源学会4家。

二、我国生物质能发电现状

（一）生物质发电投资总额逐年增加，年增长率缓慢下降

我国生物质能发电的工业化生产起始于 2004 年 2 月，山东单县生物质发电工程 1×2.5 千瓦机组于 2006 年年底式投产，开创了国内生物质直燃发电的先河。在各种政策的支持下，2007～2009 年，我国在生物质发电领域取得了重大进展。除了国能生物质发电有限公司和中国节能投资公司两家国内最早介入秸秆发电项目的企业外，五大发电集团、粤电集团、皖能电力等诸多具备行业基础和资金、技术优势的大型国有企业，以及民营、外资等纷纷投资参与建设生物质发电的运营。

2006～2009 年，生物质发电的投资总额由 168 亿元增加到 452 亿元，年均增长率在 30% 以上；已经投产的总装机规模由 2006 年的 140 万千瓦增加到 2009 年的 430 万千瓦，年均增长率在 30% 以上。从表 9－2 中数据来看，生物质发电的增长速度逐年下滑，但仍然处于非常高的水平（见图 9－2）。2011 年我国生物质能发电结构见图 9－3。

表 9－2　2006～2010 年生物质能发电行业规模统计

年份	总装机规模(万千瓦)	增长率(%)	投资总额(亿元)	增长率(%)
2006	140	—	168	—
2007	220	57.14	256	52.38
2008	315	43.18	347	35.55
2009	430	36.51	452	30.26
2010	550	27.91	586	29.65

资料来源：世经未来整理。

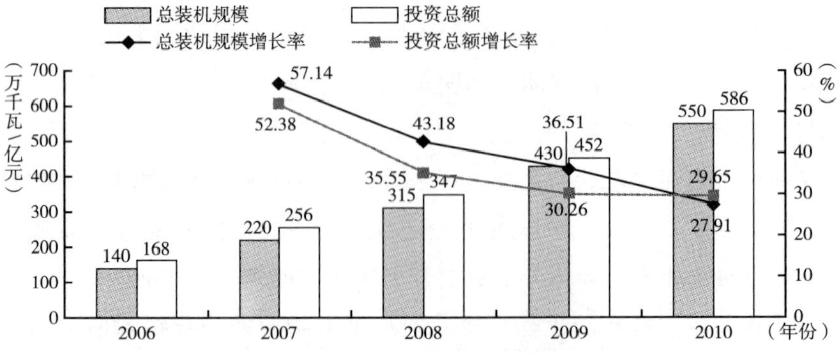

图 9－2　2006～2010 年生物质能发电行业规模指标变化

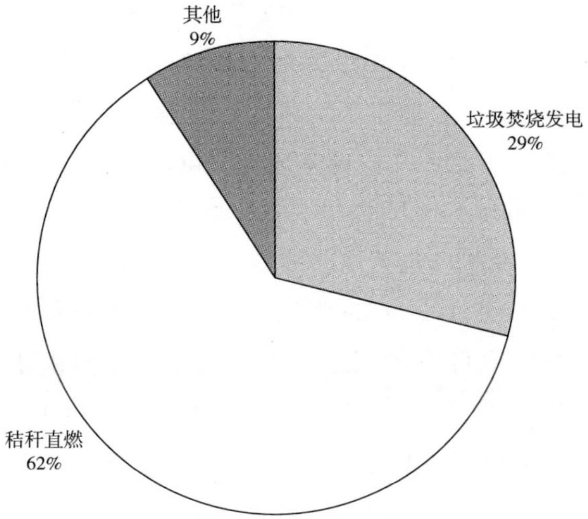

图 9－3　2011 年我国生物质能发电结构分析

（二）生物质发电集中在五个区域

产业布局是指一个国家或地区产业各部门、各环节在地域上的动态组合分布，是国民经济各部门发展运动规律的具体表现，我国生物质发电主要集中在以下几个区域：

（1）华北地区。内蒙古自治区已建成发电项目 8 个，总装机容量 23.2 万千瓦，分布在赤峰、通辽、巴彦淖尔等地。

（2）东北地区。2009 年 6 月黑龙江与瑞典合作开发名为“生物质能源综合利用”的示范项目，在宾县建设一项农业秸秆生物沼气集中供气示范工程，日产气 5000 立方米，打造“中国新能源产业基地”。中国广东核能开发有限公司投资在明水县设立 2×12 兆瓦规模的生物质发电厂，于 2009 年 11 月，正式签订了合作协议。该项目计划投资 3.2 亿元，利用农作物秸秆资源发电，投产后年发电量达 1.5 亿度。吉林省森林覆盖率在 40% 以上。目前全省大型林业生物质能源项目建成投产的有三个，分别位于辉南县、大兴沟和蛟河市。2010 年 10 月，吉林省最大的林业生物质能源项目在蛟河市投产。该项目以林业废弃物为主要原料，生产高密度木质颗粒燃料。项目分两期建设，全部达产后年可生产燃料 4.5 万吨。

（3）华东地区。江西生物质能源林示范项目于 2009 年 11 月 13 日在南昌启动。项目总投资 3.7857 亿元，其中欧洲投资银行优惠贷款占总投资的 70%，其余为地方配套资金。项目建设目标：2009～2013 年，在瑞金市、广昌县、渝水区、枫树山林场等 19 个县（市、区、林场）建设 3 万亩生物质能源林示范基地，其中油茶林基地 2 万亩，光皮树基地 1 万亩。江苏省秸秆气化集中供气工程项目省财政补助项目村 100 万元/处。在生物质发电方面，12 兆瓦以上规模的项目 22 项，大型的发电项目包括江苏国信如东生物质发电厂（25 兆瓦）国能射阳生物质电厂（30 吨/小时 +25 兆瓦）、沛县新建生物质发电项目（24 兆瓦）、新港维尔生物质项目（25 兆瓦 +12 兆瓦）、江苏正兆生物质发电项目（30 兆瓦）等。2010 年 3 月宿迁凯迪生物质能电厂 2 台机组全面投运。2010 年 5 月安徽省首个林业生物质发电与碳交易项目启动。项目由德国政府贷款 1300 万欧元。山东省正在加快推进新能源开发和利用步伐。青岛市结合沿海地域特点，已经定出新能源产业发展。

（4）中南地区。广东省目前正在建设国内最大的纯燃生物质发电项目，湛江生物质项目（2×50 兆瓦）。2010 年，湖北首个生物能源项目（和泰公司的生物能源项目）获国家立项；开建总投资 2.8 亿元的枣阳生物质发电项目；凯迪生物能发电厂成功注册联合国 CDM 机制。

（5）西南地区。2009 年 5 月西南地区首个生物质能发电企业垫江高峰生物质能发电厂开始建设。总投资 2.3 亿元。年底，西南再生资源产业基地（位于四川内江）一期工程全年完成基地投资总额 3.12 亿元，占地 5000 亩。

三　我国生物质能发电产业发展环境

（一）政策环境

2006 年 1 月 1 日国家正式实施了《可再生能源法》，构建了一个比较完整的可再生能源法律的系统框架，结束了我国可再生能源发展无法可依的历史。在这部法律中，通过减免税收、鼓励发电并网、优惠上网价格、贴息贷款和财政补贴等激励性政策来激励发电企业和消费者积极参与可再生能源发电。“十二五”末，我国生物质发电装机容量达到 1300 万千瓦，集中供气达到 300 万户，成型燃料年利用量将达到 2000 万吨，生物燃料乙醇年利用量达到 300 万吨，生物柴油年利用量达到 150 万吨。

近年来我国生物质能发电行业相关政策见表 9－3。

表 9-3　生物质能发电行业相关政策汇总

时间	政策名称	行业相关内容
2009 年 11 月 19 日	《关于加快推进电价改革的若干意见(征求意见稿)》	将全国销售电价每千瓦时平均提高 2.8 分钱
2009 年 10 月 11 日	《关于规范电能交易价格管理有关问题的通知》	从发电企业与电网企业的交易价格、跨省区电能交易价格以及电网企业与终端用户的交易价格等方面对电价行为进行了全面规范
2009 年 6 月 2 日	《促进生物产业加快发展的若干政策》	包括生物质发电在内的生物能源被列属五大生物产业之一
2009 年 3 月 26 日	《关于做好 2009 年电力运行工作的通知》	提出在年度计划安排上,要全额安排可再生能源并网发电项目的上网电量
2008 年 12 月 9 日	《关于自由综合利用及其他产品增值税政策的通知》(财税[2008]156 号)	以垃圾为燃料生产的电力享受即征即退政策
2008 年 10 月 30 日	《秸秆能源化利用补助资金管理暂行办法》	规定了中央支持秸秆能源利用的支持对象、方式、补助标准等。
2008 年 9 月 8 日	《关于进一步加强生物质发电项目环境影响评价管理工作的通知》	要求进一步加强生物质发电项目环境影响评价管理工作
2008 年 7 月 27 日	《关于加快推进农作物秸秆综合利用的意见》	提出了推进秸秆综合利用工作的指导思想、基本原则和主要目标
2008 年 3 月 3 日	《可再生能源发展"十一五"规划》	指出在"十一五"期间,我国将加快发展生物质能,2010 年,全国可再生能源中,生物质发电总装机容量达到 550 万千瓦
2008 年 3 月 10 日	《关于 2007 年 1~9 月可再生能源电价附加补贴和配额交易方案的通知》(发改价格[2008]640 号)	生物质发电补贴实际达到 0.35 元/度
2008 年 1 月 1 日	新《企业所得税法》	生物质发电因资源综合利用可享受收入减计 10% 的所得税优惠
2007 年 9 月 4 日	《可再生能源中长期规划》	提出生物质发电 2010 年要达到 550 万千瓦,2020 年达到 3000 万千瓦
2007 年 1 月 11 日	《可再生能源电价附加收入调配暂行办法》	明确了生物质发电项目高于标杆电价部分的补贴分配方法
2006 年 9 月 7 日	《国家鼓励的资源综合利用认定管理办法》	城市生活垃圾(含污泥)发电应当符合以下条件:垃圾焚烧炉建设及其运行符合国家或行业有关标准或规范;使用的垃圾数量及品质必须有保证
2006 年 6 月 20 日	《中央重要环境保护专项资金项目申报指南(2006~2010 年)》	生物质发电企业作为农村生活生产农林废弃物的最有效处理者,被列入重点扶持项目
2006 年 5 月 30 日	《可再生能源发展专项资金管理暂行办法》	生物质发电项目被列入重点扶持范围

续表

时间	政策名称	行业相关内容
2006年1月5日	《可再生能源发电有关管理规定》	明确了生物质发电有关管理规定
2006年1月4日	《可再生能源发电价格和费用分摊管理试行办法》	明确生物质发电项目的电价制定办法(各省脱硫燃煤机组标杆电价+补贴电价0.25元/千瓦时)
2005年11月29日	《可再生能源产业发展指导目录》	生物质能发电获得重点支持
2005年2月28日	《中华人民共和国可再生能源法》	将可再生能源的开发利用列为能源发展的优先领域。

资料来源:《2010年生物质能发电行业风险分析报告2011》。

(二) 金融环境

1. 财税政策支持

中国政府采取一系列政策措施，努力将生物产业培育成为高技术领域支柱产业。2009年6月5日，国务院办公厅对外公布了《促进生物产业加快发展若干政策》的全文(国办发［2009］45号)(以下简称《生物产业政策》)，围绕促进生物产业加快发展，提出了包括加大财税政策支持力度、积极拓宽融资渠道等一系列政策措施。在之前的2009年5月13日的国务院常务会议上，《生物产业政策》得以原则通过。会议强调，必须抓住世界生物科技革命和产业革命的机遇，“将生物产业培育成为我国高技术领域的支柱产业”。

围绕上述目标，《生物产业政策》在财税政策上明确，各级政府根据财力增长情况，要加大对生物技术研发及其产业化的投入，特别要加大对重要生物技术产品研发、产业化示范项目的支持。对可完全降解生物材料和经批准生产的非粮燃料乙醇、生物柴油、生物质热电等重要生物能源产品，国家给予适当支持。《生物产业政策》同时明确，各级国家机关、事业单位和团体组织使用财政性资金采购生物产品的，应优先购买列入政府采购自主创新产品目录中的生物产品。

同时，生物企业为开发新技术、新工艺、新产品发生的研发费用，未形成无形资产计入当期损益的，在按照规定据实扣除的基础上，再按照研发费用的50%扣除；形成无形资产的，按照无形资产成本的150%摊销。对被认定为高新技术企业的生物企业，按照税法规定减去15%的税率征收企业所得税。

据测算，上网电价保持每千瓦时0.35~0.4元的水平，煤炭发电便可实现盈利。而按照中国在2006年颁布的《可再生能源发电价格和费用分摊管理试行办法》，对生物质能源补贴电价标准为每千瓦时0.25元。之后，还曾进一步提出了临时性补贴0.1元的政策。

但生物质能源发电即便加上这0.35元的补贴，也仅能维持平衡或者微利，而从技术层面看，一定时期内想将这一成本明显降低很难。

在积极拓宽融资渠道方面，《生物产业政策》提出，将引导社会资金投向生物产业，鼓励设立、发展生物技术创业投资机构和产业投资基金，鼓励、引导金融机构支持生物产业发展，支持信用担保机构对生物企业提供贷款担保。

《生物产业政策》还提出，支持金融机构创新信贷品种，改进金融服务，对符合条件的生物产业发展项目、生物产业基地基础设施提供信贷支持。积极探索利用贴息、小额贷款等方式，加大有效信贷投入。

另一方面，《生物产业政策》将支持生物企业利用资本市场融资。包括将积极支持符合条件的中小生物企业在中小企业板和创业板上市，鼓励符合条件的生物企业在境内外上市筹资。

2. 融资渠道

根据融资工具的不同有股权融资、债权融资，根据融资方式不同有间接融资和直接融资。比如债权融资间接融资就是银行贷款，股权融资形式公开的形式，公募的方式就是到股票市场发行股票。

资金信托理财产品是低成本融资渠道之一，资金信托产品是由银行委托信托公司定向运作客户的理财资产，新能源企业作为信托产品的借款主体，可以获得信托理财产品募集的资金，从而满足企业中长期融资需求。此外，有银行针对可再生能源设备制造商和能源生产商的特点，推出了特色金融服务方案，包括应收账款管理、网上信用证、现金管理方案等多种服务。

3. 生物质发电技术对资金的要求

生物质发电技术对于资金的要求有其自身的特点，一般兆瓦级以上的生物质发电技术，国内的投资一般在几千万元至上亿元，国外的投资一般在几百万美元以上。相对于常规发电项目而言，生物质发电项目都是小项目，资金密集程度较低，大集团和规模投资商考虑到资金分散和管理上的困难，故而投资谨慎。同时，相对于一般投资项目而言，中、小型生物质发电项目的投资大都在几百万、几千万元左右，这样的资金规模对目前大部分中小企业来说仍然有相当大的压力，尤其是生物质发电技术多应用于农村地区，对于当地的企业而言是较为沉重的资金负担，较难承受。由此可见，生物质发电项目对于资金的要求上处于一种较为特殊的位置，大企业投资谨慎，小企业无力承担，投资主体不明确。我国可再生能源2006～2020年的融资需求量见表9－4。

表9－4 我国可再生能源中长期发展规划（2006～2020年）的融资需求量

新能源类别	新增装机容量及用量	按平均每千瓦(元)测算	需要总投资
生物质发电	2800万千瓦	按平均每千瓦7000元测算	约2000亿元
农村户用沼气	6200万户	按户均投资3000元测算	约1900亿元

资料来源：中国发展门户网。

4. 融资现状

由于生物质发电技术所需的资金数额不菲，投资主体不明确，故而存在融资压力较大的问题。另外一个影响生物质发电项目的融资状况的原因是人们的观念问题．由于生物质发电技术属于新能源发电技术，在我国起步较晚，整体社会认知水平较低，所以，影响到了各潜在投资主体的积极性。总之，生物质发电项目投资特点决定了生物质发电项目目前的资金来源渠道较少，资金筹措较为困难。

5. 对融资现状的评价

根据以上对我国现有生物质发电技术融资现状的情况，可得出如下结论：

（1）缺乏相应的融资政策。我国对于生物质能发展的相应的政策体系还没有建立起来，对于生物质发电技术的融资政策更是相当缺乏。融资政策的缺位严重影响了我国生物质发电技术的发展和推广，是融资方面的缺陷之一。

（2）审批环节太烦琐。根据对我国生物质发电技术投资状况的观察可知，目前我国生物质能项目的审批环节较为复杂，这在一定程度上影响了生物质能技术投资主体的投资积极性。

（3）企业自身承担有难度。虽然生物质发电技术还没有在较大范围内得到社会的认可，但仍旧有不少中小企业对该技术表示了浓厚的兴趣和极大的关注，并产生了投资意向。但是该技术对于资金的要求相对于中小企业的承担能力而言较高，从而抑制了部分投资主体的投资倾向。

（4）社会认知程度低下的负面影响。总之，我国生物质发电技术的融资现状表现出融资渠道少、审批手续烦琐、投资主体不明确等特点，建立有效的生物质发电技术融资体系是该技术获得资金保证的强烈要求。

（三）生产要素环境

1. 资源禀赋

中国科学院地理科学与资源研究所研究了我国生物质能的蕴藏量和分布情况，根据研究，2004 年我国实物总蕴藏潜力为 35.11 亿吨，前五位依次为四川、云南、黑龙江、河南和内蒙古；其中理论可获得量为 4.6 亿吨，前五位为四川、黑龙江、云南、西藏和内蒙古。

中国生物质能分布不均，省际差异较大。按农村人口计算，人均理论可获得生物质能最大的西藏自治区达 14.17 吨标煤，最小的浙江省仅 0.15 吨标煤。而生物质能蕴藏潜力分布在一定程度上与常规一次能源蕴藏潜力分布呈现互补状态。

我国是世界上最大的农业国家。在农业生产过程中，产生大量的农业废弃物——作物秸秆。根据 2008、2009 年《中国统计年鉴》数据和全国污染源普查折算系数算得 2007 年和 2008 年全国农作物秸秆产生总量约为 6.5 亿和 7.1 亿吨，其中 2007 年和 2008 年全国玉米秸秆产生量分别为 2.0 亿和 2.2 亿吨，分别占该年秸秆总量的 31.4%；2007 年和 2008 年全国稻草产生量分别为 1.97 亿和 2.03 亿吨，分别占该年秸秆总量的 30.4% 和 28.7%；2007 年和 2008 年全国小麦秸产生量分别为 1.31 亿和 1.35 亿吨，分别占该年秸秆总量的 20.2% 和 19%。具体如表 9－5 所示。

表 9－5　2007 年和 2008 年全国主要农作物秸秆发生量

单位：万吨

	稻谷	小麦	玉米	豆类	薯类	棉花	油料	花生	总计
2007 年农产品总产量	18603.4	10929.8	15230.0	1720.1	2807.8	762.4	2568.7	11295.1	63917.3
2008 年农产品总产量	19189.6	11246.4	16591.4	2043.3	2980.2	749.2	2952.8	1428.6	57181.5
谷草比	1.1	1.2	1.3	1.6	1.3	1.7	1.3	1.6	—
2007 年秸秆总量	19719.6	13115.8	20408.3	2752.2	1403.9	1296.0	5137.5	1129.5	64962.7
占总产量的比例%	30.4	20.2	31.4	4.2	2.2	2.0	7.9	1.7	—
2008 年秸秆总量	20340.9	13495.7	22232.5	3269.3	3993.5	1273.6	3956.8	2285.8	70848.0
占总产量的比例%	28.7	19.0	31.4	4.6	5.6	1.8	5.6	3.2	—

2. 对环境影响

目前主流的观点认为生物质能属于洁净能源。生物质能资源挥发组分高，炭活性高，易燃。在合理利用生物质的热能后，剩余部分可以还田、改良土壤、并且产生极少量的有害气体，属于洁净能源。甚至如果大范围推广生物质能产业，会促进种植能源林，最终使用能源反而改善环境。

然而，也有反对声认为：推广生物燃料使用的目标将加速全球物种的灭绝；对土地使用所构成的影响可能会抵消生物燃料将减少的绝大部分温室气体预计排放。

垃圾发电争议最大的问题是致癌物质二噁英的排放。“大家都晓得垃圾发电好，但是谁都不愿意把厂建在自己那。”这个现状几乎存在于我国现在仅有的几座垃圾发电厂。无论是山东还是上海，在网上都可以搜索到厂房周围老百姓对此事的反对。

3. 生物能产业成本

秸秆电厂项目与煤电项目的投资构成见表9－6，秸秆电厂与煤电成本比较见表9－7。

表9－6　秸秆电厂项目与煤电项目的投资构成

项目	秸秆电厂项目(15兆瓦,30兆瓦)	煤电项目		
		1000兆瓦	600兆瓦	300兆瓦
设备购置费(%)	49	56.30	48.36	47.51
建筑工程费(%)	23	17326	20.40	22.17
安装工程费(%)	12	15.71	18.72	17.08
其他费用(%)	16	10.73	12.52	13.24
单位造价(元/千瓦)	9500	3724	3643	4401

资料来源：《电力技术经济》2009年第21期。

表9－7　秸秆电厂与煤电成本比较

单位：%

项目	秸秆电厂项目	煤电项目
燃料费	58	56
折旧及摊销费	14	13
维修费	5	8
财务费用	12	9
工资及福利费	8	2
材料费	1	3
其他费用	2	9

资料来源：《电力技术经济》2009年第21期。

（四）技术环境

生物质能发电的技术目前还不够成熟，开发成本和效率都还难以满足大规模电网的需要。不同工艺生物质发电所采用的主要设备是不同的。秸秆直燃发电主要由锅炉、汽轮机、发电机三大设备完成；气化发电主要由气化炉、气体净化装置、发电机、余热回收装置等组成；沼气发电主要由发酵罐、生物脱硫塔、发电机、锅炉等组成。

四　我国生物质能发电竞争力和控制力

（一）产业竞争力

1. 竞争成本

各地区秸秆综合利用程度、秸秆资源的供需关系、秸秆类型及含水率差异等因素决定了秸秆收购价格也有所不同。但总体来看，由于秸秆资源相对比较分散，体积质量小且容易腐烂，秸秆的收集、运输和储存较为困难，从而导致秸秆价格偏高。根据江苏 2009 年秸秆电厂的实际收购情况，秸秆价格折合到热值上大约 0.0275 元/兆焦耳。

秸秆电厂项目的建设投资构成比例与煤电项目相近，但秸秆电厂的建设投资额较高，单位千瓦造价约为 9500 元，为煤电项目单位造价的 3 倍左右。在发电成本方面，由于秸秆电厂机组容量小、参数低，其热效率远低于常规燃煤电厂，秸秆电厂燃料费用的比例比常规煤电项目稍高；秸秆电厂单位工程造价高，设备折旧及摊销费和财务费用的比例也相应偏高。

2. 上游的竞争

生物质发电行业上游供应商主要是电力设备生产商和燃料供应商。在电煤紧缺，运力紧张，设备订单排满这种氛围之下，中国电力行业渐渐失去了定价权，秸秆等燃料价格已经超出了生物质发电行业可以控制的范围。2008 ~ 2009 年，燃料和设备市场都具有很强的卖方市场特性，这大大挤压了生物质发电行业利润空间向上游扩张。

用于生物质焚烧发电的锅炉及燃料输送系统的技术和设备都产自国外，国内尚未有制造厂家。所以投资后的物质发电产业很有可能长时间受制于国外，

3. 下游的竞争

生物质发电行业下游客户包括三次产业的企业客户和城乡居民客户，居民用

电量比较稳定，增速也很稳定，一般在分析时不予考虑，影响生物质发电行业的最大下游客户当属第二产业中的制造业，尤其是一些高耗能行业。例如钢铁、有色、化工和建材等。这些行业都是原材料行业，为更加下游的房地产、轻工业等提供原材料，这些基础性的行业具有投资大、周期长、产能易增不易减等特点，因此在经济周期中处于不利的地位，2008 年下半年以来，随着经济形式的走弱，金属、建材等价格纷纷大幅下跌，导致这些原材料产业开始限产，直接影响了电力用量。总的来看，下游客户除了在用电总量上对生物质发电行业造成较大拖累外，在具体购电方式上不具有很多话语权，电力销售市场是典型的卖方市场。

（二）产业控制力

我国生物发电企业主要为国电系五大发电集团、非国电系国有发电集团、省（自治区、直辖市）所属的电力或能源企业和一些民营企业，外资企业控制力较小。2006 ~ 2009 年我国生物发电产业利用外资情况见表 9 – 8。

表 9 – 8　2006 ~ 2009 年我国生物发电产业利用外资情况

投资时间	投资机构	投资形式	投资领域	项目所在地	投资规模或装置规模
2006	中电国际新能源控股有限公司	FDI	1 × 15 兆瓦生物质热电项目	江苏省洪泽县	1.31 亿元
2007	香港中电集团	FDI	生物质能热电联产项目	山东省博兴县	3 亿元
2008	德国艾库乐森股份有限公司	FDI	苗圃垃圾填埋场填埋气利用发电建设	湖南省娄底市	CDM 项目年减排量 25315（tCO_2）
2008	美国高盛国际集团	FDI	24 兆瓦生物质发电项目	河南省新乡市	CDM 项目年减排量 225569（tCO_2e）
2009	中瑞国际集团投资有限公司	FDI	生物质能发电	山东省临沂市	和山东美华瓷业集团股份有限公司共同投资 3556.5 万美元
2009	德国博世集团	FDI	可再生能源和动力总成电气化技术	中国	1.6 亿欧元
2009	欧洲投资银行	国际贷款	生物质能源林示范项目	江西省九江市	2500 万欧元
2009	香港启锋科技有限公司	FDI	生物质能源设备	江苏省淮安市	4950 万美元
2009	美国美中投资基金	FDI	生物质燃气项目	吉林省辽源市	超过 100 亿元

资料来源：中国生物质能源网等网络资源。

（三）产业发展力

我国生物质发电年发电量1.6亿度，装机容量达到1300万千瓦，集中供气达到300万户，成型燃料年利用量达到2000万吨。虽然国内各项政策为生物质能产业的发展大开绿灯，并给予了一定量的财政补贴，但这并无法有效提高生物质能产业的盈利能力，改善其生存状态。相反，生物质能企业就是靠这些补贴才能维持日常正常运转。然而，这并不是长远之计。生物质能产业的长远、健康发展，仍需要从内部入手，依靠科技进步解决原材料短缺这一关键性问题。

第三节　生物柴油

一　生物质柴油产业链

生物柴油产业是一个系统工程，产业链主要涉及原料、生产加工、应用、标准检测等。由上游的原料和技术、设备供应商；中游的生物柴油生产企业；下游的加油站、发电厂、炼油厂、运输公司、化工企业、流通领域中间商等市场客户以及标准检测服务行业组成，如图9－4所示。涵盖了从农业、化工、设备制造、能源、环境等系列产业。其中，生物柴油产业链中最关键的一环是原料。原料成本占生产总成本的75%～80%，对生物柴油的价格起决定性作用。目前世界上制生物柴油的原料主要是菜籽油，所占比例达50%以上。其次是豆油、棕榈油

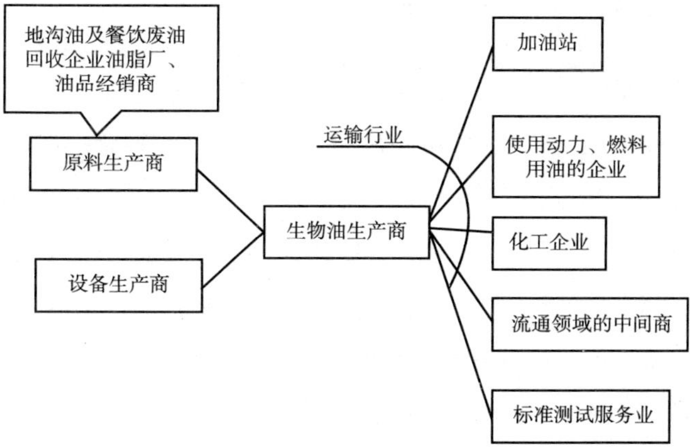

图9－4　生物柴油产业链

及葵花籽油，其他原料比例较小。我国因国情的特殊性，生物柴油原料以地沟油、酸化油、植物油下脚料等废弃油脂为主，大规模的林业能源植物来源原料应用还有待进一步发展。因而生物柴油行业的主要原材料供应商为地沟油及餐饮废油回收企业、油脂厂、油品经销商等。目前，伴随着原料不足、供给不稳定以及市场渠道不完善等诸多原因，我国生物柴油产业链濒临脱节，产能严重过剩。

生物柴油企业分布比较分散，全国21个省（直辖市、自治区）都有生物柴油企业，据不完全统计，截至2011年12月底，各省（直辖市、自治区）生物柴油企业规模（吨/年）见图9-5。

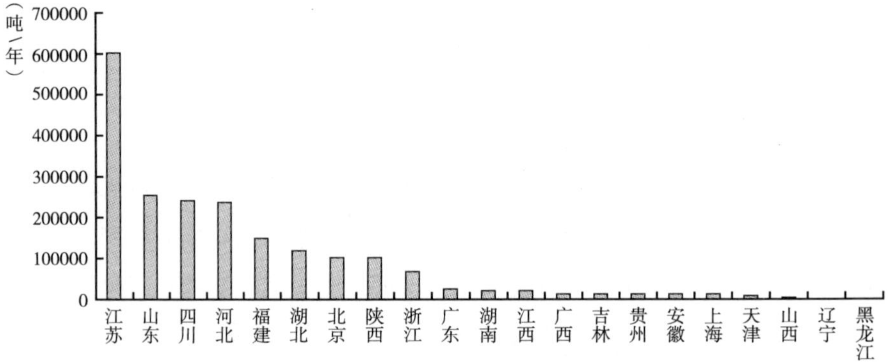

图9-5 各省生物柴油企业规模

二 我国生物柴油发展现状

（一）生物柴油工业生产起步晚，大型企业陆续进入

我国生物柴油工业生产在2001年之后才陆续有工业装置投产，这主要包括海南正和、福建卓越、四川古杉等，都建立1万~2万吨/年左右的生物柴油厂，原料基本都是采用地沟油、酸化油等。2005年原油价格的进一步上涨，生物柴油在国内越来越热，各种大中小型工厂纷纷涌现，但这种好景并不长。由于国家对生物柴油缺少激励政策，再加上原料问题、市场问题等，2006年下半年，一些企业开始停产、停建或转型，业界人士也以更冷静的眼光来看待国内新兴的这个生物柴油产业。

2006年之前，石油三巨头中只有中石化在低调地研究生物柴油生产技术，调研生物柴油原料，从各种媒体上很难看到中石油和中海油的动静。但2006年底、2007年年初，当民营企业开始觉得这块骨头难啃，准备撤离时，国企巨头们纷纷开始行动起来，大张旗鼓地插足生物柴油行业，除了石油巨头外，与能源不沾边的中粮油也开始进入生物能源行业，成立了生化能源事业部，推动燃料生物柴油等的发展。

（二）生物柴油主要集中在四个地区

迄今为止，已投产和在建的生物柴油项目总设计生产能力已经超过300万吨，主要集中在以下几个地区：

（1）华北地区。内蒙古自治区在建生物柴油项目6个，已建成5个，生产规模为年产量90万吨，河北省的为年产量23万吨。

（2）东北地区。东北三省共有8家生物柴油企业，其中黑龙江3家，吉林2家，辽宁3家，生产规模为年产1100多吨。由于东北冬天气候原因，有些企业在冬天停止生产。还有的企业由于缺少原材料处于部分停产状态。

（3）华东地区。华东地区无论是生物柴油项目还是产量，都占全国的绝大部分。江苏共有7家生物柴油企业，年产生物柴油60万吨，在全国居第一位。山东以年产生物柴油25.63万吨，在全国排第二位。

（4）中南地区。中南地区生物柴油企业比较少，只有海南建成了6万~7万吨生物柴油加工厂。

（三）系列政策为生物柴油发展提供支持

2006年12月，国家税务总局《关于生物柴油征收消费税问题的批复》就曾明确指出，以动植物油为原料，经提纯、精炼、合成等工艺生产的生物柴油，不属于消费税征税范围。

2008年12月，《国务院关于实施成品油价格和税费改革的通知》的发布将生物柴油纳入消费税征收范围。生物柴油消费税征收额度与柴油相同，均为0.8元/升。

2008年12月，《国务院关于实施成品油价格和税费改革的通知》的发布将生物柴油纳入消费税征收范围。生物柴油消费税征收额度与柴油相同，均为0.8元/升。“十二五”末，我国计划生物柴油年利用量达到150万吨。

2010年11月，国家质检总局、国家标准委发布了备受业界关注的生物柴油调和燃料（B5）标准名列。生物柴油调和燃料B5国家标准的颁布、实施将为生物柴油的推广应用及行业发展奠定重要的基础。生物柴油BD100生产及生物柴油调和燃料 B5 生产、调和、销售企业应严格执行相关国家标准，保证产品质量。除标准外，从事生物柴油生产、调和、销售等的有关企业应密切关注酸值、凝点、冷滤点、氧化安定性等几项重要指标。B5 标准的颁布和今后的实施，为国内生物柴油进入市场打开了大门。

三　我国生物柴油产业竞争力及控制力

（一）成本构成

生物柴油目前状况是“成本和售价倒挂”，以日产 5 吨的小生物柴油生产成本为例，生物柴油生产成本见表 9－9。

表 9－9　生物柴油生产成本

名　称	价　格	备　注
原料价格	6000 元/吨	—
辅料价格	2600 元/吨	—
辅料/原料	0. 15	—
日处理量	5 吨/天	—
年工作日	365 天	—
成品生物柴油价格	7000 元/吨	—
粗甘油价格	2300 元/吨	—
处理油脂	1825 吨/年	—
生产柴油	1733. 75 吨/年	按 95% 产出
年纳税额	50. 972 万元/年	按 0. 06
教育附加费	25. 486 万元/年	按 0. 03
城市维护建设税	2. 8486 万元/年	实缴增值税 ×0. 05
工资福利	34. 485 万元/年	—
办公费	10 万元/年	—
年经营成本	99. 53 万元/年	—
毛利润	年销售总额－年生产成本	—
净利润	毛利润－年经营成本	—

生物质热裂解制取生物油，然后通过催化加氢制取生物柴油的方法还处在实验室阶段，没有实现商业化。上市公司中，国风塑业大股东国风集团曾于 2006 年投资近 5 亿元兴建 60 万吨生物柴油项目。不过，据中证证券研究中心了解，

经过几年的探索后，国风集团投资的生物柴油项目目前基本已处于停止状态。不同原料生产生物柴油利润见表 9－10。

表 9－10　不同原料生产生物柴油利润比较

单位：元/吨

原料	原料价格	产品成本	生物柴油价格	毛利润
菜籽油	10000	10800	7000	－3800
豆油	9000	9800	7000	－2800
棉籽油	8600	9600	7000	－2400
动物油	8000	8800	7000	－1800
棕榈油	7500	8300	7000	－1300
麻风树油	6000	6800	7000	200
地沟油	5400	6600	7000	400
植物油脚	3500	6400	7000	600

（二）竞争环境

1. 上游的竞争

生物柴油的产业目前状况是：原料吃紧、销路单一、销售点匮乏等问题，生产“举步维艰”。以郑州市为例子：该市每天产生 600 吨左右的餐厨垃圾，90%以上落入了个体户手中。收购价格也从 2006 年的每吨 1600 元上涨到目前的每吨近 6000 元。河南的生物柴油企业转产破产现象从 2008 年前后开始蔓延，很多公司的技术骨干都被放了长假，全国的生物柴油也同样面临生产原料紧缺而面临停产状况。

2. 下游的竞争

“地沟油”变废为宝，几乎不存在技术壁垒，政策门槛却高。目前生物柴油根本没有途径进入中石油、中石化的成品油零售市场，加上没有自己的加油点、社会知晓率低，销售渠道也是少之又少，河南省内炼制的生物柴油要么是卖给企业用作烧锅炉的燃料，要么卖给了周边的建筑工地，而省外的企业大多卖给了船舶企业作动力燃料。

（三）产业控制力

2006～2009 年我国生物柴油利用外资的情况见表 9－11。

表 9－11　2006～2009 年我国生物质能产业利用外资一览

投资时间	投资机构	投资形式	投资领域	项目所在地	投资规模或装置规模
2006	马来西亚华信资源有限公司	FDI	生物柴油	安徽省合肥市	中外合投 17860 万元人民币
2006	新加坡天圜营养集团、日本大器爱科希斯公司	FDI	生物柴油	黑龙江省大庆市	与上海日器环保设备有限公司共同投资 5.26 亿元
2006	中国生物柴油国际控股有限公司	英国伦敦证券交易所上市	生物柴油	福建省龙岩市	IPO1500 万美元
2007	古杉环保能源有限公司	美国纽约证券交易所上市	生物柴油	福建省龙岩市	IPO1.73 亿美元
2007	奥地利碧路公司	FDI	生物柴油	江苏省南通市	8200 万欧元
2007	香港 Vanguard Technology Co.	FDI	生物柴油	内蒙古自治区	同北京大富投资公司一起投资 1.5 亿美元
2007	香港启锋科技有限公司	FDI	生物柴油	吉林经济技术开发区	1.5 亿美元
2007	德国 PT 公司	FDI	生物柴油	河北省固安县	1 亿元
2008	香港启锋科技有限公司	FDI	生物柴油	内蒙古通辽市	3 亿美元
2009	美国易力公司	FDI	生物柴油	江苏省镇江市	1.5 亿美元

资料来源：中国生物质能源网等网络资源。

第四节　燃料乙醇与沼气

一　产业链描述

（一）燃料乙醇的产业链

燃料乙醇的原料分为三类：玉米、小麦等粮食作物；木薯、红薯、甜高粱等非粮作物；纤维素类原料，包括秸秆、甘蔗渣、林业加工厂废料以及城市垃圾中所含的废弃物等。其中，真正实现规模化商业开发的只有以玉米、小麦、甘蔗为原料生产燃料乙醇，而木薯、甘薯等非粮乙醇目前技术不够成熟，产业化程度还不高，产业链见图 9－6。

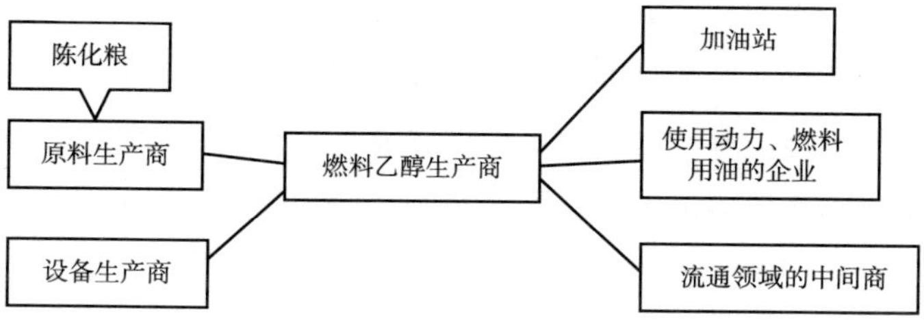

图 9-6　燃料乙醇产业链

（二）沼气行业的产业链

以沼气为纽带，可以建立物质多层次利用、能量合理流动的高效农业生产模式，沼气产业链见图 9-7。在北方推广的“四位一体”沼气生态农业模式，以及南方建立的以养殖业为龙头，以沼气为纽带，带动农作物和经济作物发展的现代农业技术——“猪-沼-果”模式，对沼气、沼液、沼渣的多层次综合利用的生态农业模式，已成为农村经济的新增长点，成为了我国生物质能利用的特色。作为能源工程、生态工程、富民工程、清洁工程和节能减排工程的农村沼气建设取得了巨大综合效益。2009 年底，农村沼气年产量 130 多亿立方米（约为全国天然气年消费量的 10%），减排二氧化碳 5000 多万吨，生产有机沼肥近 4 亿吨，为农民增收节支 400 多亿元。

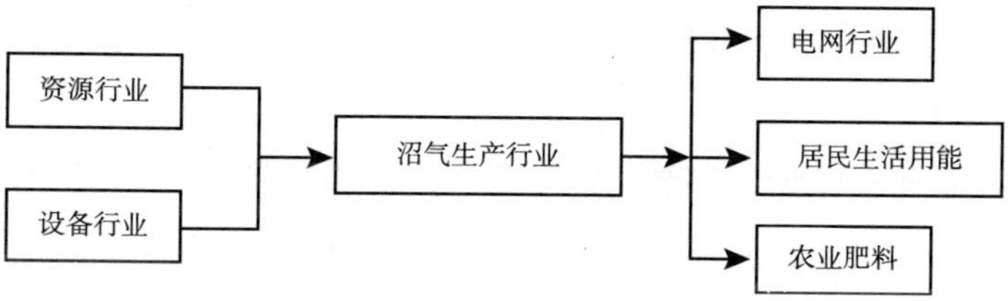

图 9-7　我国沼气行业产业链

（三）沼气设备及工艺

近 10 年来，中国沼气应用最多的全混合发酵罐和 UASB 反应器进行了大量的标准化、系列化设计及产业化开发工作，完成了全混合厌氧发酵罐罐体和罐内喷射泵搅拌、沼气搅拌的系列设计。对 UASB 罐体结构、三相分离器、布水系统等方面，形成了矩形和圆形 UASB 反应器两大系列的标准化设计。

同时，还引进了国外的新材料和新工艺来设计和建造。如德国利浦（Lipp）

公司的双折边咬口技术和 Farmetic 公司的拼装制罐技术。由于在现场拼装（或卷制）方式最终成型使工程施工周期短，比普通钢板节省材料 50% 以上，而且耐腐蚀、技术先进、性能好。目前在中国已建成数十套装置。

在沼气工程配套设备研发方面也已达到一定的技术水平，已有不同型号的产品生产销售，普遍用于各类沼气工程中，包括固液分离机，料液输送设备，沼气的净化、储存及输送和利用设备。

固液分离机被广泛采用。为了适应综合利用或发酵工艺及后处理工艺对于分离机械的需要，近年来科技人员已研制出一些符合沼气工程特点的分离机械，如振动筛、斜板筛、旋转筛、固定床过滤筛等，加复合沉淀和挤压等机械。脱水率一般在 10% ~40% 。基本能满足工艺和综合利用的要求。

料液输送设备质量可靠。近年来，针对沼气液料的多品种、理化性质不同的特点，先后成功研制多种输送畜禽粪便的设备，其中上海自行开发的 75YE - 10 泵的效率达到 65% 左右，其性能甚至比国外同类产品还好。

沼气的净化、储存及输送和利用设备进一步发展。已开发出一批可行的脱硫技术，脱硫效果可达到城市煤气硫化氢 H_2S 含量的标准。沼气的储存普遍采用钢制湿式气柜。干式气柜沼气的输送除选用罗茨风机、空气压缩机、氮氢气体压缩机外，还研制出沼气专用压缩机作升压设备。输气管路的材质也已多样化，以塑代钢、以铸代钢已经在一些工程中实现。

（四）燃料乙醇与沼气开发商

1. 燃料乙醇企业

燃料乙醇企业比较少，主要厂家为 5 个，分别为吉林燃料乙醇有限公司、黑龙江华润酒精有限公司、河南天冠燃料乙醇、安徽丰原燃料酒精股份有限公司和中粮集团。其中前四个企业为“十五期间”，我国已在黑龙江、吉林、河南、安徽四省建成 4 个生物燃料乙醇生产试点项目，均以粮食为原料。其中，河南天冠集团主要以小麦为原料，其他三家都以玉米为原料。2007 年 12 月，中粮集团投资的 20 万吨/年主要以木薯为原料的非粮燃料乙醇试点项目在广西北海投产，成为我国迄今为止第一个投入生产的非粮燃料乙醇项目。2010 年 9 月，中粮集团追加 2. 3 亿元投资，启动建设广西中粮生物质能源有限公司二期项目。

2. 沼气企业

目前，我国沼气产业规模不断壮大，成为世界上沼气发展速度最快、建设规模最大、涉及人数最多的国家。截至 2009 年，全国沼气生产工已达 26.7 万名；各类沼气生产和服务企业 3893 个，从业人员 39 万人。据不完全统计，2009 年农村沼气全行业实现产值 247 亿元，比 2005 年翻了两番。同时，国家十分重视沼气服务体系的建设。2007 年以来，中央共投资 20 亿元，建设农村沼气乡村服务网点 7.76 万个。县级服务站 50 个，形成了协会、合作社、公司、个人领办及全托管等多种服务模式，在建池施工、设备安装、配件供应和故障维修等方面发挥了重要作用，促进了农村沼气健康发展。在沼气标准化方面，截至 2009 年底，已经颁布实施的各类沼气标准项目共 31 项，其中 21 项为农村户用沼气池标准，10 项为大中型沼气工程标准。

二　我国燃料乙醇与沼气产业发展现状

（一）我国燃料乙醇发展现状

我国从 2002 年开始生物燃料乙醇试点工作，虽然时间不长，但发展速度很快。目前我国生物燃料乙醇生产技术已经成熟，黑龙江、吉林、辽宁、河南、安徽 5 省及湖北、河北、山东、江苏部分地区已基本实现车用乙醇汽油代替普通无铅汽油。我国已经成为世界上继巴西、美国之后第三大生物燃料乙醇生产国和应用国。

“十五”期间，我国已在黑龙江、吉林、河南、安徽 4 省建成 4 个生物燃料乙醇生产试点项目，年产乙醇 102 万吨左右，使用的主要是储备粮中时间比较久的陈化粮（其中 80 多万吨是用玉米生产的、20 万吨是用其他粮食和薯类生产的），可以混配 1020 万吨生物燃料乙醇汽油，乙醇汽油的消费量已经占全国汽油消费量的 20%。

燃料乙醇产业目前处境很尴尬，一方面，它被列为新能源的范围，受到社会舆论追捧，另一方面，由于国家对粮食乙醇的控制，非粮乙醇又受制于技术成熟度，产业资本对其兴趣不大。在“十一五”期间，燃料乙醇的产量甚至没有达到产业规划的数量要求。这与风电、太阳能等新能源装机容量远超规划形成了鲜明的对比。

2007 年 6 月 7 日，国务院召开可再生能源会议，玉米变乙醇项目被正式叫停，今后只能“在不得占用耕地、不得消耗粮食，不得破坏生态环境”的原则下发展非粮燃料乙醇。

然而，非粮燃料乙醇却并未在粮食燃料乙醇受限后发展起来。受技术条件限制，目前我国的非粮燃料乙醇技术中，主要以木薯乙醇为主。然而今年，由于木薯原料供应不足，价格攀升过快，木薯乙醇相对于玉米乙醇而言已失去成本优势。我国的木薯干供应主要靠从泰国、越南、印尼等地进口，其中80%以上来自泰国。近两年来，泰国政府不断加大出口木薯的政策控制，进口木薯价格一路上扬，目前价格约为每吨250美元，使木薯乙醇生产企业无力承受。加之国家实施货币紧缩政策，今年不少木薯乙醇企业资金周转困难，降低产量甚至停产现象频现，木薯乙醇企业举步维艰。受上述因素影响，"十一五"期间，国内燃料乙醇产量低于规划目标。尽管如此，2005～2009年期间，燃料乙醇产量还在逐步增加，其增加情况如图9－8所示。

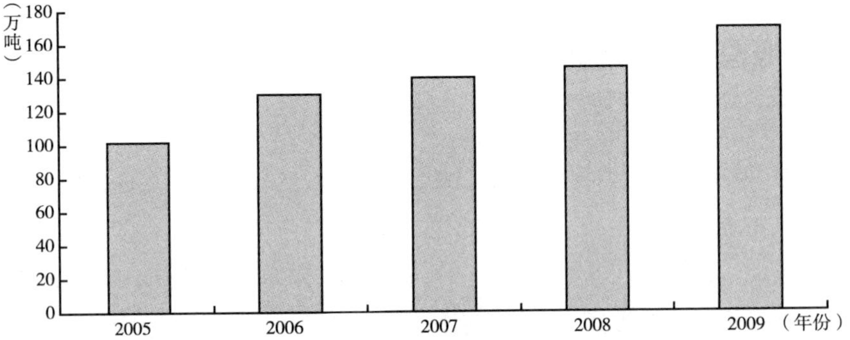

图9－8　2005～2009年中国燃料乙醇总产量

我国主要燃料乙醇企业，见表9－12所示。

表9－12　我国主要燃料乙醇企业

—	吉林生物燃料乙醇有限责任公司	安徽丰原燃料酒精有限公司	黑龙江华润究竟公司(独家)	河南天冠集团	中粮集团广西北海木薯生产酒精项目
股　东	中石油、吉林粮食集团、中国华润总公司	安徽丰原生物化学股份有限公司、中石化安徽石油总公司	香港华润集团	河南天冠集团、中石化、河南建设投资总公司	中粮集团
年产量	30万吨	12万吨	10万吨	30万吨	20万吨
在　建	30万吨	32万吨	—	—	能源基地
供应区	吉林10万吨，辽宁20万吨	安徽万吨，山东、河北、江苏等14个地市27万吨	黑龙江	河南13万吨，河北、湖北13个地市17万吨	广西等南方地区

资料来源：《中国新能源与可再生能源年鉴》。

（二）我国沼气产业发展现状

我国沼气产业始于20世纪70年代，经历了两落三起，现在处于第三个高峰发展期。“十一五”期间，中央累计投入农村沼气建设资金212亿元，其中2008年、2009年和2010年分别投入60亿元、50亿元和52亿元，形成了户用沼气、小型沼气、大中型沼气共同发展的新格局。2006～2010年期间，中央投资建设户用沼气1278万户。到2010年底，全国累计建成户用沼气超过4000万户，占全国适宜农户的33.3%，受益人口达1.55亿人；建设2万处小型沼气工程、3192处大型沼气工程，秸秆沼气工程、校园沼气等工程，实现了“零”的突破。到2010年底，全国大中型沼气工程累计建成5042处，是“十一五”规划目标的107%。

我国农村沼气已进入建管并重、多元发展的新阶段，建设数量不断扩大、投资结构不断优化、服务体系逐步健全，在全国不同区域适宜农户形成了农村户用沼气、养殖场大中型沼气工程、养殖小区和联户沼气工程、秸秆集中供气沼气工程、农村中小学校沼气工程等多种模式的建设格局，以沼气装备、施工、科技、服务为主要内容的农村沼气产业化体系也初步形成。据农业部预计，到今年底，全国户用沼气将达到4000万户，占全国适宜农户的33%，受益人口达1.55亿人。

当前我国农村沼气发展处于一个新的转折点，即从解决农村能源和环境卫生的需求向在改变农业农村发展方式中发挥基础性作用转变，从以户用沼气建设为主向户用沼气与大中型沼气工程建设并重转变，从分散建设管理向产业化和社会化服务转变，迫切需要在政策、技术、服务、规范以及统筹协调上确定新的原则和措施，以利于农村沼气进一步快速健康发展。

（三）我国燃料乙醇与沼气产业布局

我国燃料乙醇与沼气产业主要分布在以下几个地区。

（1）华北地区。2009年11月中旬内蒙古巴彦淖尔市政府与中兴能源有限公司正式签署了建设内蒙古燃料乙醇产业基地合作框架协议，将充分利用河套平原非粮地优势，种植甜高粱生产燃料乙醇，建设内蒙古最大的生物质能源基地。目前，一个年生产能力达3万吨的乙醇厂正在巴彦淖尔市规划建设。计划到2015年全市甜高粱种植面积达到200万亩，年产燃料乙醇30万吨。2009年山西省将投资1.5亿元，用于建设以沼气为主的农村可再生能源。目前，该项目已立项开展建设。

（2）东北地区。2009年6月黑龙江与瑞典合作开发名为“生物质能源综合利用”的示范项目，在宾县建设一项农业秸秆生物沼气集中供气示范工程，日产气5000立方米，打造“中国新能源产业基地”。中国广东核能开发有限公司投资在明水县设立2×12兆瓦规模的生物质发电厂，于2009年11月，正式签订了合作协议。该项目计划投资3.2亿元，利用农作物秸秆资源发电，投产后年发电量达1.5亿度。吉林省森林覆盖率在40%以上。目前全省大型林业生物质能源项目建成投产的有三个，分别位于辉南县、大兴沟和蛟河市。2010年10月吉林省最大的林业生物质能源项目在蛟河市投产。该项目以林业废弃物为主要原料，生产高密度木质颗粒燃料。项目分两期建设，全部达产后年可生产燃料4.5万吨。

（3）华东地区。华东地区的沼气产量占全国总产量的17%。江苏省启动2010年农村清洁能源工程项目，省财政安排专项资金2.2亿元，计划支持建设农村户用沼气8万处，规模畜禽场沼气治理工程600处，秸秆气化集中供气工程39处，用以改善农村生态环境。农村户用沼气项目省财政补助1500元/处。同时对沼气设备齐全、管理服务好的网点按3万元/个实行以奖代补；规模畜禽场沼气治理工程项目按五种规模类型省财政分别给予补助2万~170万元/处。

（4）中南地区。广西壮族自治区利用木薯生产乙醇厂家有20多家，其中，年产木薯酒精超过2万吨的有3家，年生产木薯酒精超过13万吨。广西壮族自治区欲将北海地区打造成全国最大的非粮生物质能源基地。到2012年，全区将培育3~5家年产值超10亿元的龙头企业。2010年9月中粮集团追加2.3亿元投资，启动建设广西中粮生物质能源有限公司二期项目。

（5）西南地区。西南地区的沼气产量名列全国前茅。其沼气产量占全国总产量的32%。四川省的沼气产量为156626.3万立方米，居全国沼气产量第一名。2009年底，西南再生资源产业基地（位于四川内江）一期工程全年完成基地投资总额3.12亿元，占地5000亩。

三　我国燃料乙醇与沼气产业发展环境

（一）政策环境

国家对生物燃料乙醇生产和使用给予了强有力的政策支持，主要包括：

1. 制定标准和政府投资

我国从 2002 年开始生物燃料乙醇试点工作，由国家发改委联合 7 部委制订的关于生物燃料乙醇推广使用规划已编制完成。《变性生物燃料乙醇》和《车用乙醇汽油》两项产品国家标准已经于 2001 年 4 月 2 日正式出台。2003 年起，采用“定点生产、定向流通、封闭运行”的推广方式，黑龙江、吉林、辽宁、河南、安徽、河北、山东、江苏、湖北 9 省开始全面停用普通无铅汽油，改用添加 10% 酒精的乙醇汽油。

2. 成本补贴

随着我国生物燃料乙醇企业产量的逐年上升，起初要消化的陈化粮已基本用完。2001 年，国内生产乙醇原料中玉米原料占总量的比重为 59%，到 2005 年已经上升到 76%。玉米用量在生物燃料乙醇生产中大幅度上升导致玉米价格持续上涨。由于目前生物燃料乙醇的生产成本过高，几乎所有的生物燃料乙醇企业都处于亏损状态，国家定点生产的几家企业之所以能维持，是国家出台了补贴扶持政策。按目前的加工成本和生物燃料乙醇的价格来计算，生产一吨生物燃料乙醇要亏损 1000 元左右，国家给予的补贴是 1600 元左右。国家每年要拿出 20 多亿元来补贴这 4 家生物燃料乙醇生产企业。

3. 财税支持

《可再生资源专项资金管理暂行办法》中明确了专项资金重点扶持的生物燃料乙醇是指用甘蔗、木薯、甜高粱等制取的生物燃料乙醇。经向地方及国务院申请并获得审批的企业或个人可获得该专项资金的扶持，其使用方式包括：无偿资助和贷款贴息。这些专项资金可以用于人工费、设备费、能源材料费、租赁费、鉴定验收费、项目实施过程中其他必要的费用支出。

4. 严格项目建设管理与核准

国家实行生物燃料乙醇“定点生产、定向流通、市场开放、公平竞争”相关政策。生物燃料乙醇项目建设需经国家投资主管部门核准，任何地区无论是非粮原料还是其他原料的生物燃料乙醇项目核准和建设一律要报国家审定。

国家多项法规和政策已明确支持发展农村沼气，中央财政支持资金从“十五”期间的 35.34 亿元增加到“十一五”的 212 亿元。而从沼气专项规划透露的信息来看，“十二五”期间的资金规模还将随着产业发展现状的不断改善有所扩大。从目前的产业发展现状看，近年来我国沼气工程的推广步伐极为迅猛。

（二）生产要素环境

目前中国畜禽养殖业每年产生约30亿吨粪便，主要来源于农村家庭散养和规模化养殖。全国现有生猪分散养殖户0.9亿户，奶牛、肉牛养殖户0.157亿户，蛋肉鸡养殖户0.85亿户，羊养殖户0.26亿户。综合考虑混合养殖、气候和社会经济等因素对利用畜禽粪便生产沼气的影响，约有1.48亿农户适宜发展沼气。考虑到城镇化和养殖业变化，预计到2015年中国适宜发展沼气农户分别为1.39亿户，沼气产量分别可达到539亿立方米，相当于替代8460万吨标准煤。

以丰原生化有限公司为例来分析燃料乙醇的成本构成（见表9－13）。

表9－13　丰原生化财务分析

单位：万元

	2009年	2008年	2007年
总资产	676665	720407	764660
总负债	439709	514174	573452
所有者权益	236957	206234	191208
营业收入	501101	480187	417815
营业成本	475237	486492	447104
营业费用	15761	14148	14276
管理费用	25045	27827	29785
财务费用	23063	29226	25823
营业利润	-53982	-80278	-78002
营业外收入	88908	100205	82659
利润总额	32395	9643	3941
净利润	27987	6171	1726
经营活动产生的现金流量净额	58945	43873	108532
投资活动产生的现金流量净额	-15248	-20584	-19033
筹资活动产生的现金流量净额	-30572	-37184	-51171
现金流量净增加额	13130	-14650	37445

（三）技术环境

从技术上来看，我国户用沼气技术居国际领先水平，而大中型沼气工程则起步较晚，与发达国家相比，在原料的种类广泛性、针对不同物料的沼气发酵工艺技术、微生物菌剂开发研究、规模化沼气工程的设备和装备技术、沼气发酵产品和固液残余物综合利用等方面均存在较大差距，需要进一步加强自主创新。

四　我国燃料乙醇与沼气产业竞争力、控制力

（一）产业竞争力

1. 竞争成本

从表 9－14 中的数据来看，2009 年上半年燃料乙醇价格比较高，下半年价格有所下调，2010 年价格开始反弹，主要是由于粮食价格的上涨，用玉米生产燃料乙醇的原料成本居高不下。如果没有补贴，每生产 1 吨玉米乙醇，企业将亏损 1500 元左右。

表 9－14　玉米生产燃料乙醇利润比较

单位：元/吨

玉米价格	乙醇/原料	生产销售费用	乙醇成本	乙醇价格	酒精蛋白饲料
4300～5000	1/3.3	1000	6300～6900	4500	960

与玉米乙醇相比，每吨木薯乙醇的成本要低 1800～2460 元，每吨木薯乙醇按 4500 元的销售价格计算，加上生产过程中产生的副产品，在没有补贴的情况下，每吨木薯乙醇可盈利 1070 元，这还不包括由于减少了二氧化碳的排放量，每年可以获得 CDM（清洁发展机制）项目资金。CDM 项目的核心内容是允许发达国家应用资金和技术与发展中国家合作，在发展中国家实施生物质能的开发和利用，从而达到温室气体排放的目的。每吨燃料乙醇能够产生 2 吨二氧化碳减排量，根据目前国际市场的平均价格，减排量约为 10 美元/吨，每吨燃料乙醇的减排收益为 20 美元。那么，按乙醇销售价 4500 元/吨、木薯 450 元/吨、酒精蛋白饲料 1200 元/吨计，年产 10 万吨的木薯乙醇的毛利润为 10700 万元，另外还可以获得 CDM 项目资金 1500 万元。2009 年 1 月～2010 年 4 月乙醇价格如图 9－9 所示。

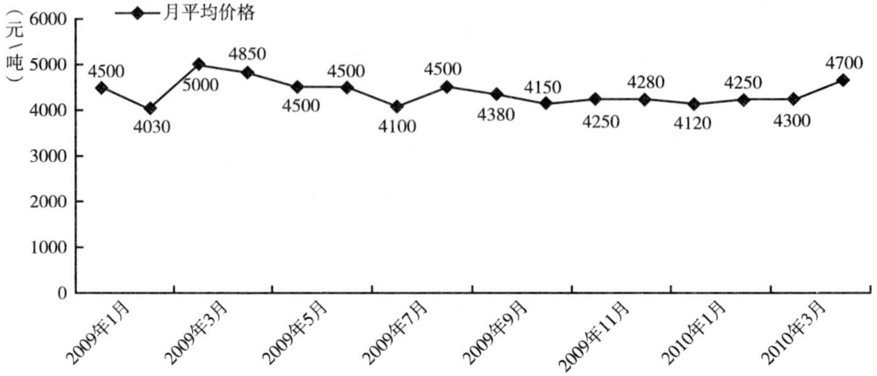

图 9-9　2009 年 1 月～2010 年 4 月乙醇价格走势图

资料来源：石化协会、中国产业竞争网整理。

其他原料生产燃料乙醇生产成本见表 9-15 所示。

表 9-15　燃料乙醇生产成本

原料	生产成本(元/吨)	原料	生产成本(元/吨)
甘蔗	3150～4140	纤维素(酸水解)	5800
甜高粱	3580～4580	纤维素(酶水解)	6500
甜高粱(茎秆)	>2600		

资料来源：庄新姝等：《中国燃料乙醇的应用及生产技术的效益分析与评价》。

2. 上游的竞争

燃料乙醇的产业链上游主要是粮食生产，燃料乙醇推行缓慢的原因之一是由于“与民争粮”的担忧。

3. 下游的竞争

世界酒精的66%用于燃料，14%用于食用，11%用于工业溶剂，9%用于其他化学工业。发酵酒精作车用燃料有两种方式：其一是配制汽油和无水酒精的混合物——汽油醇，酒精在混合物中的比例最高可达25%。用汽油醇作汽车燃料时，可以利用原有的汽车发动机；其二是直接利用酒精作为汽车燃料，这时必需使用专门设计的、具有更高压缩比的发动机。

燃料乙醇既是一种化工基本原料，又是一种新能源。尽管目前已有广泛的用途，但仍是传统观念的市场范围。未来乙醇作为基础产业的市场方向将主要体现在三个方面：一是车用燃料，主要是乙醇汽油和乙醇柴油。这就是我们传统所说的燃料乙醇市场，也是近期的（10 年内）容量相对于以后较小的市场（在我国约 1000 万吨/年）。

（二）产业控制力

表 9－16 是 2005～2009 年期间，外资在乙醇行业的投资情况。

表 9－16　2005～2009 年我国生物质能产业利用外资一览表

投资时间	投资机构	投资形式	投资领域	项目所在地	投资规模或装置规模
2005～2009	世界银行	国际贷款	沼气工程	中国农村	3 万沼气蒸炼器
2006	丹麦诺维信公司	FDI	纤维素生物乙醇	黑龙江肇东	与中粮集团一起投资 1 亿人民币
2006	英国石油集团公司	FDI	生物乙醇	山东滨州洲	—
2007	韩国米比米产业发展公司	FDI	生物乙醇	北京市	—
2008	德国利浦公司	FDI	人中型沼气工程设备	辽宁省大连市	—
2008	丹麦诺维信公司	FDI	生产用于燃料乙醇行业使用酶制剂	江苏太仓	8.3 亿元人民币
2009	关国凯鹏华盈中国基金	FDI	生物乙醇	吉林省松原市	一期注资 3300 万美元
2009	亚 行、CCF、GEF、GTZ	国际贷款、国际援助	人中型沼气工程项目	江西省	3910 万美元

资料来源：中国生物质能源网等网络资源。

第五节　我国生物质能产业安全对策建议

一　突破核心技术

我国生物质能利用技术总体水平与先进国家相比还存在着一定的差距，关键技术未能得到完全解决。必须加大对我国生物质能的技术研发投入力度，加强生物质能的新技术引进、试点和示范工作，积极引进消化、吸收国外先进生物质能利用技术，并进行生物质能利用技术的再创新与集成创新，形成从生物质生产、生物质转换机理、生物质技术开发和集成系统应用示范的研究链条，开发具有自主知识产权的关键技术与前沿技术。特别是解决产业化关键技术，降低生产成本，实现技术和设备的国产化，增强我国生物质能的市场竞争力，提高国际竞争水平。

二　注重生物质多元化利用

生物质多元化利用包含两重含义：一是生物质原料多元化。由于生物质资源丰富、成分复杂、种类繁多，原料供应受相关产业生产和季节等影响明显，所以任何一种生物质能利用技术如果原料市场单一，则其技术适应性和规模化发展必将受到限制，导致生产成本较高，市场竞争力弱。目前粮食制燃料乙醇遭遇的原料危机使人们意识到，采用原料广泛而且成本低廉的各类农业纤维废弃物替代粮食制燃料乙醇才是该技术未来的产业化发展道路。二是生物质能源产品多元化。生物质能更重要的作用是传统化石能源的替代品，因而现代社会工业发展与化石能源有关的能源产品，包括电力、液体燃料、气体燃料、固体燃料，都是生物质能源产品的目标市场，生物质能利用只有走产品多元化的道路，才有可能完成其未来的历史使命。

三　加强多学科交叉的研究与分析

生物质能研究强调多学科交叉。涵盖了植物学、微生物学、化学、热学与经济分析等学科，研究基础包括基因工程学、微生物学、生化工程、化学工程、环境工程、能源工程和经济管理等。而另一方面，生物质能源产业还只是一个新兴产业，任重而道远，各种技术在应用和发展中面对层出不穷的新情况、新问题，不断地被更新、完善，甚至被淘汰。因此，不断地、及时地加强科学研究与分析是生物质能得以健康、持续、长足发展的重要保障。目前国内外对发展生物质能源产生很多疑问，特别是生物质能源对生态环境的影响，生物质能源对粮食安全的影响，生物质能源的投入产出等，所以目前急需加强生物质能源利用过程的科学研究，结合具体情况进行深入研究、试验和示范并提出合理的发展方向，特别需要在开发先进技术的同时，加强以下几方面的研究：①生物质能源系统中不同利用过程能量产出及其 C、H、O 循环的机理和模型的建立。②生物质能源系统中各种循环的相互制约机制及生物质能源系统运作过程对环境的影响。③生物质独立能源系统构建及优化，生物质独立能源系统能源、经济和环境的协调性研究。

四　处理好规模化发展与分散布局的问题

因为我国比较注重规模化发展，特权招标等项目动辄几百万千瓦，但与此同时，我们也不能忽视小规模的发展问题。小规模的发展也要政策扶持。分散的生物质发电，比如沼气发电、秸秆汽化发电都仅是几十千瓦、几百千瓦的规模，我们可以积少成多，尤其可以将此类电场部署在电网的末端，以辅助削减电网损失。因此，千万千瓦的基地要发展，沙漠化电站要发展，但小风电、小光电、小规模的生物质发电的发展也不容忽视。

能源科技

Energy Technology and Science

B.10 能源科技发展

第一节　我国能源科技发展形势

我国“十二五”时期把经济结构战略性调整作为加快转变经济发展方式的主攻方向，把科技进步和创新作为加快转变经济发展方式的重要支撑，把建设资源节约型、环境友好型社会作为加快转变经济发展方式的重要着力点。积极优化能源结构，合理控制能源消费总量，推动能源生产和利用方式变革。因此，未来我国能源发展趋势是：从偏重保障以供给为主向科学调控能源生产和消费总量转变，资源依赖型的发展模式向科技创新驱动型的发展模式转变，严重依赖煤炭资源向绿色、多元、低碳化能源发展转变，各种能源品种独立发展向多种能源互补与系统的融合协调转变，生态环境保护滞后于能源发展向生态环境保护和能源协调发展转变，过度依赖国内能源供应向立足国内和加强国际合作转变。

改革开放以来，我国积极引进和吸收发达国家比较成熟的先进技术成果，并在此基础上进行了再创新，极大地推动了我国的科技创新工作，在较短时期内缩短了与发达国家的差距。能源科技装备水平得到了显著提高，在勘探与开采、加工与转化、发电和输配电等方面形成了较为完整的产业体系，装备制造和工程建设能力进一步增强，同时在技术创新、装备国产化和科研成果产业化方面都取得了较大进步。

一　煤炭产业科技进展

在煤炭开采和开发方面，4～6米厚煤层年产600万吨综采技术与装备和特厚煤层年产800万吨综合开采技术与装备已实现国产化并成熟应用。煤矿瓦斯治理、灾害防治取得突破，2010年百万吨死亡率下降到0.749。煤层气规模化开发取得突破，120兆瓦瓦斯发电厂已投产发电。400万吨/年选煤厂洗选设备已基本实现国产化，重介质选煤等技术得到广泛应用。初步形成了具有自主知识产权的煤炭直接液化技术，年产百万吨直接液化生产线已投入试运行。

二　油气产业科技进展

（一）油气勘探和开发科技进展

已掌握常规油气资源评价、盆地－区带－目标优选、陆相碎屑岩储层特征分析、海上集束勘探、海上高分辨率地震勘探等核心技术。复杂山地、沙漠、黄土塬等地震勘探配套技术、低孔低渗低阻油气层和酸性火成岩测井解释技术、优快钻井技术、超深井钻机装备、地质导向钻井技术，以及高含水油田分层注水及聚合物驱技术、低渗透油田超前注水和开发压裂技术、中深层稠油注蒸气吞吐及蒸气辅助重力泄油（SAGD）技术、高压凝析气田高压循环注气技术等达到国际先进水平。

（二）油气加工与输运科技进展

炼油工业已形成完整的石油炼制技术创新体系，能够完全依靠自主技术建设千万吨级炼油厂，主要炼油技术达到国际先进水平。在油气储运方面，能够设计、建设和运营大口径、高压力、长距离输气管道，顺序输送4～5个品种的长距离成品油管道，以及冷热油顺序输送的原油管道；研制成功14.7万立方米液化天然气运输船，解决了我国进口液化天然气运输瓶颈问题。

三　电力产业科技进展

（一）火力发电科技进展

随着一批大容量、高参数火电机组的相继建成投产，600℃超超临界机组数居世界首位，机组发电效率超过45%。具有自主知识产权的1000兆瓦级直接空冷机组已投入运行；300 兆瓦级亚临界参数循环流化床锅炉（CFB）已大批量投入商业运行，600 兆瓦级超临界 CFB 正在开发建设中。用于分布式热电冷联产的 100 千瓦和兆瓦级燃气轮机关键技术已取得部分研究成果；具有自主知识产权气化技术的 250 兆瓦级 IGCC 机组开始建设示范项目。燃煤烟气捕集 12 万吨/年 CO_2 示范装置已投入运行。

（二）水力发电科技进展

已建成世界最大规模的三峡水电站、世界最高的龙滩碾压混凝土重力坝和水布垭面板堆石坝，正在建设世界最高的锦屏一级混凝土拱坝和双江口心墙堆石坝。掌握了超高坝筑坝、高水头大流量泄洪消能、超大型地下洞室群开挖与支护、高边坡综合治理以及大容量机组制造安装等成套技术。

（三）输配电科技进展

大容量近距离输电技术、电网安全保障技术、配电自动化技术和电网升级关键技术等均取得了显著进展。1000 千伏交流试验示范工程和 ±800 千伏直流示范工程均已成功投运。电网自动化水平逐步提高，先进的继电保护装置、变电站综合自动化系统、电网调度自动化系统以及电网安全稳定控制系统得到广泛应用，电网供电可靠性大幅提高。间歇式电源并网和储能技术研究已取得初步成果。

四　新能源技术领域科技进展

近几年我国政府发挥引导作用，激发了国内巨大的市场需求，通过引进消化吸收和自主研发，核能、风能、太阳能和生物质能的利用都取得了较快发展。我国能源科技水平有了显著提高，但核心技术仍然落后于世界先进水平。主要关键技术和设备依赖国外，与发达国家相比，在能源安全、高效与清洁开发利用等技术领域存在较大差距。

（一）核能科技进展

已具备自主设计建造 300 兆瓦、600 兆瓦级和二代改进型 1000 兆瓦级压水堆核电站的能力，正在开展三代核电自主化依托工程建设。自主研发了 10 兆瓦高温气冷实验堆，正在建设 200 兆瓦高温气冷堆示范工程。快堆技术的开发也取得重大进展，中国实验快堆（CEFR）已实现临界和并网发电，正在推进商用示范快堆的建设。先进核燃料元件已实现国产化制造。乏燃料后处理中试厂已完成热试。

（二）风力发电科技进展

在风力发电方面，风电机组主要采用变桨、变速技术，并结合国情开发了低温、抗风沙、抗盐雾等技术。3 兆瓦海上双馈式风电机组已小批量应用，6 兆瓦机组已经下线。

（三）太阳能发电科技进展

在太阳能发电方面，已形成以晶硅太阳能电池为主的产业集群，生产设备部分实现国产化；薄膜太阳能电池技术已开始产业化。已掌握 10 兆瓦级并网光伏发电系统设计集成技术，研制成功 500 千瓦级光伏并网逆变器、光伏自动跟踪装置、数据采集与进程监控系统等关键设备。太阳能热发电技术在塔式、槽式热发电和太阳能低温循环发电等方面取得了重要成果。

（四）生物质能科技进展

在生物质能应用方面，生物质直燃发电和气化发电都已初步实现了产业化，单厂最大规模分别达到 25 兆瓦和 5 兆瓦；以木薯等非粮作物为原料的燃料乙醇技术正在起步应用，已建成年产 20 万吨燃料乙醇的示范工厂；生物柴油技术已进入产业示范阶段；大中型沼气工程工艺技术已日趋成熟。生物质的直接、间接液化生产液体燃料技术准备进行工业示范。

第二节　我国能源科技发展目标

通过重大能源技术研发、装备研制、示范工程实施以及技术创新平台建设，形成较为完善的能源科技创新体系，突破能源发展的技术瓶颈，提高能源生产和利用效率，在能源勘探与开采、加工与转化、发电与输配电以及新能源领域所需要的关键技术与装备上实现自主化，部分技术和装备达到国际先进水平，提升国际竞争力。

一　2015 年能源科技发展目标

（一）勘探与开采技术领域

完善复杂地质油气资源、煤炭及煤层气资源综合勘探技术，岩性地层油气藏目的层识别厚度小于 10 米，碳酸盐岩储层地震预测精度小于 25 米，煤层气产量达到 210 亿立方米。提升低品位油气资源高效开发技术，高含水油田二类油藏聚驱采收率超过 8%，0. 3mD 油气田动用率超过 90%，形成页岩气等非常规天然气勘探开发核心技术体系及配套装备，开发煤炭生产地质保障技术，井下超前探测距离达到200米，完善煤炭开采与安全保障技术，矿井资源回采率大幅提高。

（二）加工与转化技术领域

突破超重和超劣质原油加工关键技术，完成国Ⅴ标准油品生产技术的开发，实现炼油轻质油回收率达到80%。自主开发煤炭液化、气化、煤基多联产集成技术，以及特殊气质天然气、煤制气以及生物质制气的净化技术。研制用于油气储运的X100和X120高强度管线钢，实现燃压机组、大型球阀、大型天然气液化处理装置国产化。

（三）发电与输配电技术领域

突破700℃超超临界机组、400兆瓦IGCC机组关键技术，完善燃气轮机研制体系，突破热端部件设计制造技术，实现重型燃气轮机和微小型燃气轮机的国产化，掌握火电机组大容量CO_2捕集技术。攻克复杂地质条件下超高坝、超大型地下洞室群开挖与支护等关键技术难题，掌握1000兆瓦级混流式水电机组设计和制造关键技术，实现400兆瓦级抽水蓄能机组和70兆瓦级灯泡贯流式水电机组的国产化，实现流域梯级水电站群多目标综合最优运行调度。实现大容量、近距离高电压输电关键技术和装备的完全自主化，提高电网输电能力和抵御自然灾害能力，在智能电网、间歇式电源的接入和大规模储能等方面取得技术突破。

（四）新能源技术领域

消化吸收三代核电站技术，形成自主知识产权的堆型及相关设计、制造关键技术，并在高温气冷堆核电站商业运行、大型先进压水堆核电站示范、快堆核电站技术、高性能燃料元件和MOX燃料元件，以及商用后处理关键技术等方面取得突破。掌握6～10兆瓦风电机组整机及关键部件的设计制造技术，实现海基和陆基风电的产业化应用。提高太阳能电池效率，并实现低成本、大规模的产业化应用，发展100兆瓦级具有自主知识产权的多种太阳能集成与并网运行技术。开发储能和多能互补系统的关键技术，实现可再生能源的稳定运行。开发以木质纤维素为原料生产乙醇、丁醇等液体燃料及适应多种非粮原料的先进生物燃料产业化关键技术，实施二代燃料乙醇技术工程示范，开发农业废弃物生物燃气高效制备及其综合利用关键技术，进行日产5000～10000立方米生物燃气规模化示范应用。

二　2020年能源科技发展目标

（一）勘探与开采技术领域

煤炭资源勘探与地质保障能力显著增强，煤机装备和自动化水平大幅度提高；陆上成熟盆地油气勘探技术、高含水油田及低渗低丰度油气田开发技术达到国际领先水平，海洋深水勘探开发配套技术实现工业化应用。

（二）加工与转化技术领域

开发加工重质、劣质原油和减少温室气体排放的炼油技术，实现炼油产品清洁化和功能化；开发新型气体加工分离技术和高效天然气吸附、储氢等新型材料；开发煤炭气化、液化、煤基多联产与煤炭清洁高效转化技术，实现规模化、产业化应用；实现天然气管输干线与支线燃压机组的产业化。

（三）发电与输配电技术领域

掌握700℃超超临界发电机组的设计和制造技术，实现F级重型燃气轮机的商业化制造和分布式供能微小型燃气轮机的产业化。完成1000兆瓦级混流式水电机组技术集成并在工程中应用；掌握大型潮汐电站双向灯泡贯流式机组核心关键技术，使我国发电技术整体达到世界领先水平。开展超导输电技术的应用研究，掌握更高一级特高压直流输电技术和电工新材料先进技术以及相应的装备技术；智能电网、间歇式电源的接入和大规模储能等技术得到广泛应用，在智能能源网方面取得技术突破。

（四）新能源技术领域

建成具有自主知识产权的大型先进压水堆示范电站。风电机组整机及关键部件的设计制造技术达到国际先进水平；发展以光伏发电为代表的分布式、间歇式能源系统，光伏发电成本降低到与常规电力相当，发展百七千瓦光伏发电集成及装备技术；开展多塔超临界太阳能热发电技术的研究，实现300兆瓦超临界太阳能热发电机组的商业应用；实现先进生物燃料技术产业化及高值化综合利用。

第三节　我国能源科技发展重点任务

一　勘探与开采技术领域

我国能源资源勘探程度较低，资源勘探有着广阔的发展空间，还需要对先进的煤炭及油气勘探开发技术进行研究。此外，随着大量资源被开发，开采的难度越来越大，复杂地质条件下的煤炭、油气开采，以及低品位油气资源的高效开发是今后的主要攻关方向。

在勘探与开采技术领域中，确定煤炭资源与地质保障、煤炭开采、煤层气开发、油气资源勘探和油气资源高效开发 5 个能源应用技术和工程示范重大专项（见图 10－1），其中，规划了 10 项重大技术研究、6 项重大技术装备、7 项重大示范工程和 5 个技术创新平台。

二　加工与转化技术领域

长期以来，我国能源消费结构以煤炭为主，劣质原油和劣质天然气占有较大比例，且产地远离能源消费中心。为了充分利用资源，满足能源高效转换、多种供给、洁净环保及近途输送的需求，提升能源产品综合利用价值，需要开发先进的加工与转化技术。

在加工与转化技术领域中，确定煤炭加工与转化、石油高效与清洁转化、天然气与煤层气加工利用和先进油气储运技术 4 个能源应用技术和工程示范重大专项（见图 10－2），其中，规划了 7 项重大技术研究、4 项重大技术装备、5 项重大示范工程和 6 个技术创新平台。

三　发电与输配电技术领域

我国电力稳定供给主要依靠火力发电、水力发电。电网支撑了电力安全输送、电力电量平衡和用户的可靠使用。先进的发电和输配电技术是保证我国电力工业健康、可持续发展的重要基础。

在发电与输配电技术领域中，确定高效、节能、环保的火力发电技术，先进、生态友好的水力发电技术，大容量、远距离输电技术，间歇式电源并网与储能技术和智能化电网技术 5 个能源应用技术和工程示范重大专项（见图10－3），其中，规划 7 项重大技术研究、7 项重大技术装备、10 项重大示范工程和 13 个技术创新平台。

四　新能源技术领域

核能具有能量密集、成本低廉、温室气体排放少等优点，风能、太阳能、生物质能和海洋能储量巨大，发展核能发电、风力发电、太阳能发电、生物质能利用和海洋能发电等可再生能源技术，规模化开发新能源，对优化我国能源结构、促进能源可持续发展具有重要意义。

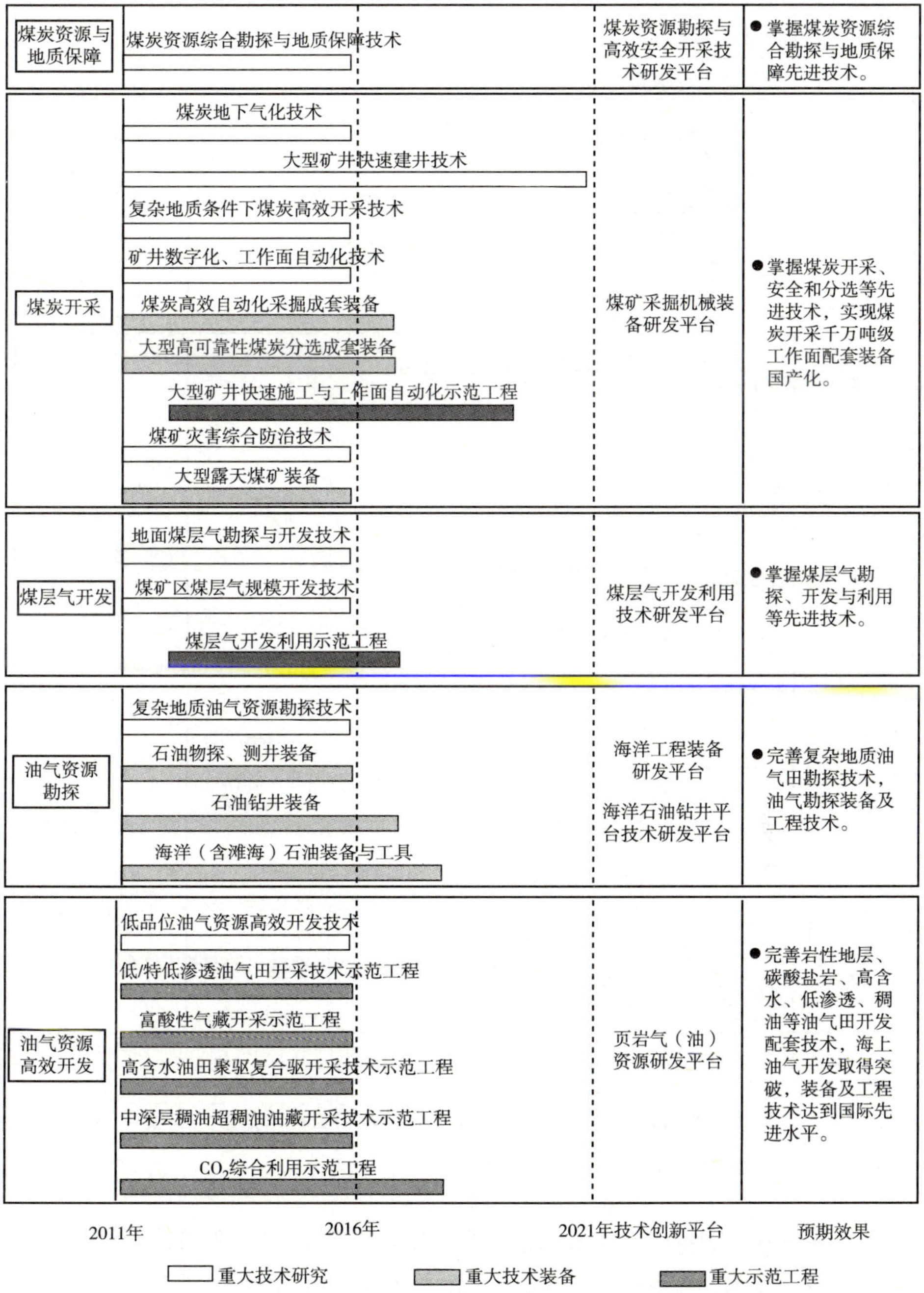

图 10－1　勘探与开采技术领域应用技术和工程示范重大专项

资料来源：《国家能源科技“十二五”规划》。

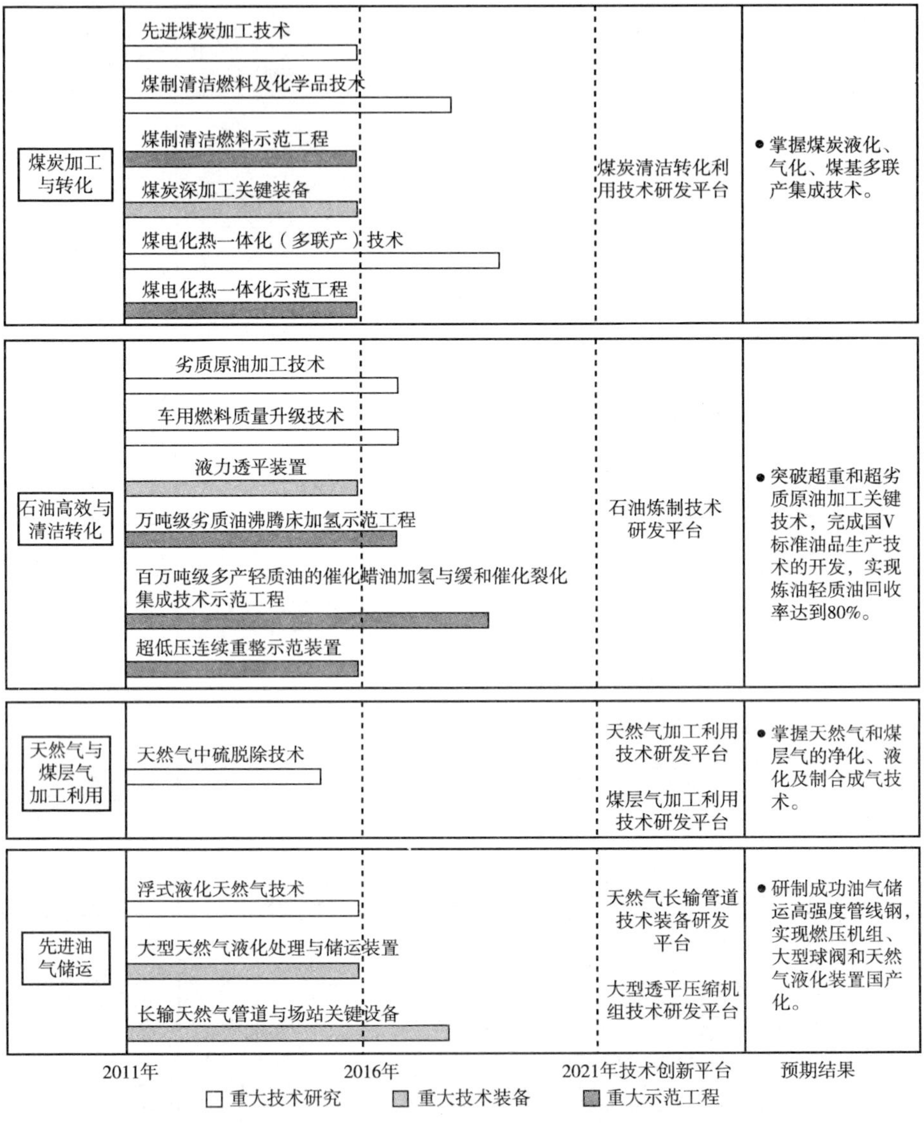

图 10－2　加工与转化技术领域应用技术和工程示范重大专项

资料来源：《国家能源科技“十二五”规划》。

在新能源技术领域中，确定先进核能发电技术、大型风力发电技术、高效大规模太阳能发电技术、大规模多能源互补发电技术和生物质能的高效利用技术 5 个能源应用技术和工程示范重大专项（见图 10－4），其中，规划 12 项重大技术研究、8 项重大技术装备、12 项重大示范工程和 11 个技术创新平台（技术路线图）。

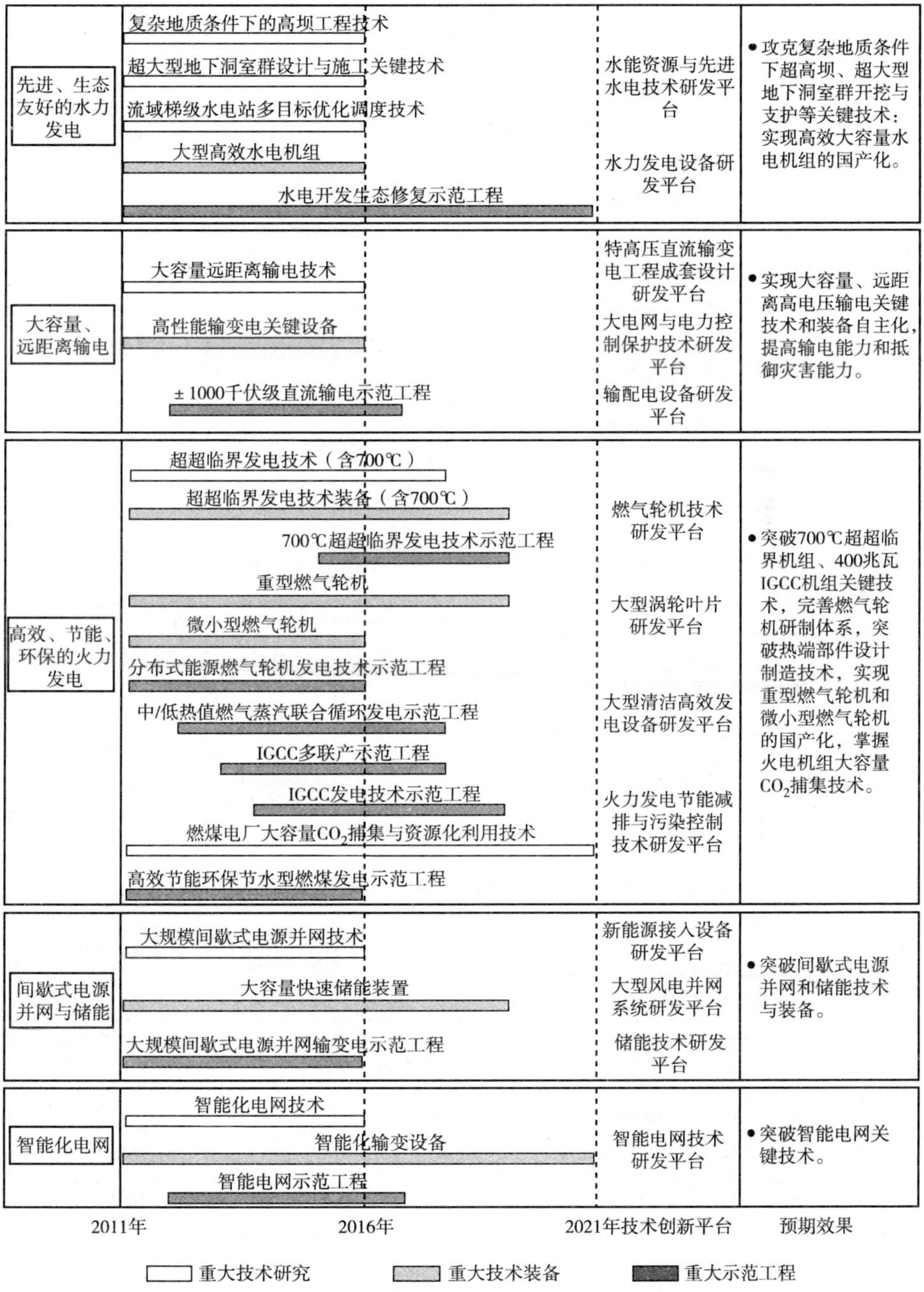

图 10－3　发电与输配电技术领域应用技术和工程示范重大专项

资料来源：《国家能源科技“十二五”规划》。

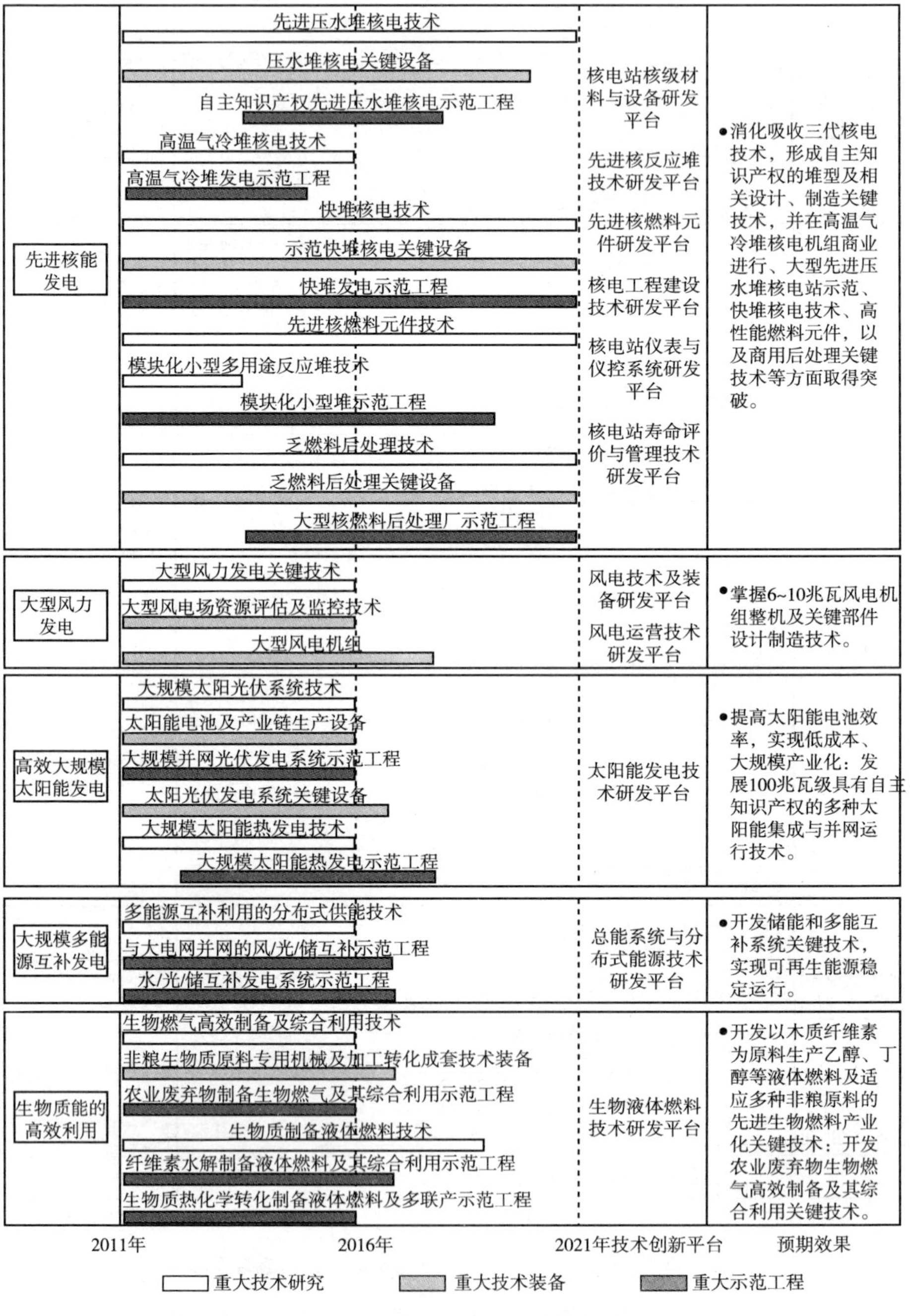

图 10-4　新能源技术领域应用技术和工程示范重大专项

资料来源：《国家能源科技“十二五”规划》。

第四节　我国能源科技发展保障措施

全面建立“四位一体”能源科技创新体系，要求高、投入大、周期长，需要重点突出、持续推进、超前部署。

一　统一领导，发挥政府在科技创新体系建设中的主导作用

组织制定国家能源科技发展的重大方针政策、发展战略和规划，部署满足国家经济社会可持续发展、保障国家能源安全的能源科技战略任务，将能源科技进步和创新作为推进能源生产和利用方式变革、合理控制能源消费总量的重要途径。充分发挥国家发改委、能源局、科技部、工信部等各政府部门和中科院、高等院校等科研机构的作用，逐步建立开放、可持续的能源科技创新体系，形成长期、滚动的发展战略和科学、有效的科技创新运行机制。

二　依托工程，加快能源技术应用与成果转化

充分发挥行业主管部门的规划布局和重大能源项目核准职能，结合本《规划》在“十二五”期间提出的重大技术研究和重大技术装备项目，选择并确定重大能源试点示范项目。优先核准自主创新和装备国产化方案完善的重大示范项目，制定相应的措施和办法。同时利用税收及首台（套）设备优惠政策，鼓励技术创新，积极推进示范工程建设。

三　设立专项，发挥企业科技创新的主体作用

制订专项研究计划，依托国家能源研发中心（重点实验室）以及重点能源企业、研究院所和高校等，落实本《规划》确定的能源应用技术研发、技术装备、工程示范和创新平台的建设工作。发挥企业在科技创新中的主体作用，在政府加强引导的同时，充分调动和鼓励企业、社会加大对能源科技的投入，建立多元化投融资渠道，推动技术成果产业化，提升国产化水平、知识产权自主化和市场竞争力，使能源技术与装备具有更强的后发优势和可持续发展能力。

四　完善立法，建立健全标准、检测、认证和质量管理体系

不断完善支持能源科技事业发展的法律政策环境，加快现有国家标准和行业标准的制（修）定工作，形成统一完整的能源技术与装备标准体系。进一步加强能源装备质量控制和监督管理，组织建立和完善标准、检测、认证和质量监督组织体系。建立能源科技评价考核体系，推动政府相关部门和企业、科研机构、高等院校以及社会团体积极参与能源科技创新和标准化工作。

五　注重培养，加强专业技术人才队伍建设

重点抓好高层次骨干人才的培养，引进和培养一批处于世界科技前沿、勇于创新的技术带头人，以及具有宏观战略思维、能够组织重大科技攻关项目的科技管理专家。加大对优秀青年人才的培养力度，培养年轻人的创新精神和实践能力，倡导相互协作、集体攻关的团队精神，建设专业技术人才梯队。通过组织实施重大技术研究、重大技术装备、重大示范工程等创新项目，按照项目实施、研发平台建设和人才培养统筹安排的原则，造就能源技术各领域的领军人才，打造跨行业、跨部门、跨单位、强强联合的优秀团队。

六　加强交流，深化国际能源科技合作

充分利用国内外两个市场，两种资源，增强我国能源科技发展的主动权，积极实施“走出去”战略，深化国际能源科技交流与合作。充分利用技术展览、论坛等科技交流平台，广泛开展双多边合作与交流，积极参与重大能源国际科技合作计划的组织和实施工作；提升话语权与影响力，积极参与国际科技公约和标准的制定，支持我国能源科技工作者融入国际能源科技组织体系；依托重大国际能源合作项目，推动国外先进能源技术和装备的引进、消化、吸收和国产化工作，以及我国先进能源技术和装备“走出去”。

B.11
参考文献

《2011 年世界各国新能源发展情况回顾》，http：//www. jd37. com/news/20122/104988. html.

《21 世纪中国石油发展战略：中国石油论坛报告文集》，石油工业出版社，2000。

《21 世纪中国石油天然气资源战略：中国石油论坛报告文集》，石油工业出版社，2000。

安东尼娅·朱哈斯著，李晓春译：《石油黑幕》，中国人民大学出版社，2009。

保罗·罗伯茨著，吴文忠译：《石油恐慌》，中信出版社，2008。

保罗·罗伯茨著，吴文忠译：《石油的终结》，中信出版社，2005。

薄启亮：《海外石油勘探开发技术及实践》，石油工业出版社，2010。

陈大恩、王震、郭庆方：《中国油气可持续发展战略研究》，石油工业出版社，2009。

陈元、郑新立、刘克崮：《能源安全与能源发展战略研究》，中央财政经济出版社，2007。

成思危、李孟刚：《产业安全名家论》，经济科学出版社，2011。

菲利普·赛比耶－洛佩兹著，潘革平译：《石油地缘政治》，社会科学文献出版社，2008。

冯连勇、陈大恩：《国际石油经济学》，石油工业出版社，2009。

管清友：《石油的逻辑》，清华大学出版社，2010。

《国家能源科技“十二五”规划》。

《国务院将发布 17 项能源规划》，《鼓励发展清洁能源》，http：//www. qianzhan. com/indynews/detail/214/20120105－ab7221b6cab62521_ 2. html.

郝德海：《生物质发电技术产业化研究》，技术经济及管理硕士学位论文，山东大学，2006。

郝弘毅：《“后危机时代”石油战略》，中国时代经济出版社，2009。

何沙、秦扬：《国际政治经济与石油安全战略研究》，石油工业出版社，2011。

何维达、吴玉萍等：《国家能源产业安全的评价与对策研究》，经济管理出版社，2010。

黑木亮著，翁舒译：《石油战》（上，下），东方出版社，2010。

黄进：《中国能源安全问题研究》，武汉大学出版社，2008。

《阶梯电价势在必行》，《中国电力企业管理》2010 年第 27 期。

李峰：《自然垄断中的规制与有效竞争》，政治经济学博士学位论文，复旦大学，2005。

李果仁、刘亦红：《中国能源安全报告——预警与风险化解》，红旗出版社，2009。

李宏勋、何松彪、郝增亮：《中国石油工业控制力和国际竞争力》，石油工业出版社，2010。

李孟刚、蒋志敏：《产业经济学》，高等教育出版社，2008。

李孟刚：《产业安全理论研究（第二版）》，经济科学出版社，2010。

李孟刚：《中国产业安全报告——产业外资控制研究》，社会科学文献出版社，2011。

林伯强：《中国电力工业发展：改革进程与配套改革》，《管理世界》2005 年第 8 期。

林伯强：《中国电力发展：提高电价和限电的经济影响》，《经济研究》2006 年第 5 期。

刘锋：《石油枯竭的后天》，东方出版社，2009。

刘建平：《中国电力产业政策与电力发展》，中国电力出版社，2006。

刘劲松、李孟刚：《资源“走出去”与中国石油产业安全研究》，经济科学出版社，2011。

刘满平：《对煤电价格联动措施的看法和建议》，《中国能源》2005 年第 3 期。

《煤层气（煤矿瓦斯）开发利用“十二五”规划》。

《煤炭工业发展“十二五”规划》。

孟庆俊、孙保真、于喜廷：《21世纪初中国石油工业发展对策研究》，中国石化出版社，2003。

穆献中：《中国油气产业全球化发展研究》，经济管理出版社，2010。

倪建民、郭云涛：《能源安全》，浙江大学出版社，2009。

庞昌伟：《国际石油政治学》，中国石油大学出版社，2008。

石良平、刘小倩：《中国电力行业规制效果实证分析》，《产业经济》2007年第7期。

舒先林：《美国中东石油战略研究》，石油工业出版社，2010。

苏文：《全球战略——中国油气产业国际化研究》，石油工业出版社，2010。

孙自保、李萍、冯平：《西藏区域经济发展水平的主成分分析》，《生产力研究》2007年第18期。

《太阳能光伏产业“十二五”发展规划》。

童爱媛：《石油真相》，中国经济出版，2009。

童晓光、窦立荣、田作基：《21世纪初中国跨国油气勘探开发战略研究》，石油工业出版社，2003。

王军：《中国石油安全保障体系建设》，社会科学文献出版社，2010。

王涛：《中国油气发展战略》，石油工业出版社，2001。

王艳：《中国电力业的垄断、竞争与管制放松》，西方经济学硕士学位论文，西南财经大学，2001。

威廉·恩道尔著，戴健、李峰、顾秀林译：《石油大棋局》，中国民主法治出版社，2011。

杨景民：《现代石油市场》，石油工业出版社，2003。

杨言洪：《海湾油气与我国能源安全》，对外经济贸易大学出版社，2010。

《页岩气“十二五”发展规划》。

岳耀卿、孔令强、万里等：《经济全球化与中国石油石化》，石油工业出版社，2008。

曾兴秋：《中国未来发展如何保障能源安全》，《国际石油经济》2011年第8期。

张红宇、杨春华、张海阳等：《当前农业和农村经济形势分析与农业政策的创新》,《管理世界》2009 年第 11 期。

张军:《电力工业与国民经济发展关系的分析》,《华北电力大学学报》,2004。

张军:《跨国公司在中国投资的新动态及对策分析》,《经济问题探索》,2004。

张明功、秦云松:《石油纵横》,石油工业出版社,2006。

张新华:《电力市场中发电市场结构与企业竞价行为研究》,技术经济及管理博士学位论文,重庆大学,2004。

张政:《对“普遍服务”认识和思考》,《农电管理》2002 年第 12 期。

赵亚江:《适应电力市场建设的独立输配电价制定方法探讨》,《电力建设》2003 年第 9 期。

《中华人民共和国 2011 年国民经济和社会发展统计公报》,http://www.stats.gov.cn/tjgb/ndtjgb/qgndtjgb/t20120222_402786440.htm.

《中华人民共和国国民经济和社会发展第十二个五年规划纲要》。

《中华人民共和国可再生能源法》(修订版)。

钟富:《电价形成机制亟待完善》,《中国电力企业管理》2006 年第 5 期。

周健:《自然垄断产业有效竞争模式的界定》,《北方经济》2007 年第 4 期。

《中国煤炭工业协会》,《2010 年度中国煤炭产量 50 强企业》。

《2011 年全球十大能源新闻解析》,http://www.ccin.com.cn/ccin/4328/4330/.

国家安全生产监督管理总局:《2010 年全国安全生产情况》,2011。

国家发展和改革委员会:《2010 年煤炭进出口简况》,2011。

国家能源局:《2010 年能源经济形势及 2011 年展望》,2011。

BP 公司:《BP 世界能源统计年鉴》,2011。

陈卫东:《风险管理:对中国企业“走出去”的几点思考》,《国际石油经济》2011 年第 8 期。

徐松达:《积极实施“两改”早日实现城乡用电同价》,《农电管理》1999 年第 7 期。

张粒子:《电力市场建设中的电价机制》,《中国电力企业管理》2005 年第 9 期。

权威报告　热点资讯　海量资源

当代中国与世界发展的高端智库平台

皮书数据库 www.pishu.com.cn

皮书数据库是专业的人文社会科学综合学术资源总库，以大型连续性图书——皮书系列为基础，整合国内外相关资讯构建而成。包含七大子库，涵盖两百多个主题，囊括了近十几年间中国与世界经济社会发展报告，覆盖经济、社会、政治、文化、教育、国际问题等多个领域。

皮书数据库以篇章为基本单位，方便用户对皮书内容的阅读需求。用户可进行全文检索，也可对文献题目、内容提要、作者名称、作者单位、关键字等基本信息进行检索，还可对检索到的篇章再作二次筛选，进行在线阅读或下载阅读。智能多维度导航，可使用户根据自己熟知的分类标准进行分类导航筛选，使查找和检索更高效、便捷。

权威的研究报告，独特的调研数据，前沿的热点资讯，皮书数据库已发展成为国内最具影响力的关于中国与世界现实问题研究的成果库和资讯库。

皮书俱乐部会员服务指南

1. 谁能成为皮书俱乐部会员？

- 皮书作者自动成为皮书俱乐部会员；
- 购买皮书产品（纸质图书、电子书、皮书数据库充值卡）的个人用户。

2. 会员可享受的增值服务：

- 免费获赠该纸质图书的电子书；
- 免费获赠皮书数据库100元充值卡；
- 免费定期获赠皮书电子期刊；
- 优先参与各类皮书学术活动；
- 优先享受皮书产品的最新优惠。

（本卡为图书内容的一部分，不购书刮卡，视为盗书）

3. 如何享受皮书俱乐部会员服务？

（1）如何免费获得整本电子书？

购买纸质图书后，将购书信息特别是书后附赠的卡号和密码通过邮件形式发送到pishu@188.com，我们将验证您的信息，通过验证并成功注册后即可获得该本皮书的电子书。

（2）如何获赠皮书数据库100元充值卡？

第1步：刮开附赠卡的密码涂层（左下）；

第2步：登录皮书数据库网站（www.pishu.com.cn），注册成为皮书数据库用户，注册时请提供您的真实信息，以便您获得皮书俱乐部会员服务；

第3步：注册成功后登录，点击进入“会员中心”；

第4步：点击“在线充值”，输入正确的卡号和密码即可使用。

皮书俱乐部会员可享受社会科学文献出版社其他相关免费增值服务

您有任何疑问，均可拨打服务电话：010-59367227　QQ:1924151860

欢迎登录社会科学文献出版社官网(www.ssap.com.cn)和中国皮书网（www.pishu.cn）了解更多信息